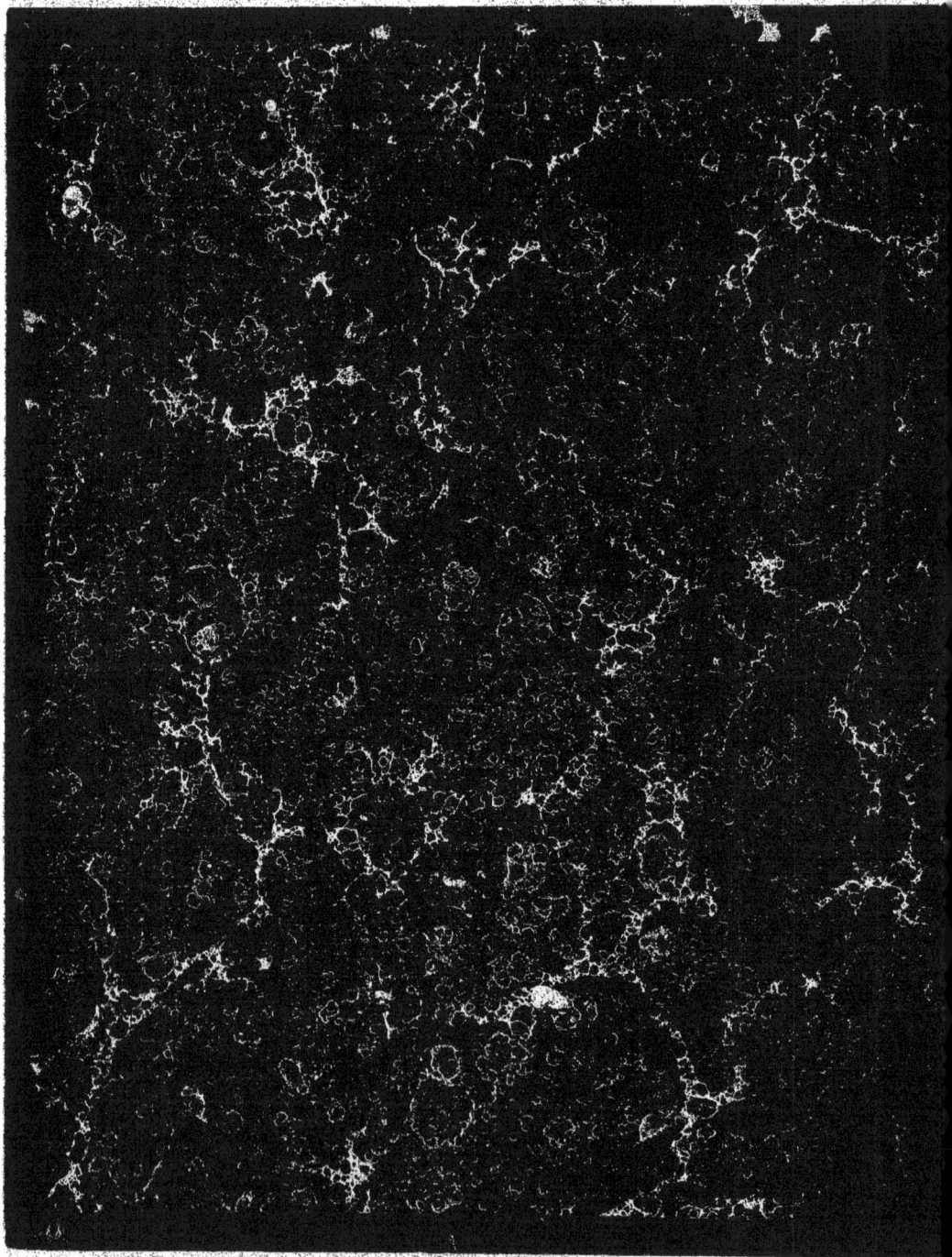

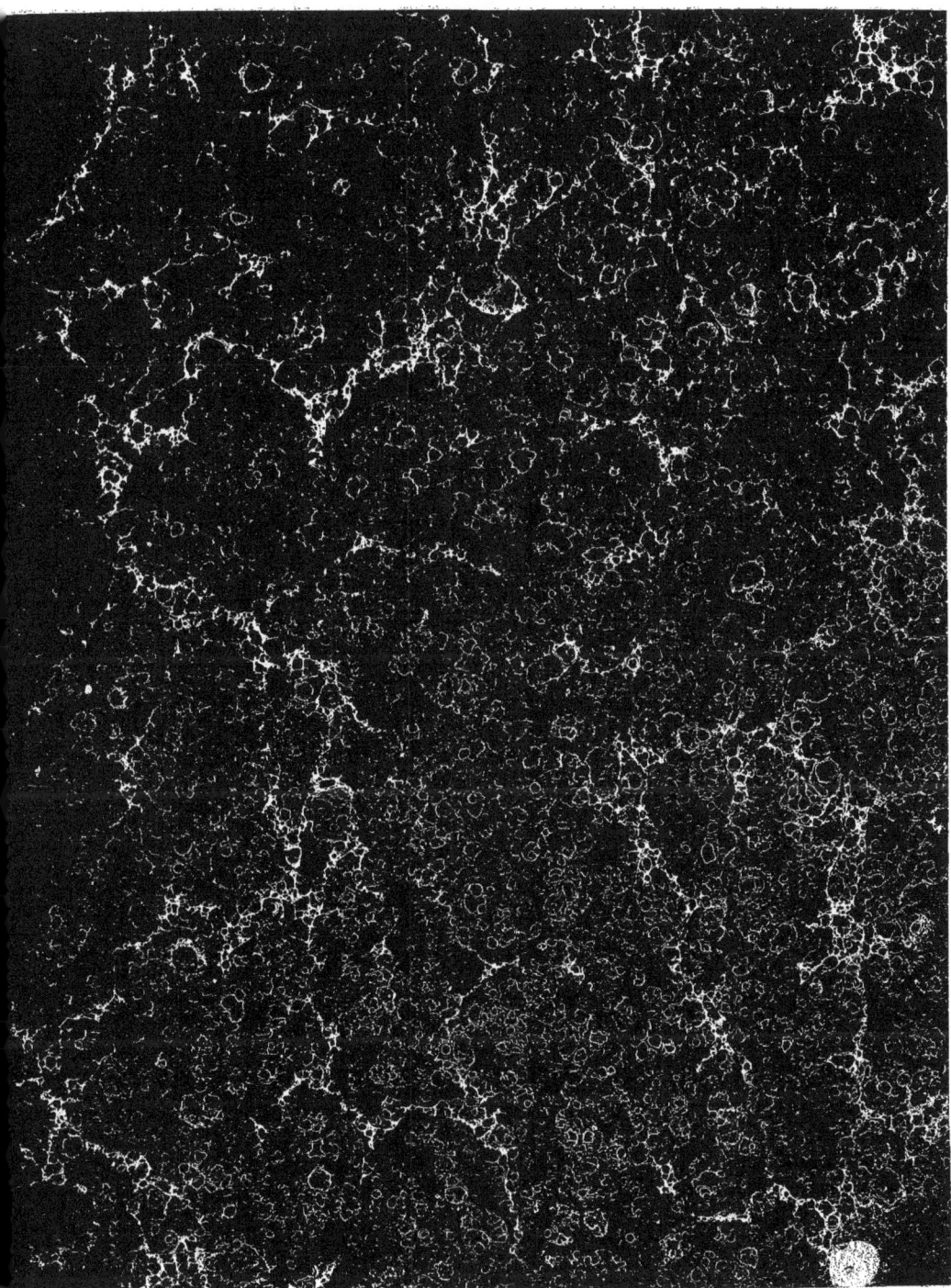

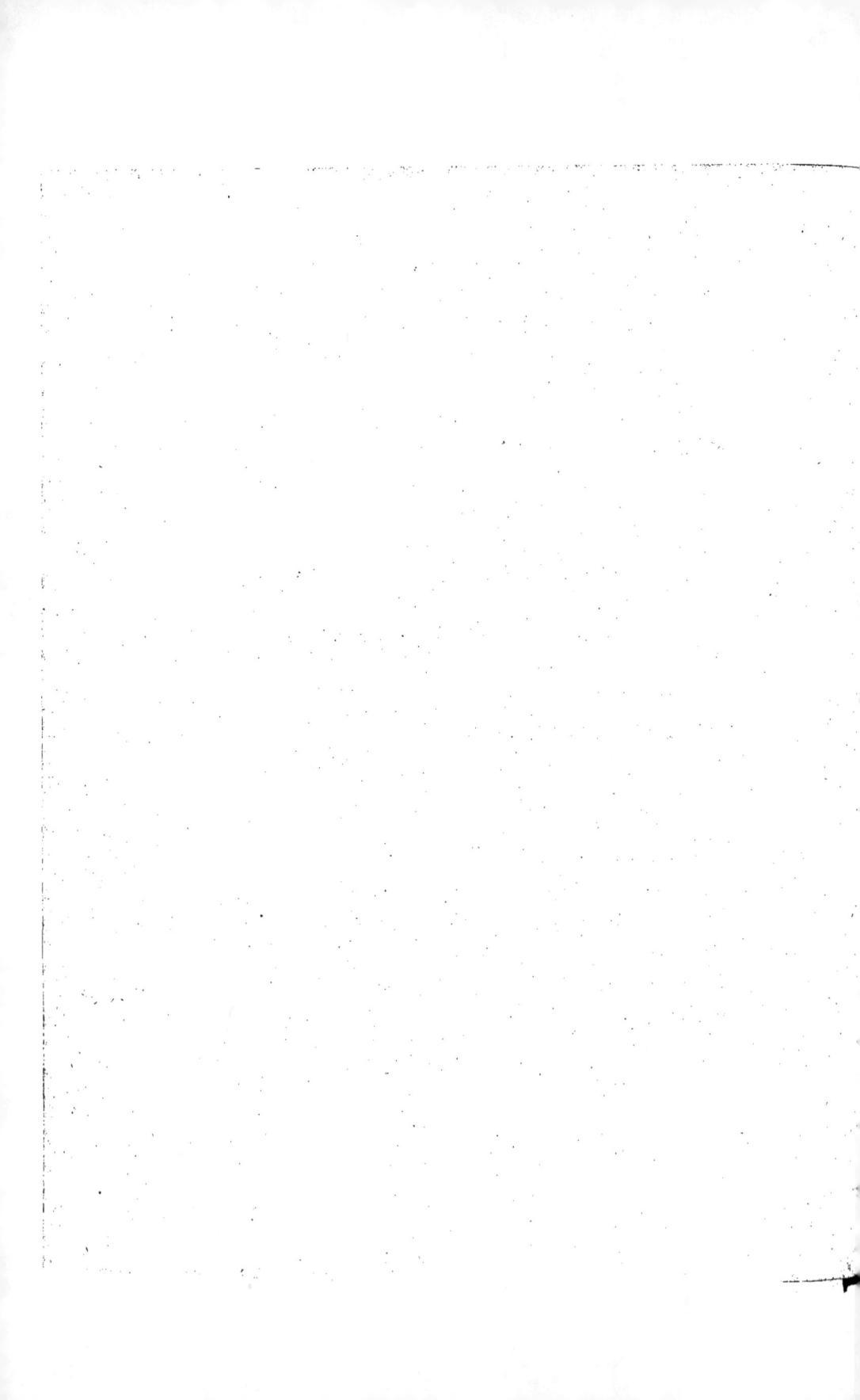

RECHERCHES

SUR

LA FORMATION ET L'EXISTENCE

DES

RUISSEAUX, RIVIÈRES

ET TORRENS

QUI CIRCULENT SUR LE GLOBE TERRESTRE.

RECHERCHES

SUR

LA FORMATION ET L'EXISTENCE

DES

RUISSEAUX, RIVIÈRES
ET TORRENS

QUI CIRCULENT SUR LE GLOBE TERRESTRE;

Avec des observations sur les principaux fleuves qui traversent la France, sur les causes des changemens qu'ils éprouvent dans leur cours, les moyens de les contenir dans leur lit, d'en tirer avantage pour la navigation, et huit planches explicatives :

Examen critique de plusieurs ouvrages qui ont traité de ces objets, et vues sur les travaux hydrauliques qui ont été proposés ou mis en usage.

Par le citoyen LE CREULX,

INSPECTEUR-GÉNÉRAL DES PONTS ET CHAUSSÉES.

~~~~~~~~~~~

A PARIS,

Chez BERNARD, Libraire de l'École polytechnique et de celle des ponts et chaussées, quai des Augustins, n° 31.

AN XII. — 1804.

DISCOURS PRÉLIMINAIRE.

Occupé, depuis près de cinquante ans, de travaux hydrauliques; témoin de la fondation des plus grands ponts de la France; ayant successivement visité et exécuté moi-même des travaux sur de grandes rivières, fait travailler à des canaux ou à des objets de navigation, à des constructions de moulins, de chaussées d'étangs, à des forges, à des digues de retenue, fait exécuter des barrages de rivières ou des épis de diverses formes, je n'ai pu être témoin actif de ces travaux sans avoir eu l'occasion de faire beaucoup de réflexions et d'observations sur le cours des rivières où j'ai fait travailler, ou sur les changemens qu'elles éprouvent pendant le temps des hautes, moyennes et basses eaux; j'ai également observé alternativement les fleuves et les rivières secondaires depuis leur source jusqu'à leur embouchure.

Plusieurs ingénieurs dont les lumières auroient pu être dans ce genre très-utiles à la chose publique ne sont plus : il en reste cependant encore de très-éclairés; mais les uns sont trop occupés des fonctions attachées à leur état, et les autres n'ont pas la volonté d'écrire. C'est ainsi que l'expérience acquise par de longs travaux se trouve perdue pour les successeurs, tandis que le récit même des fautes faites sur de grands ateliers auroient appris à les éviter.

Pénétré de ces réflexions, j'étois décidé à écrire mes observations, et prêt à les mettre en ordre, lorsque les papiers publics ont annoncé un ouvrage du même genre, publié par le citoyen *Fabre*, ingénieur. J'en avois conçu une idée avantageuse, d'après un autre travail du même auteur sur les moulins à eau, que j'avois lu avec intérêt : mais j'avouerai, à regret, qu'en lisant ce dernier ouvrage sur les rivières et les torrens, je ne me suis point trouvé de son opinion, ni sur les causes des effets qu'il développe, ni sur les conséquences qu'il en tire. Cependant, quelque peine que j'aie eue à me déterminer à combattre les opinions et les pratiques proposées par un ingénieur mon camarade; néanmoins l'amour que j'ai pour la chose publique m'a aidé à vaincre ma répugnance en soumettant mes observations au jugement du public, parce que j'ai pensé que ce combat d'opinions motivées contribueroit à la propagation des connoissances utiles aux progrès des arts.

Les ingénieurs doivent beaucoup aux circonstances qui les placent dans des positions où ils peuvent employer leurs talens ; les ouvrages hydrauliques qu'ils ont à diriger présentent plus ou moins de difficultés, et exigent des moyens très-différens, suivant la profondeur des eaux, la nature du sol, et la qualité des matériaux que le local peut fournir ; et leurs constructions doivent avoir une solidité relative aux obstacles auxquels ils doivent résister, soit qu'ils soient exposés à la vitesse d'un courant rapide, ou à être battus par des vagues agitées des vents.

Il seroit à desirer qu'un ingénieur eût pu être témoin des plus grands désastres, pour être en état de mieux concevoir le moyen qu'il

convient d'y opposer : il faudroit qu'il eût vu
de fortes irruptions d'eaux causées par de grands
débordemens, avec les bouleversemens qui en
sont les suites; de grands incendies, de grands
éboulemens de montagne ; qu'il eût observé
un torrent dans son passage, et dans les ruines
qu'il occasionne.

Enfin il faut nécessairement voir la nature
agrandie dans ses effets, pour concevoir la possibilité des moyens qu'il est convenable d'employer pour résister à ces grands mouvemens.
Malheureusement les montagnes versent des
torrens, les rivières coulent dans les grandes
vallées, les ruisseaux circulent au milieu des
plaines cultivées, et les côtes sont battues par la
tempête, tandis que le calme règne dans les terres
éloignées : or il est impossible que le même
ingénieur soit par-tout en même temps ; il
manque donc encore beaucoup de matériaux
à celui qui a fait un grand nombre de travaux,
qui a long-temps observé la nature, et qui a
long-temps médité sur les constructions. C'est
pourquoi les premiers ingénieurs qui rendent
compte de leurs travaux dans ce genre, com-

mencent un grand édifice; mais ils laissent nécessairement beaucoup de pierres d'attente pour leurs successeurs.

Plusieurs des ingénieurs qui ont écrit sur les travaux hydrauliques sont, ou des compilateurs qui ont recueilli des matériaux sans choix, ou des théoriciens peu versés dans les constructions, ou des praticiens qui ignoroient les principes de la théorie, et dont les travaux ne sont pas à l'abri d'une juste censure.

D'après ces motifs, j'ai pensé qu'un ingénieur qui, au lieu de dicter des préceptes, rendroit compte des observations utiles qu'il a pu faire pendant la durée des constructions qu'il a vues ou dirigées, intéresseroit les jeunes ingénieurs, et que cet exemple pourroit déterminer d'anciens ingénieurs éclairés par l'expérience, à fournir des matériaux utiles pour cette collection.

Guidé par ces vues, je me suis permis plusieurs fois de décrire des circonstances locales que j'ai rencontrées, lorsque j'ai jugé qu'elles pouvoient concourir à l'explication des effets de la nature, ou à motiver le choix des cons-

b

tructions adoptées ; je n'ai pas dédaigné même
de citer quelques mauvais succès dont l'exemple
pouvoit être utile. Je me suis sur-tout proposé
d'examiner de nouveau dans ce mémoire les
questions sur les rivières, sur la navigation et
sur les travaux hydrauliques, qui ont été traitées par d'autres auteurs qui m'ont devancé dans
la même carrière, tels que Bélidor, le P. Frisi,
le citoyen Fabre, et autres.

Pour donner ici un aperçu plus précis de
l'objet de mon travail, j'ajouterai que je me
suis proposé d'examiner de nouveau, dans ce
Mémoire, ce qui concerne le cours des rivières,
en considérant leur formation originelle, ainsi
que les changemens qu'elles éprouvent dans
leur lit par l'effet des crues ou des grands
débordemens ; d'observer successivement les
effets des torrens, ainsi que ceux des rivières qui
roulent tranquillement leurs eaux ; et, dans cette
vue, je me suis permis de faire la description de
plusieurs grands fleuves de la France, que j'ai eu
occasion d'étudier dans la plus grande partie de
leur cours, pendant le temps de leurs hautes,
moyennes et basses eaux. J'y ai joint quelques

observations locales, lorsque j'ai cru qu'elles
pouvoient concourir à l'explication des effets
de la nature, ou influer sur le choix des constructions hydrauliques.

Guillelgmini et d'autres savans ont anciennement écrit sur le cours des principaux fleuves
d'Italie, et le P. Frisi nous a transmis une partie
de leurs observations et de leurs expériences. Ce
dernier travail comprend un grand nombre de
questions sur le cours des fleuves, dont Bélidor
a fait plusieurs applications; et récemment le
citoyen Fabre, dans son dernier ouvrage, a em-
prunté la plupart des titres de celui du P. Frisi,
et y a ajouté ses vues particulières sur divers
objets de navigation. Mais comme il entroit
dans mon plan de traiter les mêmes matières et
d'agiter les mêmes questions, j'ai pris le parti
dans ce Mémoire, en faisant l'examen de l'ouvrage du citoyen Fabre, d'adopter les titres de ses
chapitres, et d'en parcourir successivement les
numéros, sans néanmoins dissimuler la différence
de mes opinions sur un très-grand nombre de
ces articles, parce qu'il m'a semblé que, moyennant l'attention de soumettre au public les

motifs qui les ont dictées, l'art ne pouvoit qu'y
gagner. Plusieurs fois même ces articles ne
m'ont servi que d'indication pour l'objet à traiter,
et je me suis permis des observations souvent
assez étendues, qui n'avoient aucun rapport
avec l'écrit du citoyen Fabre.

L'examen du cours des rivières m'a conduit
à donner la description des effets de plusieurs
grands débordemens dont j'ai été témoin, à
présenter des observations sur la nature et la
construction des digues destinées à contenir
ces rivières dans leur lit, et à indiquer ce que
la théorie enseigne sur la force qu'il convient
de donner à ces digues pour les rendre capables
de résister à l'impulsion des eaux, et ce qu'une
suite d'expériences et d'observations conseillent
de pratiquer à cet égard.

Il y a peu de rivières où la navigation se fasse
à cours libre et sans obstacle; dans les autres, on
est forcé d'économiser les eaux, en les contenant
par des retenues et des digues de barrage et de
navigation avec les secours des écluses et des portes
marinières. Il faut donc, dans ces rivières, des
retenues pour ménager la dépense des eaux dans

les temps de sécheresse, et des déversoirs pour l'évacuation du trop plein dans le temps des crues; et tous ces travaux sont utiles, soit pour la navigation, soit pour le roulement des moulins et usines de diverses sortes qui y sont établis.

C'est pourquoi j'ai pensé qu'il étoit très-nécessaire de déterminer la meilleure direction qu'il convient de donner à ces digues de barrage, et de rechercher la meilleure forme à adopter pour la construction des déversoirs, mais sur-tout de fonder ces déterminations sur des expériences et des observations des effets de la nature.

Enfin les rivières les plus utiles aux pays qu'elles traversent sont celles dont une navigation active contribue à vivifier le commerce : mais toute espèce de navigation est subordonnée à la force de chaque rivière, à la forme et à l'étendue des bateaux qu'on y emploie, ainsi qu'à la manière de les faire manœuvrer. Or tout se modifie, dans ce genre, suivant l'importance de la rivière, sa profondeur en eau, suivant que son cours est plus direct ou plus sinueux, et suivant que son lit est encaissé ou

aplati, constant ou variable. Toutes ces circonstances différentes exigent des changemens dans
les moyens de naviguer.

En conséquence, j'ai cru qu'il pouvoit être
utile de comparer entre eux plusieurs genres de
navigation pratiqués dans les principales rivières
de la France, d'indiquer la forme, l'étendue et
le port des bateaux, leurs tirans d'eau, ainsi que
les manœuvres en usage dans les diverses rivières
que j'indique. Les différens détails que j'ai re-
cueillis dans ce genre, sans être complets, pour-
ront faciliter de nouvelles applications, mettre
en état d'adopter les meilleurs usages, et de
repousser les routines vicieuses.

J'ai aussi eu occasion d'apprécier successivement les avantages des grandes et petites
navigations; ce qui m'a mis dans la nécessité
de jeter un coup d'œil sur les écrits de plusieurs
auteurs qui se sont occupés de cette matière,
tels que Robert Fulton, M. de Solage et
autres. Enfin, toujours guidé par les mêmes
principes, j'ai considéré les phénomènes de la
nature plutôt en physicien qu'en géomètre; et
lorsque j'ai étudié les effets des grands ébou-

lemens de terre, du déplacement de côtes sur des lits d'argile, de la rupture des levées par l'irruption des eaux, j'ai tâché de les voir en ingénieur qui calcule d'après une suite d'expériences comparées le genre de force qu'il est possible d'opposer à ces effets désastreux.

Je me suis encore permis d'appuyer par des détails historiques plusieurs faits dont j'ai été témoin : les uns, relatifs à de grands débordemens de rivières ; et les autres, à la ruine et à l'écoulement de plusieurs grands ponts de pierre, lorsque ces faits et les causes qui les ont produits m'ont paru présenter des conséquences utiles au progrès des arts.

Tel est le précis des objets contenus dans ce Mémoire. J'ose penser qu'on reconnoîtra par sa lecture que l'auteur n'a eu pour but que l'utilité publique.

OBSERVATIONS

OBSERVATIONS

SUR

LES TORRENS, LES RIVIÈRES,

LEUR ORIGINE ET LEURS EFFETS,

COMPRENANT un examen de plusieurs écrits, et notamment de celui du citoyen FABRE, ingénieur en chef : ouvrage in-4°, 1797, dont on va suivre les divisions et la plupart des numéros.

~~~~~~~~~~~~

Page 12, n° 17. L'AUTEUR observe que les chaînes de montagnes qui divisent la France ont une pente rapide vers le midi, et plus douce vers le nord.

Le citoyen Bertrand, inspecteur-général des ponts et chaussées, dans ses *Principes de géologie*, a observé que les continens, ainsi que les îles, lorsqu'ils sont coupés en deux également par une chaîne de montagnes, ont, de part et d'autre, des pentes à peu près égales vers la mer; mais que lorsque la chaîne de montagnes s'approche plus d'un rivage de la mer que de l'autre, alors les pentes sont sensiblement inégales. Or la chaîne des montagnes qui produisent les sources de la Garonne, la Vienne,

1

l'Allier, la Loire, la Marne, la Meuse et le Rhin, étant beaucoup plus éloignée de l'Océan que de la Méditerranée, ces rivières doivent avoir une pente plus douce que celle des rivières provenant du revers au midi, et qui coulent vers la Méditerranée, dont elles sont beaucoup plus près. C'est par cette raison que, parmi les rivières qui descendent des Alpes, celles qui viennent de la partie la plus rapprochée de la Méditerranée sont des torrens très-rapides.

Nota. La plupart des observations comprises dans l'ouvrage du citoyen Fabre, depuis le n° 13 jusqu'au n° 54, comprennent des notions élémentaires sur les principes de la physique, auxquelles je n'ai rien à ajouter.

N° 54. L'auteur, en parlant de la forme actuelle qu'ont les montagnes, dit : « Tous ces déchiremens des » masses primitives ont été produits par les eaux plu- » viales ». Sur quoi j'observe que cette cause a paru très-insuffisante à la plupart des géologues. Ils attribuent l'état actuel des montagnes à des bouleversemens majeurs qui ont eu des causes plus actives que les eaux pluviales.

Page 29, n° 63. L'auteur dit : « Si une pluie est » générale, la crue d'une rivière sera d'autant plus forte » et la durée d'autant plus longue, que le pays d'où les » eaux viennent sera plus étendu, toutes choses égales » d'ailleurs. »

Cela m'a paru incontestable : mais pour confirmer cette origine des crues, indépendamment des faits nom-

breux dont les habitans de la montagne sont fréquemment témoins, j'en citerai un particulier à l'occasion du
débordement de la Moselle, du 27 octobre 1778, dont
les eaux, en s'élevant à une hauteur qui paroissoit sur-
passer les crues précédentes, arrivèrent subitement, et
causèrent les plus grands désastres le long du cours de
cette rivière. Les habitans du pays, frappés de ces effets,
s'occupèrent fortement d'en deviner les causes, et l'on
en vouloit trouver d'extraordinaires. Les uns prétendoient
que les deux lacs qui se trouvent dans les Vosges s'étant
ouverts un nouveau passage, avoient causé une irruption
d'eau extraordinaire ; d'autres, supposant qu'il existoit
dans le sein des montagnes des Vosges d'immenses réservoirs d'eau, pensoient que l'affaissement de quelques
cavernes souterraines, en vomissant une quantité d'eau
extraordinaire, avoit produit l'inondation. Plusieurs physiciens crurent devoir aussi émettre leur opinion. L'auteur des *Observations météorologiques* avoit pensé qu'on
pourroit, par leur moyen, non seulement expliquer le
fait, mais parvenir à le prévoir, et que ces annonces
pourroient être très-utiles aux personnes qui ont du bois
ou autres marchandises sur les bords des rivières, etc. ;
sur quoi M. de Cotte, correspondant de l'Académie des
sciences, lui adressa une réponse dans la *Feuille hebdo-
madaire* de Metz, du 19 avril 1781, ainsi conçue :

Montmorenci,   mars 1781.

« Votre remarque sur la cause de la crue considérable
» de la Moselle, du 28 octobre 1778, est très-juste.

» (L'auteur cité ci-dessus avoit attribué cette inondation
» de la Moselle à la fonte des neiges.) L'objection qu'on
» vous a faite confirme votre observation. »

Ensuite suit le journal qui comprend la quantité d'eau
tombée du 24 au 28 octobre 1778 ; et il ajoute :

« Ces pluies abondantes d'une part, cette chaleur ex-
» traordinaire pour la saison de l'autre, voilà deux causes
» des inondations. La chaleur, en fondant les neiges, et
» les pluies, en grossissant les rivières et en aidant la
» fonte des neiges fondues par cette température, etc. ;
» voilà ma manière d'envisager ce phénomène, qui s'ac-
» corde très-bien avec votre explication, qui est d'ailleurs
» fondée sur les faits. »

Je n'ai rien à opposer aux raisonnemens de M. de Cotte
et de l'auteur des *Observations météorologiques* sur le
phénomène de l'inondation de la Moselle, et à la vrai-
semblance physique qu'ils y donnent. Il n'y a que la
quantité de neige dont ils ont besoin pour leur explication, que je ne puis leur passer, parce que je suis convaincu qu'à l'époque de l'inondation il n'y avoit point
de neige dans les montagnes des Vosges.

Je n'avance pas ce fait au hasard. J'avois alors des
ateliers en mouvement sur la plupart des routes qui traversent ces montagnes. J'étois à la fin de septembre sur
la route de Nanci à Bâle, au sommet de la côte d'Orbei,
qui sépare le département du Haut-Rhin de celui des
Vosges, point supérieur à la source de la Moselle et de
la fontaine de Bussang. Le temps étoit sec et beau, et
jamais les sources qui arrosent et vivifient les prés de la

montagne n'avoient été si foibles : aussi les regains avoient-
ils manqué. Je faisois en même temps travailler dans la
montagne de Sainte-Marie aux mines dont le sommet
regarde, au levant, la vallée où coule le Rhin. Je quittai
ces ateliers pour me rendre, vers le 14 octobre, avec
l'inspecteur-général de tournée, aux forges de Framont,
par Raon-l'Étape et le Donon, qui est une des plus hautes
montagnes des Vosges. C'est de là que je contemplai les
sommités des Vosges, dont la chaîne subordonnée au
Donon semble offrir une plaine ondulée. Les ingénieurs
que j'accompagnois, remarquèrent comme moi qu'on
n'apercevoit aucune trace de neige sur tous ces sommets.
J'avois fait la même observation sur les montagnes précédentes ; et à la forge de Framont, où nous fûmes cou-
cher, on se plaignoit de la diminution des eaux, produite
par la sécheresse, qui faisoit chômer les roues de la
forge.

Le lendemain nous descendîmes en Alsace, et nous
rentrâmes ensuite en Lorraine par la côte de Saverne, qui
n'offroit pas plus de neige que les autres montagnes.

Après avoir passé à Nanci, je me rendis à Metz le 21
octobre, où je laissai ledit inspecteur-général de tournée.
Je partis le 22 pour Fauquemont, et j'essuyai pendant
ma route une pluie continuelle et très-forte qui dura toute
la journée. Je me rendis, le lendemain 23, à Puttelange
avec la pluie, qui continua toute la nuit. J'étois le samedi
24 à Bouquenom, où j'observai que la Sarre croissoit rapidement. La pluie redoubla le soir avec violence, et
elle étoit accompagnée d'un vent impétueux. Cet orage

continua toute la nuit. Je ne dirai pas combien de lignes d'eau il a tombé dans ces cantons, du 22 au 26 ; je n'étois pas en situation de faire ces calculs ; mais je prévis alors le débordement général des rivières du pays. Je me mis en route le 25 au matin : la Sarre commençoit à déborder, et j'eus de la peine à passer en voiture à l'entrée du pont de Birsdorff. En arrivant, le 26, à Nanci, je trouvai la rivière de Meurthe débordée, le passage de la levée de la porte Saint-George coupé, et l'eau couvrant la route entre le pont de Malzéville et la porte Notre-Dame de Nanci.

Au moment de l'arrivée du débordement, trois des sous-ingénieurs employés du côté des Vosges coururent au secours des cantons bouleversés par les eaux. En moins de 24 heures tout le mal étoit fait sur chaque point, les moulins emportés, des ponts renversés, des habitations détruites, des villes submergées, et la crue, à demi-écoulée, laissoit voir de nombreuses traces de ses dévastations.

Les mêmes crues et les mêmes ravages sont arrivés sur les rivières de Moselle, de Meurthe et de Vesouse : les autres rivières du pays, telles que la Meuse, le Madon, la Seille et le Sanon, étoient en même temps fort grosses ; mais comme elles sont moins resserrées dans les vallées où elles coulent, elles ont fait moins de mal.

La crue de la Moselle étoit montée au point le plus haut, le 25 octobre à minuit, à Épinal : au pont de Flavigny, l'inondation étoit au comble le 26 à cinq heures du matin ; le même jour, à Pont-à-Mousson, vers les quatre à cinq heures du soir, et à Metz dans la nuit du 26 au 27.

Chargé par état de parcourir les cantons maltraités par les eaux, j'ai été à même d'observer les effets de ce débordement dans les divers cantons, et de chercher à en expliquer les causes. J'étois assuré que les neiges n'y avoient point participé. Les habitans des villes de Bruyères, Saint-Dié et Épinal, savoient aussi bien que moi qu'il n'y avoit point, en octobre 1778, de neige dans la montagne : mais plus frappés des vents impétueux que de la durée des pluies qui avoient précédé l'inondation, plusieurs se persuadèrent qu'il pouvoit y avoir eu quelques secousses de tremblement de terre dans les montagnes, qui avoient causé des déplacemens dans leurs énormes masses. On supposa dans leur sein de vastes réservoirs d'eau qui s'étoient épanchés subitement, ou que quelques-unes des lacs de Gérardmer ou de Longemer s'étoient ouverts de nouvelles issues : mais ces conjectures n'avoient aucune espèce de fondement, parce qu'on auroit reconnu les points où s'étoient opérées ces espèces de déchiremens ou ces déplacemens de côtes, et les gorges par où auroient débouché les principaux écoulemens ; et il n'existoit aucune trace de changement quelconque dans aucun endroit du pays. D'ailleurs, les mêmes causes qui avoient fait grossir toutes les rivières qui coulent vers les Vosges avoient fait grossir celles sur la côte à l'est qui coulent vers le Rhin, où elles avoient aussi occasionné des dégradations. Toutes ces crues avoient donc la même origine, et c'étoit manifestement la durée constante des pluies pendant plusieurs jours et pendant plusieurs nuits.

Pour expliquer mes idées à cet égard, je rappellerai que la chaîne de montagnes des Vosges, en remontant depuis Saverne, passant par le Donon, par le sommet au-dessus de Sainte-Marie, par la côte du Bonhomme et le grand ballon qui s'élève au-dessus du village de Saint-Maurice, forme une suite de sommets qui sont élevés d'environ 600 mètres au-dessus des plaines voisines ; savoir, à l'orient la plaine des Haut et Bas-Rhin, et à l'occident celle des Vosges. Mais en observant avec attention ces masses principales de montagnes, on en voit descendre de part et d'autre, vers ces plaines, plusieurs branches perpendiculaires ou inclinées qui vont en s'abaissant par degrés, qui laissent entre elles des collines rampantes, et qui suivent à peu près la même direction que les côtes qui les avoisinent.

Les côtes qui bordent ces collines ont communément 150 à 200 mètres d'élévation au-dessus du fond qui les sépare ; quelquefois le pied des deux côtes se rapproche, et d'autres fois elles laissent entre elles de petites plaines de 6 à 700 mètres de largeur. Ces coteaux ont au moins un de leurs aspects tapissé de verdure, et les sources fréquentes qui en sortent entretiennent la fertilité des prairies qu'on y rencontre.

C'est cette multitude de sources qui donne naissance aux plus grandes rivières par leur réunion successive. A mesure qu'on monte ces gorges, on voit les rivières formées par l'addition de ces filets d'eau, s'affoiblir, diminuer, et l'on arrive, par exemple, à la source de la

Moselle, qui ne donne pas quatre pouces d'eau par minute dans les temps de sécheresse (1).

Or, on peut comparer le rampant de toutes ces côtes
à des toits énormes qui, dans des temps de pluie, ver-
seroient leurs eaux dans la même colline. Il est évident
que plus la pluie est abondante, moins elle a le temps
de pénétrer dans l'intérieur de la montagne, et plus il
s'en écoule avec rapidité vers la colline. Il y a, au surplus, deux causes qui empêchent les eaux de pénétrer
dans les terres : l'une, c'est lorsque la terre, à la suite
de petites pluies, paroît, à sa superficie, suffisamment
abreuvée, et semble saturée d'eau ; alors l'excédent coule
sans pénétrer : l'autre, c'est lorsqu'après une longue sécheresse, la terre a formé à sa superficie une espèce de
croûte qui a acquis de la dureté. L'eau pourroit sans
doute l'amollir avec le temps ; mais, au moyen de la pente
rapide des côtes, l'eau y glisse, et est déterminée de préférence à se précipiter vers le fond des collines. Or telle
étoit la situation des côtes des Vosges vers le milieu d'octobre 1778. Au surplus, les physiciens qui ont calculé
ce qu'il tombe annuellement d'eau à Paris, ou dans les
environs, trouveroient des résultats bien plus considérables, si ce journal étoit tenu vers le sommet des montagnes. D'ailleurs, les pluies qui tombent dans la plaine
pénètrent avec plus de facilité l'intérieur des terres, et y
coulent lentement, tandis que les eaux des côtes sont en

---

(1) On entend par pouce d'eau un produit de 14 pintes par minute :
égal, 13.16 litres.

très-peu de temps précipitées dans les gorges où coulent les rivières. Ces gorges reçoivent à chaque point les eaux d'une superficie, dont le développement moyen pour les deux côtés a quelquefois plus de 5oo mètres, et elles s'y trouvent accumulées en moins d'une heure. Or, il faut remarquer que le fond des collines peut avoir, à son origine, une pente de 4o à 5o centimètres par mètre. C'est beaucoup pour le fond du lit d'une rivière ; mais ce n'est pas assez pour faire évacuer les eaux qui descendent des côtes aussi promptement qu'elles arrivent dans les vallées. C'est par cette raison que si une pluie vive a une certaine durée, elle doit s'élever dans le fond de la gorge, et que son volume doit s'accroître au point de former un torrent dangereux.

On peut se convaincre, d'après ces détails descriptifs, que les pluies sont seules capables de causer les plus grandes inondations quand elles ont une longue durée sans interruption ; car il pourroit pleuvoir quinze jours de suite dans la montagne, sans qu'il survînt de grandes eaux, si ces pluies avoient chaque jour des intermittences proportionnées au temps nécessaire à l'écoulement de chaque pluie.

Les plus violens orages, lorsqu'ils ne sont pas de durée, produisent très-peu d'effet ; mais ce sont particulièrement les pluies continuées sans interruption qui seules causent les inondations, et elles sont d'autant plus grandes, que la pluie a été forte et sa durée longue.

Au surplus, j'ai déja observé que la même cause avoit fait grossir en même temps toutes les rivières qui sortent des Vosges, et que l'inondation du 27 octobre 1778, dont on fut surpris dans la ville de Metz, étoit le produit des rivières du Sanon, de la Vesouse, de la Meurthe et du Madon, réunis à la Moselle.

Au reste, ces effets de la continuité des pluies sont généralement connus; je les avois moi-même plusieurs fois observés, et notamment dans les années 1755 et 1770, lors des débordemens des rivières de la Loire, de la Vienne, du Thouet et de la Sèvre, qui causèrent alors de grands désastres sur les bords de ces rivières. Or ces crues arrivèrent de même après plusieurs jours et plusieurs nuits d'une pluie générale. On ne peut donc contester cette cause principale des inondations, et sur-tout de celles de 1778 dont il s'agit.

On pourroit m'observer que, malgré mon assertion, il existe dans les montagnes des Vosges quelques cantons où l'on trouve en tout temps de la neige.

Je conviens qu'il se trouve vers le sommet de quelques-unes de ces montagnes quelques revers à l'abri des regards du soleil, où la neige accumulée ne fond jamais totalement; mais ces cantons, qui sont si vastes dans les Alpes, ont très-peu d'étendue dans les Vosges, et ils ne sont pas situés de façon à pouvoir nourrir les grandes rivières qui tirent leurs sources de ces montagnes, ni à y pouvoir causer seuls de grandes inondations.

Cependant, quoique j'aie dit que la crue d'octobre 1778 n'avoit pas été produite par les neiges, néanmoins je n'ignore pas qu'elles contribuent, dans plusieurs circonstances, à la crue des rivières; que les pluies chaudes du printemps causent des fontes de neige qui produisent des inondations, et que ces deux causes se réunissent fréquemment pour produire les crues assez fréquentes des mois de floréal et de prairial dans les rivières qui ont leurs sources dans les hautes montagnes.

Page 32, n° 74. *Toutes choses d'ailleurs égales, les crues par orage sont plus fortes que celles par pluies ordinaires.*

Les pluies d'orage sont très-fortes, et ont moins de durée.

Mes observations m'ont semblé prouver, au contraire, que les pluies d'orage n'étoient pas de durée, ne régnoient qu'en certains cantons où elles faisoient naître subitement des torrens inattendus et souvent désastreux, mais qui s'écoulent très-rapidement ; c'est l'affaire de quelques heures. Au contraire, les pluies de durée sont des pluies d'une force modérée, qui embrassent une grande étendue de pays. J'ai quelquefois vérifié, à l'aide de mes correspondances, que plusieurs de ces pluies régnoient quelquefois sur 70 à 80 lieues de l'est à l'ouest, et de 50 à 60 du midi au nord. Ces pluies sont celles qui, comme je l'ai dit, occasionnent les crues et les débordemens des rivières, et l'on est dans l'usage en bien des cantons de calculer la hauteur des crues par le temps de la durée de ces pluies ; mais elles produisent des effets différens, quoique proportionnés, dans les différens points d'un grand fleuve.

N° 75. L'auteur dit : *A partir de l'origine du torrent ou de la rivière, plus on descendra, et plus la crue augmentera.*

Cela m'a paru mériter explication. Vers l'origine des rivières, les masses d'eau qui doivent produire des débordemens, resserrées dans une vallée, s'élèvent au plus haut; comme la pente y est plus forte, elles s'écoulent aussi plus rapidement, et la crue y a moins de durée; mais ensuite les eaux s'élèvent moins à mesure qu'elles s'éloignent de leurs sources, parce que le lit des rivières a moins de pente et acquiert plus de largeur, de sorte que son entier écoulement se ralentit vers la fin.

Au surplus, la même cause qui fait grossir les principales rivières fait communément grossir en même temps les rivières secondaires qui se déchargent dans les principales; ce qui augmente leur volume vers la mer.

N° 101. L'auteur convient dans ce numéro, *pages 45* et *46*, que la théorie des principes de l'hydraulique ne peut être employée à calculer la vitesse des rivières d'après la pente moyenne de leur lit, parce que mille obstacles altèrent sans cesse les données du calcul, et que l'on manque de bonnes expériences sur ce sujet compliqué, qui réunit une suite d'effets variables et indépendans.

Je pense d'ailleurs à ce sujet, comme le Père Frisi, que la plupart des problèmes de l'hydraulique ne paroissent point applicables aux diverses vitesses qu'éprouve une rivière, ni aux effets qui en résultent, parce que les difficultés d'un problème augmentent en proportion du nombre des conditions et des différences variables qu'on y fait entrer. Or, les obstacles de tous genres qui modifient ces vitesses, et les accidens qui en font varier les effets, ne sont pas, la plupart du temps, susceptibles d'être soumis au calcul. C'est par cette raison que ce genre de connoissance tient plutôt à la physique qu'à la géométrie.

Page 48, n° 103. L'auteur considérant les eaux des rivières comme coulant sur un plan incliné, en conclut que leur vitesse doit s'accélérer suivant les principes des corps qui roulent ou glissent le long d'un plan incliné ; en observant que cette accélération est cependant quelquefois modérée par divers obstacles qui se présentent, mais qu'en approchant de la mer, l'accélération cesse, et que la vitesse des eaux devient à peu près uniforme.

Je crois devoir ajouter que, d'après mes observations, il m'a paru que, pendant le long cours d'une rivière, les accélérations de vitesse provenant de la pente sont mille fois détruites ou modifiées par des obstacles supérieurs et souvent reproduits; mais que bien certainement la vitesse des eaux des rivières, considérées dans leur cours général, va toujours en diminuant vers leur embouchure dans la mer, ou vers leur confluent, parce que la pente de leur lit va toujours en diminuant, et qu'ensuite la masse de la mer oppose un obstacle qui retarde progressivement la vitesse des fleuves, et se fait sentir à une assez grande distance.

On trouve, depuis la page 49 jusqu'à la page 62, des observations de l'auteur sur la formation des torrens, et des effets qui en doivent résulter. Je ne puis dissimuler que toutes les hypothèses du citoyen Fabre sur la formation des torrens et sur l'éboulement des terres des côtes qui les avoisinent, m'ont paru se ressentir d'avoir été écrites d'imagination, et non d'après des observations et des expériences. Sans attaquer les calculs qui sont la suite de ses principes, il m'a semblé que la nature n'opéroit point ainsi; d'ailleurs, que ces suppositions se trouvant établies sur des conjectures imaginaires, elles n'apprennent rien, et que cette théorie ne paroissoit offrir aucune espèce d'utilité.

Page 64, n° 144. La destruction des bois qui couvroient nos montagnes est la première cause de la formation des torrens.

L'abatis des bois ou leur existence, quoi qu'en dise l'auteur, ne me paroît point devoir contribuer à la formation des torrens; mais on a généralement observé que les défrichemens qui suivent les abatis facilitent les éboulemens de terres à la suite des pluies ou des orages, et contribuent à dépouiller les rochers. Il y a, au contraire, des auteurs modernes qui prétendent que l'abatis des bois des montagnes doit concourir à dessécher les sources qu'on rencontre habituellement sur le penchant de ces montagnes.

L'auteur semble ici confondre les torrens qui sont des amas d'eau subits qui font irruption, avec l'effet de ces irruptions d'eau qui creusent des ravins où les eaux coulent et occasionnent des éboulemens.

Page 66, n° 148. De même, *la* prétendue *ruine des domaines qui bordent les rivières* ne m'a pas paru, comme il le dit, devoir influer sur les débordemens; et je suis bien éloigné de penser que les crues des rivières puissent devenir plus fortes à mesure que les forêts des montagnes diminuent : l'effet contraire seroit plus vraisemblable.

Enfin, on ne voit aucun motif plausible pour établir que les rivières ne sortent de leur lit, comme il le dit, que depuis que les montagnes sont déboisées, qu'autrefois cela étoit peu fréquent, et qu'alors les limites des rivières étoient des bornes immuables; parce que, de temps immémorial, il y a eu des débordemens plus ou moins grands, et les rivières, en débordant, ont attaqué les propriétés voisines et y ont causé des dommages plus ou moins considérables.

A l'égard de la formation des nouvelles îles dans le lit des rivières, dont on se plaint, elle est très-souvent inévitable. Parmi le grand nombre de rivières qui arrosent le globe, il s'en trouve dont le lit est plus ou moins encaissé, et d'autres plus ou moins aplati; les unes qui charrient des vases, et d'autres des graviers. Celles dont le lit est plat sont sujettes à se diviser en plusieurs bras, à former des îles : ces îles, qui sont un effet successif du dépôt des eaux, varient sans cesse de grandeur et de position. En examinant ces îles, on les trouve formées alternativement de couches de sable fin, de couches de vase, ou de couches de cailloux ou galets plus ou moins gros. Ces effets varient suivant l'importance de la rivière, la distance de sa source, et les matières fournies par les côtes voisines. Les crues rapides et promptes charrient plus de sable ou de gravier, et celles qui sont de plus longue durée déposent des vases.

Les irruptions d'eau avec dépôt de gravier ou de sable sont ce qu'il y a de plus nuisible aux héritages voisins. J'ai vu souvent les eaux enlever deux pieds de profondeur de terre végétale sur une grande étendue, et y rapporter quatre pieds de sable.

Nº 150. L'auteur faisant l'énumération des désastres qu'il attribue aux susdites causes, observe que la division subite des rivières en plusieurs bras fait naître des contestations entre les riverains opposés qui avoient la rivière pour limite, et qu'il se forme plus fréquemment des dépôts à l'embouchure des fleuves qui nuisent à la navigation; mais il n'est point démontré que ces dépôts se fassent aujourd'hui plus rapidement qu'autrefois, et encore moins que la diminution des forêts y puisse influer en aucune manière.

Page 70, nº 158. L'auteur expose que la quantité de gravier que les rivières reçoivent lui paroît toujours proportionnée à la rapidité des montagnes qui bordent les rivières. Il est incontestable que les grandes pluies font souvent descendre beaucoup de matières des coteaux rapides. Cependant, ayant observé, par des temps de pluie, des montagnes qui dominoient la source des rivières, j'y ai vu plusieurs sommets couverts de bois et de pâturages, sur lesquels les eaux couloient sans obstacle, suivant la pente des coteaux, et sans entraîner de matières; tandis que sur des pentes moins rapides, qui

Changemens successifs qu'é- prouve le som- met des monta- gnes.

3

avoient à peine 15 degrés d'inclinaison avec l'horizon,
des terres légères fraîchement cultivées ayant été détrem-
pées par un orage, marchèrent sur une grande étendue,
et vinrent combler une petite rivière qui couloit au pied
de la côte.

Au reste, il est très-certain, comme l'observe l'auteur,
que l'air et la vicissitude des saisons agissent puissamment sur les roches arides et nues qui terminent le sommet de plusieurs montagnes, et qu'il s'en détache des
quartiers qui roulent dans le fond des vallons, ou qui
restent sur les pentes. Il est encore incontestable que les
pluies entraînent les débris des roches vers les rivières;
que les torrens étant plus rapides à l'origine des vallons,
près des sources des rivières, leurs eaux précipitent des
matières plus grosses, et que la vitesse de ces torrens
diminuant successivement avec la pente du lit, les eaux
ne transportent plus que des pierres moyennes, et que
les graviers vont en diminuant de grosseur en s'éloignant
de la source des rivières.

Page 71, n° 160. L'auteur dit : *Lorsqu'il n'y a
point de montagnes, il n'y aura point de gravier,* et cite
pour exemple les rivières de Saone et de Seine et Marne.
Sans doute qu'il n'a entendu parler que des montagnes
qui longent les rivières et les bordent suivant une partie
de leur cours; car toutes les rivières prennent leur source
dans les montagnes; et cependant les unes roulent des
graviers et des sables en abondance, et les autres des
vases.: il n'y a rien d'uniforme à cet égard. La Loire,

qui prend sa source au-dessus du Puits, dans le départe-
tement de la Haute-Loire, roule des sables et des graviers
en abondance, depuis sa source jusqu'à son embouchure à
la mer, sur 200 lieues de cours, et la Seine ne charrie
pas à proportion la moitié autant de ces matières que
la Loire. La Marne en charrie encore moins à proportion. Enfin, les sources de la Meuse et de la Moselle sortent également des montagnes des Vosges, et la Moselle
charrie des sables et des graviers siliceux en abondance,
depuis sa source jusqu'à son confluent dans le Rhin à
Coblentz; tandis que la Meuse, depuis sa source jusqu'au-dessous de Verdun, ne charrie que des vases et
quelques petits graviers calcaires. La Meurthe charrie des
sables et des graviers jusqu'à Lunéville, mais bien moins
que la Moselle; et la Vesouse et la Sarre, qui prennent
leur source à peu de distance, charrient beaucoup de
vase.

Par les n⁰ˢ 162, 163 et 164, l'auteur, d'après le fait
qui établit que les sources des rivières se trouvent rapprochées des plus hautes montagnes, fait diverses hypothèses, desquelles il résulte qu'*il y auroit plus ou moins
de terrain à gagner sur le lit de gravier des rivières,
selon qu'on s'éloigneroit ou qu'on s'approcheroit de leur
origine.* Mais, je l'avoue, presque toutes les suppositions
qu'il fait m'ont paru imaginaires, et il m'a semblé que
la nature n'opéroit point ainsi; que les montagnes ne
s'éloignent ou ne se rapprochent point comme il l'a
indiqué, et que ni les vallées ni les gorges des montagnes ne se comblent point uniformément.

Examen de la question , si les cailloux ou galets étoient, dans l'origine , des corps anguleux dont les angles ont été brisés par le frotte- ment, et qui ont été arrondis en roulant dans les fleuves, ou bien sont formés, tels qu'on les voit, sans le concours des fleuves.

Nº 165. L'auteur a adopté l'opinion soutenue que les cailloux ou galets charriés par les rivières ne sont arrondis qu'après avoir été long-temps roulés dans les rivières ; que, dans l'origine, ils étoient anguleux et irré- guliers ; que les torrens , en les précipitant, ont brisé leurs angles , et qu'ensuite, par les effets multipliés du choc et du frottement, ils ont été arrondis : en consé- quence , il établit que , vers les sources , les débris de matières charriées par les eaux sont anguleux, bruts et non arrondis. Guglielmini et plusieurs autres natura- listes ont pensé de même ; mais le P. Frisi n'est point de cet avis. Il pense que les cailloux et les graviers sont dus à une ancienne formation des matières du globe terrestre ; il cite les masses immenses de cailloux ou les masses énormes de gravier et de sable qu'on trouve dans les déserts de la Numidie et de la Tartarie, et même, dans tous les pays, sur des côtes ou dans des plaines éloignées des rivières ; et, après bien des observations locales , j'ai cru cette dernière opinion mieux fondée. J'ai en effet rencontré des bancs de cailloux dans les montagnes , vers le sommet des rivières , et dans des points où ces cailloux ne pouvoient jamais avoir été roulés. On y trouve des masses énormes de poudingue ou assemblage de cailloux liés par un gluten qui les unit fortement. On en trouve des bancs très-étendus sur des côtes élevées, dont une face au midi verse ses eaux dans la Méditerranée, et l'autre au nord les verse dans l'Océan ; et, entre une infinité de lieux qui offrent de pareils dépôts, je citerai une côte des montagnes des

Vosges, au-dessus du village de Xertigny, entre Épinal et Plombières. Il s'y trouve des masses énormes de ces cailloux ; il y en a de diverses couleurs, des rouges, des jaunes, des bleus et des gris ; les gris sont ordinairement graniteux, mais les rouges, les jaunes ou les blancs-pâle sont d'une pâte siliceuse, d'une forme arrondie, et souvent un peu aplatie, lisses et sans aspérités dans leur surface, sans néanmoins être très-polis. On les trouve rangés par lits, composés chacun de cailloux de diverses grosseurs ou couleurs, qui participent quelquefois de celle du gluten qui les unit.

J'en ai fait faire des déblais considérables qui ont été employés en remblai pour le changement d'une portion de route qui a été exécutée dans cette partie.

Je citerai encore à la sortie d'Épinal, par la route qui conduit à Bruyères, une côte qui a été escarpée pour y faire passer la route ou pour y prendre des matières ; on voit le long de la route, sur une assez grande longueur, des roches caillouteuses divisées par lits de diverses épaisseurs, et les cailloux s'y trouvent arrondis et à demi-polis dans leur gangue. Ces derniers bancs font partie de la butte élevée à l'extrémité de laquelle fut autrefois construit le vieux château d'Épinal. Or, jamais la Moselle, ni aucune rivière, n'ont pu couler sur les hauteurs que je viens d'indiquer.

Je pourrois encore citer plusieurs dépôts de cailloux entre Épinal et Remiremont, ou entre Épinal et Mirecourt, dans des points où il n'a pu couler de rivières.

Page 74, n° 166, l'auteur pense *qu'en quelque endroit*

qu'on trouve des amas de cailloux roulés..... en les examinant, on pourra reconnoître et déterminer par quel courant ces dépôts ont été ainsi formés.

Cette reconnoissance m'a paru très-difficile à faire en beaucoup de circonstances, sur-tout pour les dépôts de cailloux éloignés des rivières. Le Rhin, depuis Bâle jusqu'à Mayence, coule dans une plaine entre deux chaînes de montagnes éloignées de 8, 10 et 12 lieues. Or, si cette plaine où coule d'ailleurs la rivière d'Ill est semée de cailloux, on peut supposer qu'à des époques très-antérieures, le Rhin, en changeant de lit, a pu errer dans cette plaine, et y laisser des dépôts de cailloux roulés; mais ceux qui sont sur les sommets, ou sur le penchant des côtes qui bordent la plaine, à de grandes hauteurs, et hors de toute direction possible du Rhin, il n'y a pas moyen de les faire rouler pour les polir; et, quoique leur surface ne soit pas d'un poli parfait, ils sont arrondis, et sans aspérités.

No 167. L'auteur dit que, par une suite de la grande quantité de matières charriées par les torrens, *non seulement le lit des rivières ne doit pas s'élever, mais, au contraire, il doit continuellement s'abaisser; ce qui lui paroît confirmé par l'expérience.*

Examen de la question, si le fond du lit des rivières tend, avec le temps, à s'élever ou à s'abaisser.

C'est une grande question de savoir si les lits des rivières doivent s'élever ou s'abaisser par succession de temps : je pense qu'elle ne doit pas être décidée sans un profond examen de la marche de la nature, considérée dans ses effets à diverses époques, et qu'il est nécessaire de réunir beaucoup d'observations avant d'adopter un parti définitif.

Il est très-sûr que, si comme quelques géologues le prétendent, il y a eu dans les grandes vallées où coulent aujourd'hui des fleuves, de grandes retenues d'eau en stagnation formées par des barrages qui s'étendoient d'une côte à l'autre ; si ces grandes masses d'eau stagnante n'ont cessé d'exister que par la rupture de ces digues de barrage malgré leur énorme épaisseur, il a dû en résulter de grandes irruptions d'eau qui, en rompant les digues, se sont creusées un lit aux dépens des coteaux voisins : alors ce lit a dû s'abaisser progressivement. Et comme ces événemens ont pu se répéter de distance en distance, par exemple, dans la Loire, depuis les hauts sommets du département de la Haute-Loire, où cette rivière prend son origine, jusqu'à son embouchure à la mer, près Paimbœuf, son lit a pu être d'abord profond et rétréci entre deux coteaux rapides ; ensuite, il a dû se combler successivement, et s'élargir à mesure de l'éboulement des rives de ces coteaux, dont les dépôts ont exhaussé les vallons, jusqu'à ce qu'enfin tous ces grands effets s'étant terminés par la soustraction de ces causes, alors on a vu couler dans ces vallées une rivière dont les pentes se sont réglées d'après les localités : dès-lors les coteaux qui bordoient ces vallées ont servi de limites à ce fleuve ; ensuite, suivant les circonstances, c'est-à-dire suivant l'effet des débordemens plus ou moins grands ou rapides, ou les obstacles locaux, la rivière a dû se jeter tantôt vers une côte et tantôt vers l'autre, mais sans pouvoir franchir ces limites.

Mais, comme l'a observé M. de Buffon et d'autres physiciens, ce qui confirme qu'il a dû se faire une rupture entre les coteaux actuels, c'est que la plupart des angles sortant d'une côte correspondent assez ordinairement aux angles rentrans de la côte opposée, et que le plus souvent les deux côtes paroissent formées de matières semblables et de roches de même nature. Si on se transporte sur la Loire, au-dessus de Tours, on reconnoîtra sur la rive gauche que les caves et habitations pratiquées dans les roches de la côte de Mont-Louis, ressemblent à celles qui sont formées dans les roches escarpées des côtes de Roche-Corbon et Vauvrai, situées sur la rive droite. Les moellons calcaires sont les mêmes sur les deux rives au-dessus d'Orléans. D'ailleurs, on remarque que la vallée qui s'étend plus ou moins entre ces coteaux est formée par des dépôts de vase, de gravier, de sable ou de cailloux, tantôt disposés par lits ou tantôt mélangés sur une épaisseur variable. Or il paroît manifeste que toutes ces matières ont été déposées par le fleuve sur une épaisseur de trois, quatre, cinq ou six mètres, suivant les lieux. Il faut donc que ces vallées aient d'abord été déblayées jusqu'à cette profondeur sur le tuf calcaire qui forme le sol du fond de cette rivière jusqu'à environ trois lieues au-dessous de Saumur. Mais depuis la forme stable qu'a prise cette vallée où coule la Loire, la plus grande partie en a été reconquise sur ce fleuve au profit de l'agriculture, en lui fixant un lit déterminé d'environ 4 à 500 mètres de largeur, contenu par des levées d'environ 6 à 7 mètres de hauteur, sur environ soixante-dix lieues de longueur.

J'en pourrois dire autant du Rhin, qui est contenu entre deux chaînes de montagnes, dont les sources nourricières sont très-resserrées jusqu'à Bâle, et dont le lit s'étend ensuite sur une assez grande largeur depuis Bâle jusqu'au-dessous de Mayence, et se trouve plus bas très-resserré entre des coteaux escarpés, depuis la petite ville de Bingen jusqu'à Coblentz, sur environ seize lieues de longueur, qui offrent des roches semblables sur chaque rive. Si, comme il est vraisemblable, il se trouvoit autrefois des barremens entre ces côtes, cela devoit former dans l'origine une suite de lacs soutenus les uns au-dessus des autres, et qui ont fini par rompre leurs digues. Alors ces ruptures ont occasionné des déluges partiels, et l'irruption de ces eaux a dû produire des effets proportionnés à l'énormité de leur volume, occasionner des déchiremens dans les côtes des montagnes voisines, en miner les appuis, bouleverser les couches, et former les vallées qu'elles ont successivement creusées à une grande profondeur, et ensuite comblées et nivelées avec les débris de ces déblais provenant de l'éboulement partiel des côtes. C'est pourquoi, lorsque ces côtes sur leur penchant se sont trouvées couvertes de gravier, de poudingue, de sable ou de granit, ces substances ont concouru à former les dépôts qui composent le sol des vallées, lesquelles, mêlées avec les limons vaseux, ont rendu ces terrains susceptibles de fertilité; et

4

telle est la nature du terrain qui subsiste depuis Bâle jusqu'au-dessous de Mayence.

Les lacs de Bienne, de Zurich et de Lucerne, qui alimentent le Rhin, ou le lac de Constance qui est traversé par ce fleuve, ne subsistent que parce qu'ils n'ont pu rompre les digues qui les contiennent; et cependant les eaux de ces lacs, soit en faisant cascade pour verser leur trop-plein, soit en se pratiquant quelques issues souterraines, prouvent les efforts continuels de ces grandes masses d'eau pour rompre leurs prisons.

J'en dirois autant de la rivière de Meuse; les vallées où elle coule ont dû se former par le même mécanisme, avec la différence que comme les côtes voisines ne présentent point de matières siliceuses, le fond de cette vallée, depuis la source de cette rivière jusqu'au-dessous de Verdun, n'est composé que de dépôts vaseux, et de quelques pierrailles calcaires réduites à la grosseur de 2 ou 3 millimètres. Mais les matières qu'elle charrie ensuite dans les parties inférieures, sont empruntées des côtes voisines qu'elle arrose dans la grande étendue de son lit tortueux vers Sédan, Givet et Namur.

Nous venons d'examiner l'origine des vallées où se sont établis les cours des fleuves, et je les ai considérés dans un temps fort antérieur à toutes les traces que la mémoire des hommes puisse rappeler; mais il paroît incontestable que l'effet de ces grandes irruptions d'eau n'a pu se faire sans des déchiremens de côtes et des déblais sur une grande profondeur, et ensuite successivement élargis et comblés. J'ajouterai que si l'irruption a commencé par un des lacs les plus bas, l'effet de la rupture des lacs supérieurs a dû successivement influer sur les vallées inférieures.

Maintenant, si nous observons le cours des grands fleuves dans l'état où ils se trouvent aujourd'hui dans ces vallées, on reconnoîtra que leur abaissement paroît fixé à un niveau et à une profondeur plus ou moins grande au-dessous des côtes voisines, et que ces côtes s'abaissent successivement depuis la source de ces fleuves à mesure que l'on marche vers leur embouchure. Or ces fleuves, en se promenant dans lesdites vallées, ont ordinairement un lit déterminé pour le temps des basses eaux, un autre pour celui des moyennes eaux, et enfin un pour le temps des débordemens. (J'en excepte certaines rivières totalement encaissées dans un lit profond d'où elles ne peuvent sortir.) A l'égard des autres fleuves ou grandes rivières, il n'y a que les bas-fonds composés de légers graviers qui éprouvent quelques changemens pendant le temps des basses eaux; mais, pendant la durée des moyennes crues, les eaux prêtes à sortir de leur encaissement agissent avec violence contre les rivages, y causent des éboulemens, et c'est le moment où elles font des efforts pour changer de lit. Ensuite, dans les grands débordemens des rivières qui ne sont pas contenues, lorsqu'elles sont plus vaseuses que sablonneuses, et qu'elles ont la facilité de s'étendre sur de vastes prairies, elles y causent peu de changement, et y déposent souvent un limon qui contribue à leur fertilité;

mais si, au contraire, elles charrient des sables ou des graviers, et qu'elles viennent à parcourir des terrains en
culture, il s'y forme divers courans qui déplacent et
enlèvent en plusieurs cantons la terre végétale, et perdent
les meilleurs terrains en les ensablant sur plusieurs mètres
de profondeur. Si le fleuve est contenu par des digues ou levées, les eaux agissent fortement contre ces
levées qui doivent avoir une hauteur et une épaisseur
suffisantes, et dont le talus exposé aux eaux est ordinairement défendu par des enrochemens, des crèches ou
des perrés, suivant les circonstances. L'expérience
prouve que les rivières à fond de sable ou de gravier
changent plus fréquemment leur lit.

Enfin, après avoir considéré les rivières telles qu'elles
existent maintenant, il reste à déterminer si le fond de
leur lit actuel tend à s'exhausser ou à s'abaisser.

Je vais, pour éclaircir cette question, appeler en té-
moignage quelques indices que j'ai rassemblés, et les
observations que j'ai eu occasion de faire sur diverses
rivières.

Tout le monde convient que le fond du lit des rivières
éprouve quelques variations dans diverses parties de
leur cours, que des orages apportent quelquefois subitement des matières qui en exhaussent momentanément
le lit, et qui sont ensuite déblayées par les crues suivantes : on convient encore que toutes les rivières
portent à la mer un tribut continuel de dépôt; mais il
s'agit de savoir si en général le fond du lit des rivières
s'exhausse ou s'abaisse uniformément. Cela est impor-

tant : car si l'exhaussement étoit rapide, les grands débordemens s'élèveroient progressivement, et menace-
roient les possessions riveraines; si, au contraire, il s'a-
baissoit, il exposeroit la solidité des monumens les
mieux établis, en mettant leurs fondations à découvert.

En consultant d'antiques monumens qui bordent la
Loire, je citerai l'ancien pont d'Orléans, qui a existé,
dit-on, dix-huit à vingt siècles moyennant diverses ré-
fections. L'histoire annonce que du temps des Romains
cette ville a été plusieurs fois attaquée et prise ; qu'en
certaines circonstances, on fit usage de ce pont construit
en pierre, et qu'on en rompit quelques arches : mais
bien postérieurement, j'ai encore vu sur la dernière
arche, du côté du faubourg, le petit fort des Tourelles
où la Pucelle fut blessée en l'attaquant. Or beaucoup
d'observations prouvent que la plupart de ces anciens
ponts étoient bâtis à très-peu de profondeur sous les
eaux, les uns sur des enrochemens, les autres sur
pilotis, dont les intervalles étoient remplis avec des
jetées de forts moellons; l'on défendoit ensuite le
pourtour des piles et culées par des pieux de rive presque jointifs ; et, remplissant l'intervalle en pierre, cela
formoit des crèches d'environ un mètre de largeur. Lorsque les eaux venoient à ruiner ces crèches, pour les
réparer, on les enveloppoit d'une seconde enceinte de
pieux, auxquels on ajoutoit quelquefois des palplanches;
ce qui augmentoit l'élargissement de la crèche, et la
portoit en certains cas à deux mètres. On voit de vieux
ponts où la saillie des crèches occupe même près de la

moitié de la voie des arches, tel qu'au pont de Pont-
à-Mousson, sur la Moselle. Au reste, le dessus de ces
crèches est ordinairement établi à environ 3o à 4o centimètres au-dessus des basses eaux d'été.

Enfin, plusieurs de ces anciens ponts ont ordinairement un pied-droit au-dessous de la naissance des arches,
formé d'une ou de deux assises, suivant la grandeur des
arches; je veux dire que les petites ont plus de hauteur
de pied-droit que les grandes.

Or, si pendant quinze à vingt siècles qu'ont durés ces
anciens ponts, en les réparant par intervalles, le lit de
la rivière se fût abaissé sensiblement, les fondations seroient restées à découvert; ou si le lit se fût constamment exhaussé, la naissance de la plupart des arches
auroit été encombrée. Mais toutes les observations que
j'ai faites aux anciens ponts de Tours et d'Orléans, que
j'ai fréquemment visités dans les temps des basses eaux,
ne m'ont démontré aucun changement sensible sur le
fond du lit de la rivière dans ces parties de la Loire.

D'ailleurs, immédiatement après la construction du
nouveau pont d'Orléans, vers 1759 et 1760, étant
devenu nécessaire de démolir l'ancien en très-grande
partie ruiné, on s'attacha à démolir les vieilles piles
assez bas pour que ces restes ne pussent nuire à la navigation. Alors on retrouva, à très-peu de profondeur
sous les eaux, les pieux de fondation de cet ancien pont.
Ces pieux de bois de chêne qui furent arrachés avoient
perdu leur aubier par le frottement des graviers, ce qui
les avoit diminués de grosseur; mais ils avoient acquis

de la dureté, de la pesanteur, et une couleur noire.

Il en résulte qu'ayant retrouvé à peu près le même niveau des fondations de l'ancien pont d'Orléans, et aucune des naissances d'arches ne se trouvant obstruée par les eaux au moment de l'étiage, cela n'annonce aucun changement sensible sur la position du fond de cette rivière en cette partie. J'ajouterai encore qu'ayant été témoin de la fondation du nouveau pont d'Orléans en 1751, 52 et 53, il me parut constaté que le fond du sol au-dessous du lit de la Loire se trouvoit formé par un tuf blanc et crayeux qui est établi au plus à trois mètres de profondeur au-dessous des basses eaux. Ainsi, lorsqu'il se trouve dans le fond un mètre d'épaisseur de gravier, il reste au-dessus deux mètres de hauteur d'eau ; et lorsqu'il n'y a qu'un mètre d'eau, c'est parce qu'il se trouve à peu près deux mètres de gravier ; car ce fond crayeux est un sol qui n'a point encore été entamé par les eaux, tandis qu'au contraire les graviers ou les sables proviennent des dépôts que les eaux charrient et déplacent sans cesse.

J'ai encore fait les mêmes observations sur deux autres anciens ponts sur la Loire, dont j'ai vu faire la démolition depuis, savoir, celui de Tours et celui de Saumur ; et j'ai remarqué que, malgré leur ancienneté, les fondations n'avoient jamais paru à découvert, et que de même leurs arches n'avoient point été obstruées.

J'ai d'ailleurs observé des repaires très-anciens des plus grands débordemens de la Loire, tracés sur d'anciennes tours qui bordoient cette rivière, que j'ai com-

parés avec le débordement de décembre 1755, le plus
grand connu à l'époque de mon observation; et j'ai
trouvé qu'il avoit monté un peu plus haut à Tours et à
Saumur que celui de 1733, qui avoit été le plus haut.
Donc le fond du lit ne s'étoit point abaissé.

De même, si je compare plusieurs des grandes crues
de la rivière de Seine, j'observe que la crue de 1719
a monté à Paris au pont National à 6 mètres 50 centimètres; en 1740, à 8 mètres 12 centimètres; en 1751,
à 6 mètres 82 centimètres; et, en 1763, à 7 mètres
30 centimètres : ces résultats n'annoncent ni un exhaussement ni un abaissement du lit de la Seine.

Mais si au lieu de considérer des rivières dans des
points situés à quatre-vingts ou cent lieues de leur origine,
j'observe la rivière de Moselle; je la vois couler à nu
sur des roches mères qui ont leur stabilité originelle
tant au-dessus qu'au-dessous d'Épinal, et j'en conclus
que son lit, au moins dans cette partie, n'a reçu aucun
exhaussement. Mais m'étant transporté au pont de
Charmes, sur la Moselle, construit depuis environ quarante ans, dont un des arrière-becs, et ensuite la pile,
ayant été affouillés par les eaux ont entraîné la ruine
de deux arches; après en avoir examiné la fondation,
j'ai reconnu que ce pont avoit été fondé sur plate-
forme sans pilotis à la hauteur des plus basses eaux.
C'est pourquoi une partie de la pile ayant tassé sur elle-
même par l'effet de l'affouillement, je remarquai que
les racineaux du grillage, après s'être rompus, mon-
troient leurs abouts en 1790 à l'affleurement des basses

eaux; et il s'ensuit que le niveau de l'étiage n'avoit pas changé dans la Moselle, vis-à-vis de ce pont, depuis sa construction.

En descendant la même rivière, j'ai reconnu que le pont de pierre de Flavigny, situé six lieues au-dessous, avoit été fondé sur pilotis et plate-forme, à quelques pieds sous les eaux; et comme il n'a point assez de débouché pour la Moselle dans ses grands débordemens, il arrive qu'alors un tiers de cette rivière se jette sur la rive gauche sur les terrains voisins pour rentrer au-dessous du pont dans son lit; mais il s'ensuit que les eaux trop serrées dans les crues fouillent au pied de la fondation de ce pont; c'est pourquoi l'ayant visité après la crue de 1778, la limpidité de l'eau me fit clairement distinguer tout l'établissement des fondations. Je trouvai les pilotis faits en bois d'équarrissage très-sain, mais de trop foibles dimensions, et j'y fis faire des jetées de forts moellons pour rempater les fondations, et détruire ces affouillemens qui avoient une cause locale.

Je citerai sur la même rivière l'ancien pont de Frouard, ruiné par la crue de 1778. Ce pont ayant été remplacé par un nouveau, terminé en 1789, et ayant fait démolir les piles de l'ancien, construit en 1728, je reconnus que ce pont avoit été bâti sans pilotis, plate-forme, ni épuisemens, mais qu'il avoit été établi sur un enrochement à la hauteur des plus basses eaux d'été: je retrouvai la dernière assise à la hauteur de l'étiage; d'où il suit que cet étiage n'avoit pas changé depuis sa construction.

5

A toutes ces observations, j'ajouterai des expériences citées par le P. Frisi dans son *Traité sur les torrens et rivières, appliqué aux rivières d'Italie*. Il rapporte plusieurs expériences faites dans le Primaro, au-dessous du fossé des Bénédictins, dans l'espace des deux premiers milles suivans, desquelles il résulte qu'il n'y a eu aucun changement sur le fond du lit de cette partie de 1739 à 1761 ; que dans le mille suivant, dans l'embouchure du Santerno, et encore un demi-mille au-dessous, le fond du Primaro s'est élevé de 1739 à 1757, et qu'il s'est ensuite abaissé de la même quantité à peu près de 1757 à 1761 ; que dans les trois milles et demi suivans, jusque près l'embouchure du Sénio, le fond s'est abaissé de 1739 à 1757, et s'est exhaussé à peu près d'autant de 1757 à 1761 : de sorte que pendant vingt-deux ans d'observations, pendant lesquelles on prenoit en divers points des sections différentes du fond de cette rivière, il en est résulté qu'il n'y étoit survenu aucun changement sensible. Or il faut observer que les rivières citées par le P. Frisi ont beaucoup de pente, et charrient une très-grande quantité de gravier.

Il résulte de toutes les observations précédentes, que le fond actuel du lit des rivières ne change pas sensiblement, en les considérant dans l'ensemble de leur cours ; que cependant il se trouve des causes locales qui occasionnent l'exhaussement ou l'approfondissement de quelques parties, mais que ces effets sont momentanés ou variables, et ont des causes particulières. J'aurai occasion par la suite de citer plusieurs faits qui confirmeront cette opinion.

Page 76, n° 170. La force du courant qui agit sur le fond d'une rivière est exprimée par le volume d'eau d'équilibre multiplié par une fonction quelconque de la pente.

Je ne conteste point ce principe; mais il me semble qu'il ne peut recevoir aucune application dans la pratique.

Si l'eau d'une rivière couloit sans obstacle dans un canal régulier dont la pente fût uniforme, les vitesses du courant devroient suivre la loi d'accélération des corps qui tombent le long d'un plan incliné, et suivre la proportion des racines carrées des hauteurs; mais les pentes et les directions des rivières changent à chaque point de leur cours au point d'anéantir les premières impulsions. Vers la source des rivières où la pente du lit est très-forte, elle influe sans doute puissamment sur les vitesses; mais ensuite cet effet est détruit pour la plus grande partie par des changemens de direction dans le cours, par la rencontre des îles, par des contre-pentes accidentelles, et par mille obstacles locaux; de sorte que les vitesses restantes sont des résultats combinés de la hauteur des eaux et de la pente locale, toutes causes sans cesse variables dans l'étendue du cours de chaque rivière.

Page 78, n°ˢ 174 et 175. Plus la force de la rivière sera considérable, et plus les matières du fond seront grossières.

Il est manifeste que plus les rivières ont de pente,

et plus leurs eaux ont de vitesse; que plus elles ont
de vitesse, et plus la masse de leurs eaux a de force
pour charrier des matières plus grosses : d'où il suit que
les matières du fond de leur lit doivent généralement
se trouver plus grosses dans les rivières qui ont le plus
de vitesse, ou dans toutes vers l'origine de leur source.

On a observé assez généralement que les rivières qui
charrient une plus grande quantité de sable ou de gravier,
ont leur cours plus direct, font moins de détours : tels
sont la Loire, le Rhône de Lyon à Arles, le Rhin de
Bâle à Mayence, et la Moselle. Au contraire, la Meuse,
la Marne, la Sarre, l'Indre et la Seine, présentent de
grandes sinuosités dans leur cours, et semblent quelquefois revenir sur elles-mêmes.

N° 176. *Si le volume d'eau est constant sur tout
le cours du courant, la pente imaginaire augmentera
ou diminuera avec l'augmentation ou la diminution de
la grossièreté du fond.*

Pour démontrer ces propositions, l'auteur emploie
des vérités physiques et mathématiques qui ne me paroissent point applicables aux circonstances dont'est
question ; savoir, que la force des eaux est le produit
de la masse par la vitesse, et que les vitesses sont
comme les racines carrées des hauteurs. On en fait usage
pour déterminer l'action des eaux contre une digue,
ou pour connoître la vitesse des eaux à leur sortie par
un pertuis vertical ou horizontal, pour estimer l'effet
du choc de l'eau contre les aubes d'un moulin, ou la

résistance qu'éprouve un vaisseau quelconque en se mouvant dans le fluide, et nullement, ce me semble, pour le cas dont il s'agit.

Au surplus, ce cas m'a paru à peu près imaginaire, parce que jamais une rivière de quelque importance, qui a une certaine étendue dans son cours, ne roule la même quantité d'eau ; elle est toujours étroite et foible à sa source ; elle est même quelquefois le produit de plusieurs sources, dont les branches se réunissent en un point : ensuite, à mesure que son cours se prolonge, elle est grossie par l'affluence des divers ruisseaux ou rivières. C'est ainsi, par exemple, que la Loire est grossie par l'Allier, le Cher, l'Indre, la Vienne, la Sarthe, et par tous ses affluens ; de même le Rhin est grossi dans son cours par la Limach, la Bruch, l'Ill et le Mein ; la Seine, par l'Yonne, le Loing, la Marne, l'Oise, etc.

N° 177. Sans m'attacher au sens que présente l'auteur dans ce numéro, je me bornerai à répéter que la pente des rivières, ordinairement très-rapide vers leur source, va toujours en diminuant à mesure que leur cours se prolonge : cela est généralement vrai ; mais ces diminutions de pente ne sont nullement uniformes, parce que leur fond, sujet à des inégalités, présente fréquemment des contre-pentes dans l'étendue de leur cours, qui sont occasionnées par diverses causes que j'aurai occasion de développer, et de faire aussi remarquer que dans la même rivière il se trouve des parties presque stagnantes, qui sont ensuite suivies d'autres où la vitesse des eaux

Premières observations sur les pentes du fond du lit des rivières.

double ou triple en suivant une nouvelle pente, qui est bientôt ralentie et en grande partie détruite par la rencontre des îles, des détours et des bas-fonds. Il est cependant vrai qu'en considérant la somme des pentes qui existent dans le fond d'une rivière depuis sa source jusqu'à son embouchure, avec leurs diverses positions, on pourroit rigoureusement, comme l'observe l'auteur, considérer la pente totale comme une courbe qui s'élève vers sa source, et qui s'abaisse vers son embouchure ; mais cette courbe n'est rien moins que régulière ; au contraire, ses inégalités forment des altérations qui détruisent sans cesse l'effet des principes théoriques.

Page 80, n° 180. Les précédentes observations répondent à ce numéro.

En entreprenant de faire des coupures pour raccourcir une portion de lit de rivière, on court les risques, en augmentant la vitesse des eaux, d'en diminuer la profondeur, et de rendre la navigation plus difficile.

N° 181. Si l'on raccourcit le lit sinueux d'une rivière par des coupures formant des canaux plus directs, il est évident qu'on augmentera la pente et la vitesse des eaux dans cette étendue, et que dès-lors la masse d'eau courante aura plus de force pour charrier des matières plus grosses. Mais avant d'entreprendre l'exécution de ces raccourcissemens de lit, il est prudent, et même nécessaire, de calculer l'augmentation de pente que recevra le nouveau lit sur cette étendue, sur-tout si les eaux y doivent couler librement et sans écluse, parce que cette augmentation de pente pourroit devenir très-préjudiciable à la navigation en augmentant la difficulté du halage des bateaux qui remonteroient, et en diminuant la profondeur des eaux du nouveau lit.

Nos 182 et 183. Mêmes observations que dessus.

Nos 184 et 185. Je me réserve de donner plus bas mon opinion sur la meilleure direction à donner au barrage des rivières, et sur leurs diverses constructions ; mais j'observerai ici que le barrage des lits des rivières ralentit par cet obstacle la vitesse des eaux dans le lit supérieur qui diminue à mesure qu'elle s'approche du déversoir ; que tout concourt à remblayer successivement le lit supérieur ; qu'à la moindre crue, les eaux coulent sur la longueur de ces déversoirs, en formant une nappe d'eau d'une hauteur égale à celle dont le niveau supérieur surmonte le dessus du déversoir, et avec une vitesse égale à la racine carrée de ladite hauteur réduite.

Observation essentielle sur la manière dont l'eau agit contre les digues de retenue, et tend à les détruire.

Mais quoique la masse d'eau qui se trouve en amont de la digue et au-dessous du niveau de son seuil ou chapeau ait quelquefois une vitesse morte, néanmoins elle agit sur chaque point du déversoir et sur sa hauteur avec une pression égale à l'excès de hauteur de chaque filet d'eau au-dessus du niveau du lit inférieur ; et cette pression, qui tend à rompre la digue de retenue par l'action de la masse totale des eaux, attaque encore partiellement toutes les parties foibles qui composent sa construction, pour en opérer la destruction par la désunion successive des parties qui la composent.

Nota. L'observation ci-dessus est très-importante, et mérite d'être bien entendue.

Page 82, n° 186. *Les matières les plus grosses seront arrêtées près du déversoir.* Cette observation est une conséquence des principes que l'auteur a exposés précédemment.

N° 187. *Chaque déversoir produit au fond du lit une courbe assymptotique.* Cette observation n'a paru susceptible d'aucune application dans la pratique, comme on l'a précédemment observé.

N° 188. L'auteur prétend que les barrages des rivières sont souvent nuisibles. Je répondrai à ce numéro, en déterminant plusieurs des cas où ils peuvent être utiles ou nuisibles, et en indiquant l'usage qu'il convient d'en faire.

N° 189. *Si l'on détruit un déversoir, on augmentera la pente de la rivière.* Cela est incontestable.

Page 84, n° 191. *En aval du confluent de deux rivières, la pente de la rivière principale doit être moindre qu'en amont.*

Sans m'asservir au sens de l'auteur, je vais présenter quelques observations sur les rivières confluentes.

Premières observations sur les effets résultant de la jonction de deux rivières à leur confluent. L'auteur paroît supposer que lorsque deux rivières se réunissent, l'une forme toujours barre; mais il me semble que cet effet n'a pas lieu constamment. La plupart du temps, le lit de la rivière principale présente une augmentation de largeur au point où la nouvelle rivière est reçue : ainsi, en supposant que toutes les deux soient au moment de l'étiage, c'est-à-dire des plus basses eaux, alors chacune fournit son contingent en masse d'eau, et elles coulent ensemble parallèlement long-temps sans se mêler. C'est un phénomène que j'ai bien souvent vérifié, et qui se remarque sur-tout lorsqu'une des deux rivières reçoit une petite crue seulement assez forte pour troubler sa transparence. On pourroit croire que l'eau de la rivière troublée devant être plus pesante à cause du limon dont elle est surchargée, devroit par cette raison tendre à se mêler très-promptement avec l'eau la plus transparente ; mais le contraire arrive. La rivière de Vienne, qui est plus du tiers de la Loire, se jette dans cette rivière à Candes, près Monsereau ; le confluent se trouve sur la rive gauche de la Loire, et je l'ai souvent descendue dans une cabane au moment où une petite crue de la Vienne avoit troublé les eaux de cette dernière rivière ; je me faisois conduire, en descendant, à peu près sur la ligne de séparation de l'eau des deux rivières régnant sur toute la profondeur de la rivière, qui étoit de 2 à 3 mètres. La différence de couleur subsistoit très-sensiblement ; j'observai que la ligne qui séparoit les eaux des deux rivières n'étoit pas tranchée net, qu'elle offroit des inégalités d'environ 1 ou 2 mètres ; de sorte que les eaux courantes, à cette jonction, présentoient l'effet des nuages qui marchent rapidement. J'ai suivi ce phénomène l'espace de plusieurs lieues en descendant.

Ce n'étoit pas la première fois que j'avois fait cette remarque. Dans un moment où un bras de la Loire se

6

jetoit dans le Cher, au-dessous de la ville de Tours, une des deux rivières ayant été troublée par une crue, je me fis conduire en bateau dans le cours d'eau où les deux rivières venoient d'être réunies ; et ayant remarqué la séparation de leurs eaux, je la suivis quelque temps sans qu'il y eût mélange, en observant que les eaux de la Loire suivoient constamment la rive droite, et celles du Cher la rive gauche.

Ensuite la rencontre des îles, des bas-fonds, des grèves, ou le changement de direction des rivages, toutes ces causes contribuoient à accélérer le moment du mélange des eaux.

On distinguoit encore à Saumur, situé à trois ou quatre lieues au-dessous du confluent de la Vienne, assez sensiblement à la couleur des eaux, les crues de la Vienne de celles de la Loire ; et quoique la ligne de séparation fût effacée, la Loire étant partagée à Saumur en deux bras qui ont chacun environ 280 mètres de largeur, celles de la Vienne se portoient à gauche, et celles de l'autre sur la rive droite. C'est de cette façon qu'on distinguoit les crues de la Loire de celles de la Vienne, qui se succèdent ordinairement à cinq à six jours de distance.

Mais une remarque que j'ai souvent eu occasion de faire pendant mon séjour à Saumur, c'est que tant qu'une rivière croît, elle est convexe dans son milieu, et, lorsqu'elle diminue, elle est concave. C'est encore l'effet du frottement des rivages. J'ai souvent observé cet effet dans le bras de la Loire qui coule du côté de la ville, étant vue de l'île d'Offart dans le moment où elle croissoit; alors la moitié du bras qui touchoit l'île où j'étois posé étoit scintillante, et reflétoit la lumière à mes yeux, et l'autre moitié du côté de la rive éloignée étoit dans l'ombre. Mais dès l'instant que la rivière diminuoit d'une manière sensible, c'étoit le contraire ; la rive éloignée de moi réfléchissoit la lumière, et la moitié du bras qui me touchoit étoit dans la demi-teinte.

J'aurois fort desiré pouvoir mesurer de combien étoit la hauteur de cette convexité sur la largeur dudit bras ; mais il m'eût fallu un excellent niveau à lunette pour viser avec précision un point sur l'autre rive à la distance d'environ 280 mètres, et je n'ai pu me le procurer.

J'aurai occasion plus bas de continuer mes observations sur l'effet des rivières confluentes.

Les n⁰ˢ 192, 193 et 194, concernent la pente des rivières et les attérissemens ; l'auteur en tire des conséquences qui sont la suite de ses précédens numéros.

On établit ici avec fondement qu'en rétrécissant le lit d'une rivière, on la détermine à le creuser, parce que lorsque les eaux n'ont pas la liberté de s'étendre en largeur, elles tendent à creuser en profondeur, et poussent en avant les matières de ce déblai jusqu'à l'endroit où le lit s'élargit ; alors les matières accumulées augmentent en aval la pente du fond du lit, et, par suite, la vitesse des eaux qui y forment une espèce de chute ; mais à mesure que le lit s'élargit, la vitesse diminue, et les eaux ayant moins de force pour pousser en avant les matières, il s'y forme des dépôts, et, si le nouveau lit a trop d'étendue, les eaux se divisent en plusieurs bras : ce dernier effet est très-préjudiciable à la navigation.

De l'action des eaux sur les fonds en gravier et en sable.

Page 85. Les observations relatives sont comprises dans les n°s 195, 196, 197 et 198.

Les mouvemens et le dépôt des grèves, les îles de sable, etc. tiennent à l'explication des sables mouvans.

Explication des effets des sables mouvans dans les rivières à fond de sable. De toutes les rivières qui charrient des sables et des graviers, celle que j'ai le plus observé est la Loire, sur-tout dans la partie inférieure depuis Sancerre et Cosne jusqu'à son embouchure au-dessous de Paimbeuf, sur environ cent vingt lieues de longueur, ayant demeuré trente-sept ans en différens lieux situés sur cette rivière.

La Loire, depuis sa jonction avec l'Allier, a une largeur réduite d'environ 3 à 400 mètres, et elle éprouve des crues fréquentes qui montent jusqu'à 6 à 7 mètres au-dessus des basses eaux d'été. Malgré l'importance de ce fleuve, sa navigation est très-difficile à cause de son peu de profondeur au temps des basses eaux. Son lit, surchargé de gravier et de sable, est très-plat; et, indépendamment des petites îles qui s'y forment, cette rivière se divise souvent en huit ou dix bras, dont le plus profond n'a souvent pas un mètre d'eau, et tous ces bancs de sable varient journellement; mais chose étonnante, c'est que dans le même canton, sur la même section de rivière, on trouve des parties semées en gros cailloux assez pressés, sur lesquels il est difficile de marcher pieds nus sans douleur ; d'autres où l'on trouve des veines de gravier de la grosseur de 3 à 4 millimètres, et d'autres bancs de sable fort étendus, où le sable est si fin, que, dans quelques parties, il sembleroit passé au tamis. On ignore par quel mécanisme les eaux peuvent ainsi trier ces divers graviers ; mais ce sont particulièrement les bancs de sable fin qui sont les plus mobiles. J'ai plusieurs fois observé que l'eau qui passoit à travers les soulevoit, et que ces grèves marchoient journellement d'une manière sensible ; que les eaux un peu élevées en amont par la rencontre de ces îles de sable, les pénétroient promptement, et, ayant acquis plus de vitesse en sortant avec abondance de dessous ces îles, formoient en aval un précipice de 2 à 3 mètres de profondeur, et que ces sables, soulevés par les eaux à la chute de ces grèves, formoient ce qu'on appelle des sables mouvans, si dangereux pour les baigneurs et même pour les nageurs.

J'ai été témoin dans mon enfance d'un de ces accidens. Un de mes camarades, qui nageoit assez bien, et que j'avois en vain essayé d'imiter, se faisant un plaisir de montrer son savoir-faire à d'autres jeunes gens présens, s'avançoit un jour dans la Loire pour arriver à une profondeur suffisante pour nager, et, ne trouvant que deux pieds d'eau à cinquante pas du rivage, il marchoit avec rapidité, lorsqu'il tomba à la chute d'une grève dans un de ces sables mouvans que je viens de décrire ; c'étoit un trou de plusieurs mètres de profondeur. Il tenta en vain de faire les mouvemens convenables pour se mettre à la nage ; ses pieds et ses mains engagés dans le sable faisoient d'inutiles efforts ; ces mouvemens en désordre usoient ses forces : on voyoit alternativement paroître ou disparoître un pied ou une main, ou ses cheveux, et les eaux le jetèrent dans un courant. J'étois malheureusement hors d'état de pouvoir le secourir, ni aucun de ceux qui m'entouroient, lorsque les eaux le portèrent sur une grève où il prit pied : n'ayant point encore perdu connoissance, il se releva sur ses jambes ; il étoit cependant alors à près de cent cinquante pas du rivage, qu'il lui fallut regagner, et il y arriva pâle et très-foible.

J'ai cité ce fait entre une infinité d'accidens semblables qui arrivent fréquemment tous les étés dans cette rivière et dans toutes celles à fond de sable ou de gravier.

Page 88, nᵒˢ 199, 200 et 201. La plupart des observations de l'auteur sur les gouffres, comprises dans les précédens numéros, peuvent s'appliquer à la rivière du Var, et à toutes celles qui forment torrent par leur excessive rapidité, qui sont presque à sec dans les temps de sécheresse, et qui dans les autres temps roulent des roches et des pierres d'autant plus fortes, que leurs eaux sont volumineuses et leurs pentes rapides. Le fond de leur lit doit donc présenter tantôt des roches, tantôt des cavités, et, en général, beaucoup d'aspérités qui ne se rencontrent pas dans les rivières navigables de France, ou susceptibles de navigation. Dans les gouffres qui se forment au milieu de ces lits rocailleux, *la plus grande vitesse se trouve en effet à leur entrée, et la moindre à leur sortie.*

N° 202. *Il suit de-là que les gués des rivières se trouvent à la sortie d'un gouffre.*

Je crois cette observation fondée ; on la confirmera par la suite en examinant, à l'occasion de la navigation des rivières, les inégalités du fond de leur lit.

Page 89, n° 204. Ce numéro contient une description de la machine de M. Pitot pour mesurer les diverses vitesses d'une rivière ; cette machine, disposée pour recevoir le choc du courant, produit de sa vitesse, fait monter l'eau dans le tuyau vertical d'autant plus haut, qu'elle est plus grande. Je proposerai plus bas des observations sur la vitesse des rivières.

Les n°s 205, 206, 207 et 208, ne concernent que les rivières dont la rapidité forme torrent.

Page 95, n°s 212 à 213. *En resserrant le lit d'une rivière à un endroit déterminé, le courant corrode le fond,* etc. L'auteur parle de la rivière d'Issole, qui coule dans le département des Basses-Alpes, dont la pente est de 9 pieds sur 100 toises en amont du pont de Saint-André ; c'est plus d'un pouce par toise : c'est un torrent très-rapide. Il observe que le nouveau pont construit sur cette rivière ayant rétréci le lit ordinaire d'un tiers, cette circonstance l'a forcée à le creuser; et il cite un pareil effet à l'occasion du lit de la rivière du Verdon à Castellane.

Mesures à
prendre pour dé-
terminer la lar-
geur qu'on doit
donner au lit
d'une rivière.

Avant de se déterminer à rétrécir ou à augmenter par des ouvrages d'art le lit d'une rivière, il convient d'étudier cette rivière, et de l'observer en différens points de son cours dans le temps des plus grands débordemens, pour pouvoir juger d'après ses plus hautes eaux sur une section moyenne de son lit, du débouché nécessaire pour l'évacuation de ses eaux; car s'il est nécessaire d'empêcher que les eaux ne s'étendent sans nécessité, il convient aussi qu'elles aient un espace suffisant pour leur écoulement; et si l'on négligeoit de combiner ces mesures d'après l'expérience, on forceroit les eaux à creuser leur lit en attaquant la fondation des digues, et par conséquent leur solidité, ou bien à s'élever au-dessus de ces digues, ce qui entraîneroit également leur ruine.

L'auteur, en confirmation des mêmes effets sur la rivière du Verdon, cite un pont construit à Vinon, sur les limites des départemens du Var et des Basses-Alpes, bâti sur un roc qui lui servoit de radier, lequel roc a été coupé pour former un nouveau lit à cette rivière. Ce roc s'étant trouvé très-solide au passage du pont n'a pu être entamé par les eaux; mais il s'est établi une cascade en aval dont les eaux ont creusé à la suite un lit inférieur, effet dû aux circonstances locales.

Page 97, n°s 215 et 216. Il suit des observations précédentes, que si l'on veut mettre à l'abri des affouillemens d'une rivière, des édifices, des ponts, etc. construits sur son lit, il suffira de barrer ce lit par un radier placé en aval à une hauteur convenable.

On croit devoir observer, au sujet des radiers proposés, que, dans une rivière navigable à toutes eaux sans écluses ni portières, il est nécessaire que ce radier soit établi sous l'eau de façon à ne point nuire à la navigation. Tel est celui de Moulins, sur l'Allier, qui a été établi avec la fondation du pont, et dont le dessus est fixé à 2 pieds 6 pouces au-dessous des plus basses eaux d'été.

Il en a aussi été établi un au pont d'Orléans, placé en aval du pont depuis sa construction, et parallèlement à sa direction. C'est à peu près un batardeau composé de deux files de pieux formant un coffre rempli de pierres, mais dont le dessus est dérasé à environ trois pieds au-dessous de l'étiage, pour que les bateaux qui prennent deux pieds d'eau puissent en été passer par-dessus sans danger.

Or tous les ouvrages de ce genre sont très-dispendieux ; et quoiqu'un barrage tel que celui pratiqué au pont d'Orléans s'oppose à l'approfondissement général du lit de la rivière, néanmoins comme il ne détruit pas rigoureusement les affouillemens partiels des avant-becs et épaulement d'amont des piles, il ne dispense pas des mesures de sûreté, qui exigent que les piles et culées soient établies sous les eaux à une profondeur suffisante, et garanties par les divers moyens de sûreté qu'il convient d'appliquer au local.

Page 98, n°s 217 et 218. L'auteur observe que quoiqu'on ait donné une largeur suffisante aux lits des rivières d'Issoles et du Verdon, elles ont cependant

7

corrodé le fond de leur lit, et se sont enfoncées. Si ce fait est bien constaté, cela ne peut provenir que de l'excès de rapidité de la pente du lit de ces rivières.

Les n°s 219 et 220 sont des conséquences de ce qui a été dit précédemment.

Page 100, n° 221. Les principes détaillés dans ce numéro sont conformes aux observations que nous avons faites concernant les mesures à prendre pour déterminer la largeur du lit des rivières.

§ I I I.

Des rivières à fond de gravier et de vase.

N° 222. *Les rivières tendent à suivre la ligne droite.*

Il est incontestable que si les eaux couloient sur une pente réglée dans un lit capable de les contenir, elles devroient suivre la ligne droite, à moins qu'elles ne fussent forcées par des causes étrangères à changer leur direction. Cependant on voit une infinité de ruisseaux serpenter dans des prairies très-planes, et non seulement de foibles ruisseaux, mais on voit des rivières de seconde classe suivre constamment un lit qui présente des contours très-multipliés, et même des retours sur lui-même. Je ne parle pas des détours que font certains fleuves, parce qu'ils y sont contraints par le contour des buttes ou des côtes élevées qui les bordent; il faut bien que ces fleuves suivent les vallons où ils sont emprisonnés : mais je cite un grand nombre de rivières dont le lit a depuis 10 jusqu'à 150 mètres de largeur, qui sont bordées par des prairies assez bien nivelées, où elles ont la liberté de s'étendre, et qu'elles couvrent plusieurs fois chaque année. En observant le lit de ces rivières, on reconnoît qu'il n'offre que des lignes courbes grandes ou petites ; il sembleroit qu'elles fuient la ligne droite. J'ai même vu des portions de ces rivières que l'on avoit essayé de redresser, et qui avoient abandonné leur nouvelle direction pour reprendre leur ancien lit, après avoir comblé le redressement par des dépôts. Cependant il y a telle rivière dont le développement de son lit, suivant ses contours, est triple de la distance qu'elle auroit à parcourir si elle suivoit la ligne droite.

Observations sur les rivières et ruisseaux qui ont des lits si-nueux, et sur les causes de la cour-bure de leur lit.

J'ai déja remarqué ci-dessus que ce sont les rivières vaseuses qui affectent le plus ordinairement ces courbures et ces détours dans leur lit. Le sol des vallées où elles coulent est formé par des couches successives de ces dépôts. Ce sol est composé d'un terreau gras mêlé de débris de végétaux, et d'une vase onctueuse qui lui donne de la ténacité et de la fertilité. Le gramen qui couvre la superficie des prairies environnantes les défend contre la corrosion des eaux, tellement, que lorsqu'elles s'extravasent de leur lit ordinaire, elles l'entament très-rarement, et elles rentrent ensuite dans leur lit à la suite des crues, après avoir laissé des dépôts limoneux sur ces prairies.

Il n'y a donc que les eaux moyennes qui peuvent corroder les rivages. Si ces rivières couloient dans des canaux en ligne droite sur un fond nivelé, et entre

deux rives parallèles formées d'un terrain bien homogène,
il n'y auroit aucune raison pour qu'elles cherchassent à
changer la direction de leur cours ; mais en roulant
leurs eaux suivant des lignes courbes sur un fond diversement incliné, elles éprouvent le long des rives des
résistances d'autant plus inégales, que les matières qui
forment ces rives sont hétérogènes. Ainsi l'eau d'une
rivière, après avoir, par exemple, attaqué la rive droite
où elle trouvoit un terrain meuble et friable, change de
direction aussitôt que la veine du terrain devient résis-
tante, ou bien se porte même sur la rive gauche, si elle
trouve plus de facilité pour y étendre son lit. Non seulement elle corrode de préférence les rivages dont les
terrains sont les plus faciles à entamer; mais elle creuse
son lit au pied de ces rivages, et les eaux, en s'y portant avec plus de force, rejettent sur la rive opposée les
matières qu'elle a détachées de celle-ci.

Les angles ou les points saillans des rives sont toujours corrodés les premiers, parce que la résistance y
est plus petite, et la force de l'eau plus grande. C'est
ainsi que toute corrosion acquiert en peu de temps la
forme d'une concavité, et que le fil de l'eau se repliant
renouvelle le même jeu sur l'autre rive, et parvient à
creuser et former alternativement des rives convexes et
concaves. Enfin, c'est de cette façon que le lit de ces
rivières change sans cesse de direction par le travail continuel des eaux et l'action du cours des rivières contre
leurs rivages ; et ces effets sont la suite de l'inégalité des
terrains, souvent assez compacts pour résister en masse,

mais qui ont trop peu de liaison pour ne pas céder en détail.

Telles sont les causes qui m'ont paru concourir à déterminer et entretenir les sinuosités des rivières vaseuses.

J'ai encore dit précédemment que les rivières vaseuses et bordées de prairies y versoient de fréquens dépôts, et sur-tout sur les bords des rivages; j'ajouterai qu'il en résulte que le sol de ces prairies s'exhausse annuellement, sur-tout dans les parties qui offrent une grande étendue à la stagnation des eaux. J'ai observé, en plusieurs cantons, des prairies traversées par des chaussées coupées par des ponts ou percées de plusieurs arches, et que la plupart des arches vis-à-vis les prairies s'y trouvoient encombrées. On en pourroit citer un grand nombre d'exemples.

N° 223. L'auteur pense que *lorsqu'une rivière aura trop de largeur, elle se portera vers les bords.*

L'effet ne m'a pas paru toujours exactement conforme à cette indication; mais on a assez constamment remarqué que lorsque le lit d'une rivière sur un fond de gravier a beaucoup de largeur, cette rivière change fréquemment de lit, se jette tantôt sur une rive ou dans le milieu, se divise en plusieurs bras, forme des îles, et change souvent la direction de ses différens courans.

Page 101, n° 224. L'auteur rappelle qu'un ancien concordat de la Provence avec le Comtat Vénaissin disoit que le lit de la Durance ne pouvoit avoir moins de 300 toises, parce que, dit-il, on pensoit alors que les

rivières ne pouvoient avoir trop de largeur. Il rapporte,
à cette occasion, que, par un abus semblable, on a bâti
à Digne, sur la rivière de Bléonne, un pont auquel on
a donné trois fois plus d'ouverture qu'il n'étoit nécessaire.
C'est manifestement un abus à éviter.

N° 225. Ce numéro contient une énumération de
diverses natures de terrains sur lesquels coulent les
rivières : il pourroit fournir quelques observations ; mais
on remet à s'expliquer à cet égard en parlant de la formation des atterrissemens et des îles.

*Page 102, n° 227. Si le courant s'établit le long
d'une berge, la corrosion sera d'autant plus rapide,
que le courant aura plus de force, et que les parties
de la berge auront moins de ténacité.* Cela est incontestable.

N° 228. *Si le bord est en gravier, les éboulemens
seront plus rapides et très-faciles,* etc. Toutes les parties
de ce numéro ne m'ont pas paru avoir besoin de démonstration.

N° 229. *Lorsque les bords seront corrodés, la corrosion formera une ligne courbe.*

Cette conséquence ne m'a paru ni nécessaire, ni conforme à la vérité. Il faut distinguer les rivières à rives
plates d'avec celles dont le lit est encaissé. Les premières
attaquent peu leurs rivages ; mais celles qui sont encaissées corrodent leurs rives plus ou moins, et y occasionnent des éboulemens ; et il n'est pas nécessaire que

le rivage ait une direction oblique : le seul frottement du cours des eaux suffit pour occasionner l'éboulement des rives, qui va toujours en s'augmentant aux dépens des propriétés voisines, lorsqu'on n'y remédie pas ; et quoique les eaux fassent écrouler plus rapidement les rivages composés de terres légères et sablonneuses, elles attaquent aussi ceux formés d'un limon compact. Mais lorsque les rivages forment des angles avec le cours du lit, les eaux attaquent de préférence les angles saillans, et tendent à les adoucir en formant des courbes.

Nous venons de dire que les eaux coulantes corrodent et attaquent les terrains qui forment les rivages, quelle que soit leur nature, sur-tout lorsqu'ils ont été déja entamés ; car elles les respectent assez ordinairement quand ils sont revêtus de gazons bien touffus, et encore plus lors-qu'ils sont revêtus de plantations de saules nains.

L'auteur observe que les rochers et les digues résistent à l'impulsion de l'eau ; cependant l'expérience prouve que les rochers ne résistent qu'à proportion de leur du-reté et de la continuité de leur masse ; mais lorsque le roc est tendre, ou de dureté inégale, ou feuilleté, il est souvent attaqué et ruiné en détail avec le temps par les eaux. A l'égard des digues, celles qui sont solidement construites résistent mieux ; mais il n'y en a aucune qui ne soit exposée à quelque altération, et qui n'ait besoin accidentellement de quelques réparations.

Il en est de même des chaussées d'étang, qui sont constamment attaquées par les eaux, quoiqu'elles y soient stagnantes.

Page 104, n° 232. *Un courant s'étant établi le long d'une berge oblique et incorrosible, corrodera le fond, et l'abaissera d'autant plus, que la largeur de la rivière sera moindre.*

N° 234. Supposons que la berge dont on vient de parler soit une digue..... *elle attirera le courant, et l'obligera à corroder le fond....... La chose est amplement vérifiée par l'expérience.*

N° 235. *Les bancs de roche qui bordent souvent le lit des rivières produisent aussi le même effet......* De-là vient le proverbe des nautonniers de rivières : *Les roches attirent les eaux.*

Je ne conteste point que les cours des rivières se jettent fréquemment vers les murs de quais ou contre telle autre digue ou revêtement solide; mais je pense que ce n'est point par la raison que la berge ou digue attire les eaux, comme le dit l'auteur : cet effet a une autre cause que je tâcherai d'expliquer plus bas.

N° 236.

« Bien des gens prétendent que les berges obliques » et incorrosibles, telles que les digues, réfléchissent le » courant. C'est une erreur, car la réflexion par le choc » suppose que le corps choquant ou le corps choqué est » élastique. Or, ni l'eau, ni les matières qui composent » les berges, quelles qu'elles soient d'ailleurs, n'ont au- » cune espèce d'élasticité. *Donc les berges obliques et » incorrosibles ne réfléchissent point le courant.* »

L'auteur me paraît absolument dans l'erreur sur ce que contiennent les trois derniers numéros. Il a sans doute ouï dire en physique, d'après l'expérience qu'on y fait, que l'eau étoit incompressible, ou que du moins l'expérience dont on fait usage prouvoit qu'elle passoit à travers les pores de son enveloppe plutôt que d'être comprimée. Il a vu aussi que dans l'école on divisoit les corps en corps élastiques et en corps mous, et il a jugé qu'un fluide devoit être un corps mou non élastique. Cependant mille expériences prouvent que ce fluide est élastique. S'il a rencontré des gens adroits qui faisoient des ricochets sur l'eau avec des pierres plates, il a pu voir ces pierres bondir un très-grand nombre de fois sur la surface de l'eau, comme sur des plans élastiques, en obéissant à la force de projection.

S'il considère l'eau passant à l'état de congélation, il pourra remarquer qu'en augmentant son volume elle exerce, pour s'étendre, une action qui brise les vaisseaux qui la contiennent.

On sait qu'une certaine quantité de calorique liquifie l'eau, et, dans cet état, on emploie son ressort dans les carrières pour séparer des blocs énormes, seulement en imbibant d'eau de minces copeaux de bois qui remplissent les fentes de la roche ; et c'est par ce moyen qu'on sépare des blocs destinés à faire des meules de moulin.

Avec une plus grande quantité de calorique, on parvient à volatiliser l'eau, et ce liquide, sous la forme de vapeur, acquiert une force extrême d'expansibilité : on en a des preuves dans les effets de la marmite de Papin, ou dans le mouvement de la pompe à feu, dû au ressort puissant de la dilatation de la vapeur.

On a encore souvent sous les yeux des témoignages fréquens du jaillissement des eaux choquées contre des corps durs, et de leur réflexion suivant une direction quelconque. Je ne parle pas des eaux qui coulent en nappe dans les cascades, et qui, en vertu d'une vitesse acquise en s'élançant dans la direction de leur projection, décrivent une ligne parabolique; mais de celles qui, en tombant sur des tables de pierre ou de marbre, suivant une direction déterminée, jaillissent en faisant un angle égal de réflexion plus ou moins décidé. Il est vrai que, dans ces jaillissemens, les eaux, en retombant, sont divisées en pluie par l'effet de la résistance de l'air; mais leur effet de réflexion n'est pas moins constant.

Mais si l'on considère les masses des grandes rivières roulant majestueusement leurs eaux, et qu'on daigne observer leurs diverses tendances vers le cours principal, comment, pour éviter les obstacles, elles se pressent et marchent avec plus de vitesse vers les pentes les plus faciles, comment quelquefois elles se décomposent en plusieurs courans, pour ensuite se réunir; si l'on observe l'effet des eaux contre les digues, contre les levées, les murs de quais et les ponts : on verra tous ces effets se modifier suivant les circonstances; on verra que les flots, après s'être brisés contre les piles des ponts, en vertu de la vitesse du courant, acquièrent par ce choc la puissance de s'élever, le long des piles, au-dessus du niveau de la rivière; on verra des masses d'eau, après avoir frappé

les flancs des avant-becs, se réfléchir vers le vide des
arches, et former de part et d'autre des faisceaux qui
compriment la veine fluide qui est portée sous le vide
des arches. S'il n'y avoit ni choc ni réflexion, on verroit
des masses fluides rester tranquilles en avant des piles,
tandis que la partie seule qui correspondroit au vide des
arches y couleroit tranquillement. Mais l'expérience, au
contraire, fait voir en tout temps les eaux se réfléchir
contre les piles, et y occasionner des cataractes ; et ces
efforts contre les piles, accompagnés de bouillonnemens,
contribuent aux affouillemens qui se forment sur les
flancs des piles, et auxquels elles ne résistent qu'autant
que leur fondation est bien assurée.

J'ai été bien souvent témoin d'un effet encore plus
sensible de la réflexion des eaux après le choc : c'est au
nouveau pont de Saumur. Il a été construit en amont du
pont, pour en raccorder l'entrée avec la ville, un très-
grand mur de terrasse avec parement en pierre de taille
d'environ 70 mètres de longueur, sur environ 8 mètres
de hauteur. Sa direction est parallèle aux têtes du pont,
et par conséquent perpendiculaire au cours de la Loire.
Dans les grandes eaux, ce mur est battu par une masse
d'eau de 3, 4 ou 5 mètres de hauteur, suivant que la
crue de la Loire est plus ou moins haute. Or cette masse
d'eau qui vient frapper perpendiculairement contre ce
mur de terrasse n'a pas la liberté de retourner vers le
vide de la première arche, parce qu'elle est comprimée
par la masse fluide qui correspond au vide de cette arche,
qui s'y porte avec une grande vitesse ; mais après avoir

Explication
sur les causes
de l'affouille-
ment des fonda-
tions des piles
de pont et des
murs de quais.

frappé ledit mur de terrasse, et s'être élevée, en vertu
de ce choc, au-dessus de son niveau, elle se réfléchit, et,
à l'aide d'un tournoiement, elle retourne en sens contraire du courant, et remonte à la distance de 6o à 8o
mètres, jusqu'au point où elle rencontre le fil de l'eau,
qui la reporte sous l'arche. J'ai vu plusieurs fois des corps
flottans, et même des bateaux restant sur câble dans cet
avant-port ou anse, qui remontoient spontanément par
l'effet de ce remoux, ainsi que les autres corps.

C'est encore la même cause qui occasionne des affouillemens au pied des murs de quais construits en maçonnerie,
et élevés d'à plomb : l'eau, en coulant le long de ces murs,
frappe en vain les paremens solides de la pierre de taille.
Dans ce triangle solide, la verticale présentant une surface plane et incorrosible, réfléchit l'action de l'eau sur
son parement vers le fond du lit, aux approches de ce
mur ; et si le sol se trouve composé de sable, de gravier
ou de terres légères et meubles, l'eau, par l'effet de cette
réaction, creuse le fond de la rivière. Et telle est la principale raison pour laquelle les rivières fouillent le long
des murs de quais, et qu'il s'y trouve une plus grande profondeur d'eau. Ainsi, dès-lors que le fond de la rivière
s'y trouve ordinairement plus bas, cela suffit pour y atti-
rer les eaux par leur pente naturelle.

Il s'ensuit de cette explication que c'est la résistance
des murs de quais qui occasionne une réaction de l'eau
sur le fond, et qui cause l'approfondissement du terrain
au pied de ces murs : de sorte que les eaux doivent s'y
porter de préférence à cause de leur pente naturelle, et

qu'il n'est pas possible de supposer à ces murs, ni à des rochers qui les remplaceroient, une vertu attractive des eaux.

Lorsque la digue qui borde une rivière, au lieu d'avoir son parement vertical, forme un talus considérable du côté des eaux, il est évident que la réaction contre le fond est d'autant moindre, que le talus de la digue est plus grand. C'est par la même raison que lorsque les rives sont aplaties, les bords ne sont pas attaqués, et qu'au contraire les vagues y poussent et déposent souvent des matières nouvelles.

Lorsque ces rivages ou berges sont en terrain naturel, et qu'ils encaissent le lit de la rivière, s'ils sont escarpés, il est manifeste qu'ils sont frappés par le cours des eaux, que les premiers éboulemens qu'ils occasionnent donnent encore plus de prise aux eaux, et que le frottement de cette masse d'eau contre les bords en ralentit la vitesse. Mais lorsque ces bords sont en talus gazonnés, alors l'action de l'eau a moins d'effet; et si ces mêmes talus sont plantés en jeunes saules nains, les branches et feuillages de ces saules détruisent l'action de l'eau contre les berges, et contribuent à leur conservation.

Enfin, pour en appeler à l'expérience contre le fait avancé, *que les épis ou les digues obliques ne réfléchissent pas le courant*, j'établirai qu'il est confirmé journellement que les épis obliques que l'on construit sur une rive jettent le courant sur la rive opposée et l'attaquent. Je pourrois citer mille exemples tirés des travaux de ce genre, faits au nom du Gouvernement, ou par des parti-

culiers, et exécutés dans le Rhin, dans la Loire et dans
la Moselle. J'ai vu, il y a quinze ans, des commissaires
des puissances d'au-delà du Rhin venir se plaindre de
l'effet des épis en fascinage que la France faisoit construire sur la rive gauche du Rhin en amont de la ville
de Strasbourg, et j'assistai à la visite de ces épis, faite en
présence desdits commissaires par les ingénieurs de la
place. J'ai vu un propriétaire qui, par des travaux
en plantations, fascinages et jetées, constamment di-
rigés et entretenus pendant vingt années sur la rive
gauche de la Moselle, avoit gagné une étendue de terrain
de 8 à 900 mètres aux dépens du territoire de la commune de Loisi, située sur la rive droite au-dessus de
Pont-à-Mousson. Ce fait a été constaté sous mes yeux par
la visite des lieux, comparés avec la carte de l'ancien local
en présence des parties intéressées. J'ai encore vu sur la
même rivière, quinze lieues au-dessus, un propriétaire
puissant protéger son terrain, situé sur la rive gauche de
cette rivière, par des jetées annuelles de moellons, et son
terrain s'accroître de la même quantité que le terrain
opposé perdoit. Enfin j'ai eu occasion, d'après des plaintes
qui m'avoient été renvoyées par l'administration, de constater plusieurs effets semblables.

D'ailleurs, j'ai fait construire dans la Moselle et dans
la Sarre plusieurs épis, fait faire des digues revêtues de
clayonnages et plantations de saules, et j'ai réussi à faire
changer la direction du cours des eaux de ces rivières,
suivant le besoin, et suis parvenu à employer ce même
courant, tantôt à détruire une île, à attaquer une rive ou

à barrer un bras nuisible à la navigation ; et tous ceux qui ont observé les rivières ont eu l'occasion de vérifier que le choc des eaux contre une digue oblique fait changer la direction du cours des eaux, et le pousse fort en avant. Ces effets sont remarqués journellement par tous ceux qui font travailler à des ouvrages hydrauliques.

Nota. Je crois devoir placer ici des observations que j'ai faites sur la ruine des ponts et des murs de quais.

Observations sur les affouillemens qui causent la ruine des ponts.

Je viens d'indiquer dans le numéro précédent comment naissoient les affouillemens, soit au pied des murs de quais, soit au pied des piles des ponts. J'ai fait observer que le cours des rivières tendoit à creuser les terrains au pied des piles, et que particulièrement les grandes crues, en formant une cataracte à la sortie des arches, agissoient puissamment sur la fondation des ponts ; j'ajouterai que c'est l'écueil le plus dangereux auquel ces ouvrages soient exposés.

Historique de la chute de plusieurs ponts, et explication de ces effets.

Lorsqu'on voit les grands fleuves roulant leurs eaux, tour à tour calmes ou agitées par les vents ; et lorsqu'ensuite, grossies par de fortes crues, elles portent la destruction sur leur passage, il est naturel de concevoir une grande idée de l'impulsion des eaux et de leur choc contre les ponts de pierre où les flots vont se briser. Cependant il faut bien se convaincre que chacune des piles des grandes arches en pierre supporte un poids de deux, trois et quatre

millions de kilogrammes, suivant l'ouverture des arches
et la largeur du pont, et qu'elles opposent une force
d'inertie très-supérieure au choc des eaux et même à celui
des glaces. C'est pourquoi des ponts bien conçus et bien
exécutés n'ont rien à craindre de ces efforts : de sorte que
pour la conservation des ponts construits suivant les principes de l'art, il n'y a absolument rien à redouter que pour
la partie des fondations. J'ai vu un ancien pont de pierre
situé sur la rivière du Thouet, près Saumur, composé
d'une douzaine de petites arches séparées par des portions
de chaussées revêtues de murs de terrasse. Ce pont, qui avoit
à peu près six mètres et demi de largeur entre les têtes,
compris parapet, formoit une chaussée de barrage d'environ 250 mètres de longueur qui traversoit la rivière et
les prairies adjacentes. Il survint une forte crue dans le
Thouet, qui s'éleva au point qu'elle passa d'au moins un
mètre et demi par-dessus le pont et sa chaussée, de façon
qu'on n'en voyoit plus rien : on n'apercevoit qu'un bouillon d'eau dans l'endroit où l'on jugeoit que devoit être le
pont ; et comme ce vieux pont très-étroit étoit ruiné en
plusieurs parties, on s'étoit persuadé qu'à la retraite des
eaux on trouveroit ce pont détruit. Il en fut autrement :
les parapets n'existoient plus ; celui d'amont se trouva
renversé et couché sur le pont, et celui d'aval détruit et
transporté à 15 à 20 mètres de distance ; et quoique le
corps du pont n'eût pas plus de sept mètres d'épaisseur,
il résista, par sa seule masse, à la forte impulsion et au
choc des eaux, parce qu'elles ne purent attaquer ses fondations.

En effet, le plus grand danger que les ponts aient à redouter du cours des eaux, ne peut provenir d'un effort momentané, mais d'une action d'autant plus dangereuse contre les fondations, qu'elle est sans cesse en activité contre des parties de matières qu'elle enlève facilement en détail, telles que les sables, les graviers, ou les moëllons qui enveloppent les pilotis. Ce sont des matières isolées qui, n'étant point liées entre elles, n'opposent aucune résistance à leur désunion. Or, l'expérience prouve que ce sont particulièrement les épaulemens d'amont ou d'aval que l'eau commence à attaquer, mais plus souvent ceux d'aval. Ainsi, lorsque le courant parvient à se former un passage, et à s'établir sous quelques portions de fondations, bientôt il accroît ce passage; et si les pieux destinés à soutenir cette fondation, en descendant audessous du gravier, ne pénètrent pas dans le tuf, ou si leur fiche n'a pas une profondeur suffisante pour assurer leur solidité, alors ces pieux se déversent, et une partie des piles se trouve en l'air, c'est-à-dire sans appui.

Sans doute qu'au moment où les avant ou arrière-becs ou parties des piles sont affouillés, les eaux auroient beaucoup d'avantage pour les renverser; mais il est une autre cause plus puissante qui détruit les ponts, c'est la pesanteur. J'ai dit ci-dessus que les piles des grandes arches portoient souvent un poids de 2, 3 à 4 millions de kilogrammes : ainsi, lorsqu'une de ces piles, chargée d'environ 3 millions de kilogrammes, se trouve affouillée seulement d'un tiers sur sa longueur, soit d'amont, soit d'aval, les deux autres tiers, qui sont encore solidement

9

assis, ne peuvent être renversés. C'est pourquoi si la pile, avec ses avant ou arrière-becs, étoit d'une seule pièce indivisible, le tout resteroit en place; mais il arrive que la portion de la pile qui est sans appui cède à la pression verticale, qui est l'effet du poids d'un million de kilogrammes; que cet effet occasionne une rupture ou déchirement dans la maçonnerie, depuis le haut jusqu'en bas, et la partie séparée se renverse, tandis que l'autre reste en place. Tel est l'effet qui arrive constamment en pareilles circonstances. Ayant été témoin de la ruine d'un grand nombre de ponts, j'en ai profité pour observer ces causes de destruction, et j'ai pensé qu'il ne seroit pas inutile de présenter dans la planche Ire l'image de ces ruines, avec la suite de mes observations sur ces effets.

C'est en 1748 que j'ai vu le premier pont menacer ruine; ce fut le vieux pont d'Orléans, sur la Loire (*voyez* fig. 1re.) Des affouillemens s'étant formés en aval d'une des principales arches, la partie affouillée prit charge, c'est-à-dire descendit d'environ 15 à 20 centimètres, et occasionna une rupture de toute la masse de la pile, qui pénétroit dans le corps des deux voûtes qu'elle supportoit. L'ingénieur, qui résidoit dans cette ville, fut disgracié à cette occasion, et remplacé.

M. Trudaine envoya sur les lieux M. Pitrou pour visiter ce pont. Cet inspecteur-général fit poser à ces arches de fortes clefs de charpente destinées à empêcher l'écart des têtes. L'assemblage étoit bien entendu; et en cas qu'il y eût eu peu de différence sur l'équilibre des parties qui menaçoient de se déverser, ce moyen pouvoit être utile pour assujétir les têtes et maintenir la voûte en place : mais le tassement de la portion de pile affouillée paroissant faire des progrès malgré ce moyen, il devint nécessaire de faire démolir les deux voûtes pour prévenir les accidens, et l'on fit un pont provisionnel en bois pour suppléer au passage des deux arches ruinées. Quelque temps après, le même accident s'étant manifesté à plusieurs autres arches du même pont, ces accidens nécessitèrent la reconstruction du nouveau pont, et M. Pitrou étant mort sur ces entrefaites, ce fut M. Hupeau, autre inspecteur-général, qui fut chargé de ce travail, et qui l'a terminé en 1759.

La crue de 1755, qui causa tant de ravages dans la Loire, occasionna la chute d'une demi-pile et de deux voûtes du pont Sainte-Anne, bâti à l'extrémité de la ville de Toul, sur un canal par où le Cher communique avec la Loire. Pendant cette crue, les eaux de la Loire se trouvant d'environ deux mètres plus hautes que celles du Cher, se jetoient avec violence dans ce canal, et ayant affouillé et mis sans appui la moitié d'une des piles de ce pont, ainsi que son arrière-bec, la pile se rompit vers le tiers du côté d'aval ; les deux voûtes se déchirèrent, et toute cette masse fut renversée dans le canal, de façon qu'il ne resta qu'un passage d'environ trois mètres à la tête d'amont, compris son parapet. En observant cet événement, on remarqua que l'avant-bec de la tête d'amont, et la première partie de la pile, qui soutenoient le premier choc de l'eau, n'avoient pas remué ; mais que les eaux, en sortant avec violence des arches, s'étant creusé un passage sous l'épaulement de la pile et de l'arrière-bec, la partie de maçonnerie restée sans appui s'étoit rompue sous l'effort du poids de cette maçonnerie. (*Voyez les fig. 2 et 3.*)

Pendant cette crue, de grands affouillemens avoient été préparés aux piles du vieux pont de Tours, sur la Loire. Cependant il ne se manifesta alors aucun accident ; mais étant survenu, peu de temps après, une crue moyenne de la Loire, elle contribua à augmenter les affouillemens préparés par la première, et l'épaulement d'aval de la culée de la première arche joignant l'île Saint-Jacques se trouvant sans soutien, écroula et entraîna la chute d'une partie de la voûte de l'arche qu'il portoit ; de façon qu'après l'éboulement qu'elle occasionna, il ne restoit pas une largeur de plus de trois mètres pour le passage en amont (*voyez* fig. 4). Or il n'y auroit point eu de sûreté à entreprendre, sous ces affouillemens, d'établir une crèche avec battage de pieux ; mais on y suppléa, en faisant au pied de cette culée un enrochement, en y jetant ensuite une masse de forts moellons ; et, sur cette jetée formant un large empatement, on éleva un corps de maçonnerie terminé par un encorbellement propre à supporter une portion de voûte. Par ce moyen, on rétablit provisoirement, en peu de jours, le passage public sur la voûte précédemment endommagée. Peu de temps après, une autre pile du même pont éprouva le même accident ; la partie d'aval fut affouillée, ainsi que l'arrière-bec ; ce qui entraîna la ruine de deux voûtes qu'on fut forcé de suppléer provisoirement par un pont en bois.

Ces deux accidens, et le mauvais état de plusieurs des arches principales de cet ancien pont nécessitèrent la reconstruction d'un nouveau, qui fut commencé en 1764 sur les projets de M. Bayeux, ancien inspecteur-général intelligent et expérimenté : mais on a eu, depuis, à regretter l'économie qu'il avoit mise dans la longueur et le battage des pilotis de fondation. Ce pont a été terminé en 1775.

Le débordement de la Moselle, arrivé en 1778, occasionna la chute de l'ancien pont de Frouard, situé sur cette rivière, route de Nanci à Metz. Cette fois ce pont fut attaqué par la partie d'amont. Sa fondation n'avoit été établie qu'à peu de profondeur, sur un enrochement, ainsi que je l'ai précédemment observé ; et comme le fond du lit de la rivière présentoit, à la sortie dudit pont, une pente très-rapide, et que d'ailleurs le cours de la rivière étoit divisé par une île en deux bras, insuffisans pour le débouché de la rivière, les eaux ayant une très-grande vitesse en s'écoulant sous ce pont, commencèrent par attaquer et enlever l'enrochement de la partie d'amont ; de sorte qu'en très-peu de temps plusieurs des avant-becs et portions des corps de piles joignantes furent affouillés et se trouvèrent sans soutien, tandis que la partie d'aval n'avoit perdu aucun de ses appuis ; alors le pont se rompit dans deux parties différentes, suivant sa longueur, en ne laissant, tel qu'on le voit en la fig. 5, qu'un étroit passage insuffisant pour une voiture.

Ces portions de pont, en tombant, se précipitèrent contre la direction du cours des eaux, qu'elles refoulèrent avec fracas et qu'elles firent jaillir à une grande hauteur.

Dans ces circonstances, comme dans toutes les précédentes, on a remarqué que la partie du pont qui restoit
en place, parce qu'elle n'avoit pas été affouillée, n'avoit
nullement perdu de son à plomb, et que les diverses
ruptures s'étoient opérées sans secousse ni ébranlement
de la partie subsistante; et, ayant de plus examiné ces
déchiremens, je remarquai que toutes les pierres de taille
ou moellons s'étoient fracturés suivant la projection de
la rupture. On voit donc que tous ces faits confirment
que le renversement des ponts ne provient point du choc
produit par la vitesse, ni de l'impulsion des eaux courantes, parce que la masse de ces ponts en pierre est
infiniment supérieure à l'effet de cette impulsion ; mais
que ces accidens proviennent des affouillemens pratiqués
par les eaux sous les fondations ; que ces affouillemens
s'opèrent par une suite d'action répétée à chaque instant
de la pression de l'eau, et de sa réaction contre le fond
du lit de la rivière ; que son effet est de détruire la solidité des pilotis en déracinant les pieux, et d'opérer leur
renversement ; que le même effet enlève les graviers et
les moellons, fait écrouler les enrochemens, et prive de
tout appui les monumens fondés sous les eaux.

Quant au déchirement vertical des ponts par l'effet
de la pesanteur, il ne doit pas surprendre.

Expériences
proposées pour
des pierres de
diverses dure-
tés, sur la force
d'adhésion entre
elles de leurs
parties intégran-
tes.

On a fait beaucoup d'expériences autrefois à Paris, en
présence de plusieurs architectes, sur les poids plus ou
moins forts que les différentes natures de pierre étoient
capables de supporter sans s'écraser ; mais je ne sache
pas qu'on en ait jamais fait sur la force d'adhésion des
parties de chaque nature de pierre entre elles.

Pour mieux me faire entendre, je vais indiquer ces deux espèces d'expériences. Pour ces expériences, je supposerai deux blocs de pierre de taille de chacun 60 centimètres de longueur, 30 de largeur, et 10 de hauteur ou d'épaisseur. Le premier des deux blocs étant posé horizontalement sur une surface plane et inébranlable, telle que seroit un rocher, doit être chargé successivement de différens poids, jusqu'à ce qu'il s'écrase sous la charge; et la même expérience, faite sur des pierres de divers grains et de dureté différente, doit donner des résultats comparatifs du poids que ces corps peuvent supporter avant de s'écraser.

Dans le second genre d'expérience, en faisant usage d'un bloc semblable au premier, je le suppose de même posé horizontalement, mais engagé sur la moitié de sa longueur entre deux points d'appui inébranlables, l'un inférieur et l'autre supérieur, de façon qu'il ne reste à découvert qu'une partie saillante de 30 centimètres, que je fais charger successivement de différens poids, que l'on augmente jusqu'au moment de la rupture.

Il est évident que, dans cette deuxième expérience, la résistance sous la charge provient uniquement de la force d'adhésion des parties intégrantes de ce bloc; au lieu que, dans la première, le bloc qui porte la charge étant porté dans toute son étendue par une base inébranlable, doit supporter une charge au moins dix fois plus forte que dans la deuxième expérience, parce que, dans le premier cas, tous les différens poids qui sont portés par le bloc sont en même temps supportés par la base, et qu'ils tendent moins à désunir les parties de la pierre qu'à en comprimer les ressorts d'agrégation, qui ne peuvent être détruits que par un excès de compression ; au lieu que, dans la seconde expérience, tous les poids tendent par la direction de leur force à rompre l'agrégation des parties similaires.

Par exemple, les encorbellemens qui, dans la construction des ponts de pierre, portent les ceintres des fermes retroussées, ayant à supporter le poids des voûtes, ne résistent sous la charge que par la force d'adhésion des parties intégrantes de ces pierres ; et quelque dureté que puissent avoir les pierres qu'on emploie pour les grandes voûtes, et quoique la charge soit partagée sur sept à neuf points d'appui de chaque côté, je suis persuadé que si, au lieu d'employer pour chaque encorbellement trois ou quatre assises d'épaisseur disposées par retraite, ainsi qu'il est d'usage, on n'en employoit qu'une seule, elle romproit sous la charge long-temps avant que la voûte fût fermée.

Enfin, pour faire l'application aux précédentes expériences, on voit que la rupture d'une pile avec ses voûtes, qui est causée par suite d'affouillemens, s'effectue au moment où le poids de la demi-pile ou des voûtes devient supérieur à la somme des résistances de toutes les parties en pierre, moellons, ou mortier faisant corps.

Je citerai encore à l'appui des faits précédens un autre écroulement d'arche arrivé sur la Moselle au pont de Charmes.

Vers 1786, en visitant ce pont, je remarquai une

lézarde à peu près verticale à la jonction d'un des arrière-
becs de ce pont avec sa pile, et je reconnus qu'elle prove-
noit d'un affouillement survenu sous cet arrière-bec. Peu
de jours après cet arrière-bec se détacha entièrement de
la pile sur toute sa hauteur, et fut renversé. Ayant visité
cette pile, je trouvai que tout le corps avoit un peu tassé,
mais assez uniformément, et les eaux étant très-basses,
j'observai que ce pont avoit été bâti sur une plate-forme
de charpente posée sur un enrochement ; et ce qui démon-
troit le tassement, c'est que la pile, en tassant, ayant
rompu le grillage, avoit fait soulever extérieurement le
bout des traversines, qu'on apercevoit à fleur d'eau. Je
reconnus alors combien la solidité de ce grand pont,
composé de douze arches de 60 pieds, et de deux de
36, étoit mal assurée ; et, pour en prévenir la ruine totale,
je projetai d'envelopper le pied de toutes les piles par
des crèches formant un empatement soutenu par une file
de pieux jointifs, reliés ensemble par un cours de moises,
avec l'attention de remplir en bonne maçonnerie l'intervalle entre les pieux et les piles, et de recouvrir le tout
par des dalles en pierres de taille cramponnées. Cette
construction, qui a été exécutée successivement, n'a pu
s'appliquer à la pile profondément affouillée ci-dessus
indiquée, et les eaux ayant continué de creuser sous sa
fondation, elle a descendu uniformément d'environ un
demi-mètre. Cet effet a causé la rupture des deux arches
qu'elle soutenoit, ainsi qu'il est désigné par la figure 8 ;
ce qui a nécessité la reconstruction de ces deux arches,

auxquelles on a substitué, en attendant, un pont provisionnel en bois.

Au reste, pour occasionner des ruptures dans l'intérieur des corps de maçonnerie, il n'est pas nécessaire de
causes aussi puissantes, telles que le poids des grandes
voûtes. J'ai vu le même accident se manifester à des murs
de quai qui avoient été affouillés sur environ le tiers de
leur épaisseur, et se déchirer sur leur hauteur (1).

Page 106, dans les n°s 238 et 239, l'auteur parle
de lits de rivières trop larges, dont le cours se jette tantôt
sur une rive et tantôt sur l'autre ; mais il me paroît convenable de définir ce que l'on entend par des lits trop
larges, car il faut aux rivières un lit assez étendu pour

---

(1) Je crois devoir prévenir la demande que l'on pourroit me faire,
qu'il seroit très-utile, après avoir parlé des causes de la chute des
ponts et des murs de quai, d'indiquer les divers moyens à employer
pour assurer la solidité des fondations de ces ouvrages.

Pour répondre à cette question, j'observerai que quelle que soit
l'utilité de cet objet, il est étranger au présent travail sur les rivières,
torrens et canaux, et que, par cette raison, il ne peut trouver place
ici : cependant j'ai des matériaux dans ce genre, que je suis disposé
à mettre en ordre ; mais je desirerois, pour m'y déterminer, être
aidé par les lumières et l'expérience des ingénieurs mes camarades
qui ont confectionné de grands travaux de différens genres, parce
que chaque circonstance offrant des obstacles à vaincre, fournit au
génie diverses manières de se développer ; et une collection raisonnée
de tous les modes de constructions hydrauliques, fixés d'après les
meilleures pratiques mises en usage par les bons constructeurs, seroit
aussi précieuse qu'utile au progrès des arts.

l'évacuation de leurs eaux dans les plus grands débordemens : or, lorsque les rivières n'ont pas des berges fort
élevées qui les encaissent, ce lit des grandes eaux est
ordinairement beaucoup trop étendu pour les moyennes
ou les basses eaux. Il s'ensuit que les rivières à bords plats
sont forcées d'errer et de se promener dans les vallées
qui renferment leur cours, et de se jeter sur l'une des
rives, ou de se diviser en plusieurs bras.

Page 107, n° 241. *Les dépôts qui s'arrêtent au
bout d'une digue oblique occasionnent fort souvent la
division du courant.*

A l'extrémité des grands épis ou des digues obliques,
il se fait communément des tournoiemens d'eau, ou des
remous, dont l'effet ordinaire est d'amener des matières
et d'y former des dépôts.

Page 108.   CHAPITRE II.

Des rivières à fond de sable et de limon.

§ Ier.

*De la nature et de la pente du lit des rivières à fond
de sable et de limon.*

N°s 245, 246, 247, 248 et 249.
L'auteur répète dans les précédens numéros plusieurs
de ses observations, qu'il applique successivement aux

rivières à fond de gravier, de sable et de limon ; mais, pour pouvoir s'entendre, il est important de ne pas con-fondre le gravier et le sable. Je commencerai par rap-peler qu'il existe dans la plupart des rivières du sable très-fin, et d'autre un peu plus gros, et que tous les deux paroissent de même nature. Le sable pur est le plus propre à faire de bon mortier ; mais au-dessus du gros sable on distingue le gravier, qui est un sable plus grossier mêlé de petits cailloux. Si ce gravier est purgé de sable, il se nomme gros gravier. Cette matière est excellente pour la réparation de la chaussée des grandes routes. Au-dessus de cette matière on trouve un gravier mêlé de cailloux plus forts, dont on trouve une plus grande quantité vers la source des rivières, où les lits se trouvent formés de ces matières. Cependant ces derniers lits de cailloux ont depuis un centimètre jusqu'à cinq à six de grosseur, et sont de toutes formes et couleurs, rouges, jaunes, roux, gris, blancs : les uns paroissent des débris graniteux, les autres des matières siliceuses ou micacées, plus ou moins arrondis ou aplatis, et plus ou moins polis ; et si l'on remonte encore plus haut, on trouve souvent des roches roulées, et des débris irréguliers de ces roches.

On a déja observé précédemment qu'en général les matières les plus grossières se trouvent vers la source des rivières, et les matières les plus ténues vers leur embou-chure. Néanmoins toutes les matières caillouteuses ou pierreuses ne viennent pas des montagnes d'où sortent les sources principales des rivières : plusieurs sont des-cendues des côtes secondaires ou des ravins qui les bor-

dent ou les avoisinent, et les eaux, après les avoir pro-
menés quelque temps, en laissent çà et là une partie en
route. On trouve beaucoup de ces cailloux, galets, gravier ou sable, fort loin du lit des rivières ; plusieurs des
côtes qui bordent l'Océan en paroissent formées en différens lieux sur une grande épaisseur. Les côtes escarpées
ou falaises battues par les flots occasionnent des éboulemens de ces matières, et les flots de chaque marée,
d'après le gisement des côtes, les reportent sur d'autres
rivages. C'est ainsi que la rade des Sables d'Olonne est
sans cesse comblée par les sables qui se détachent de la
côte vers le sud. On trouve aussi dans d'autres parties
des côtes de l'ouest et du nord beaucoup de galets ou
cailloux détachés de ces côtes, et rejetés par les marées
dans des anses ou en avant de l'entrée des ports.

Il arrive souvent que ces grandes masses de sable,
accumulées en certains cantons par le flux, sont ensuite
reportées par les vents sur la côte, et y forment des
dunes. On en trouve de fréquens exemples sur les côtes
de l'Océan, vers Dunkerque, vers Ostende, ou entre
Bordeaux et Saint-Jean-de-Luz, ou dans la Méditerranée
en Italie, entre Venise et Ancône, et ailleurs.

N° 250. L'auteur rappelle ce qu'il a dit précédemment, « que le fond du lit des rivières forme une courbe
» assimptotique qui s'élève vers leur source, et le long
» de laquelle les eaux, en coulant, devroient marcher
» avec une vitesse accélérée, si cette vitesse n'étoit point
» détruite par les sinuosités, ou par la mer, dont l'effet

» se fait sentir de proche en proche à de grandes dis-
» tances. »

Ces observations peuvent s'appliquer à quelques-unes
des rivières qui n'ont pas un long cours, telles que celles
du Var, qui descendent des Hautes Alpes en coulant vers
la Méditerranée, de même que celles des Pyrénées orien-
tales. Ces rivières, à leur origine, en descendant des
Alpes ou des Pyrénées, sont des torrens qui ont une
vitesse excessive et susceptible d'une grande accélération
par la rapidité de leurs pentes, et qui, dans leur cours,
entraînent des débris de roches ; ensuite les coudes, les
sinuosités, les contre-pentes, toutes ces causes altèrent
et détruisent une grande partie des vitesses acquises :
mais bientôt les eaux en regagnent en suivant de nouvelles pentes, jusqu'à ce qu'enfin, en s'approchant du
niveau de la mer, la pente diminue sensiblement, la
vitesse se ralentit, et se perd par la résistance qu'oppose
la masse des eaux de la Méditerranée.

Au contraire, les grandes rivières qui se jettent dans
l'Océan ont toutes un long cours, telles que la Gironde,
la Vienne, la Loire, la Seine, la Meuse, le Rhin, etc. ;
et l'on peut dire qu'elles ont perdu leur vitesse originelle
avant d'avoir parcouru la dixième partie du trajet qui se
trouve entre leur source et l'Océan, et qu'elles ont terminé les neuf dixièmes de leur cours avant de pouvoir
être influencées par les approches de la mer.

Nos 250, 251, 252 et 253.

L'auteur prétend, dans les précédens numéros, que

la pente ou la vitesse des rivières dépendent de la nature
du terrain dont leur lit est composé, et qu'ainsi une
rivière qui a un fond de sable ou de limon doit avoir
une vitesse uniforme, que celle qui a un fond de sable
est moins variable que celle à fond de gravier, et que
dans les crues la vitesse des rivières est plus forte à leur
embouchure qu'en amont vers leur source.

J'avouerai que toutes mes observations m'ont fait
apercevoir des résultats contraires. J'ai cru remarquer
que, pendant le cours des crues des rivières, les eaux
avoient plus de vitesse vers leur source, et qu'elles
s'écouloient plus lentement en approchant de leur embouchure, à cause de la diminution de leur pente.

A l'égard de la durée des crues des rivières, j'ai eu
occasion de prendre des renseignemens sur le temps
qu'elles emploient à parcourir diverses parties de leur
cours. J'en ai pris plusieurs fois dans la Loire, depuis
Orléans jusqu'à Saumur, et, dans la Moselle, depuis
Épinal jusqu'à Metz. Il s'agissoit de constater le moment
de l'arrivée d'un débordement, le temps qu'il a paru sta-
tionnaire au plus haut point où il s'est élevé, celui de
sa montée et celui de sa descente d'heure en heure pendant les vingt - quatre heures qui approchent de l'instant des plus hautes eaux, et de six en six heures les
jours suivans; mais je n'ai pu recueillir assez de faits
pour pouvoir indiquer des rapports certains sur la durée
des crues, dont la marche varie suivant la hauteur à
laquelle elles doivent monter.

Mais comme il paroît démontré que les plus grands

débordemens arrivent beaucoup moins vite que la poste ,
si l'on étoit parvenu à constater, pour chaque rivière ,
le temps qu'une crue de telle hauteur met à parcourir
chaque partie de son cours, d'après un certain nombre
d'expériences faites avec soin, on pourroit être instruit à
l'avance, dans les ports des villes inférieures, de l'arrivée d'une crue, de sa hauteur, de sa durée, et du moment où elle se feroit sentir dans chaque point de son
cours. Or cet avis seroit infiniment utile au commerce,
pour mettre des marchandises à l'abri des dangers dans
les ports ou chantiers qui bordent les rivières.

Pour ces expériences, il faudroit, pour la Loire, constater la durée et la hauteur des crues de Nevers à Nantes,
dans les villes de Nevers, Gien, Gergeau, Orléans, Blois,
Amboise, Tours, Saumur, au pont de Cé et à Nantes ;
mais les expériences depuis la Charité jusqu'à Tours donneroient des résultats d'autant plus certains, que, dans
cette étendue d'environ 6o lieues, cette rivière ne reçoit aucun affluent qui puisse déranger l'ordre des écoulemens. On pourroit faire les mêmes opérations sur la
Saone, de Châlons à Lyon, et sur le Rhône, de Lyon à
Arles. Il est vrai que ce fleuve a beaucoup d'affluens
dans cette étendue, dont les crues particulières change-
roient le résultat des observations. Cependant les crues
de plusieurs de ces rivières arrivent rarement dans le
même temps, à cause de la grande inégalité de la distance
des sources. On pourroit aussi observer les crues de la
Moselle, d'Épinal à Frouard, et de Frouard à Trèves ; et
celles de la Seine, de Montreau à Rouen, dans les villes

de Montereau, Melun, Corbeil, Paris, Saint-Germain, Mantes, Rouen, etc.

Il existe des échelles gravées sur les culées de plusieurs grands ponts sur la Seine et la Loire, qui faciliteroient ces opérations, et on pourroit les multiplier à dessein. Ces échelles, qui sont des lignes verticales avec des divisions en pieds et pouces, ou en mètres et parties de mètres, ont leur origine au point le plus bas, placé au niveau des plus basses eaux d'été de chaque rivière, où se trouve le point de zéro, d'après lequel on compte les hauteurs suivant les divisions, en remontant.

Pour exécuter cette opération générale, il conviendroit d'établir des correspondans dans chacune des villes ou points importans, qui consentissent à observer avec quelque attention les progrès de chaque crue qui s'élèveroit au-dessus des moyennes eaux. Ils pourroient en tenir un journal, et ces observations comparées procureroient les renseignemens desirables. Ces opérations, qui ne seroient que momentanées et sans déplacement, seroient peu coûteuses. On pourroit trouver des citoyens qui rempliroient cette mission sans intérêt, et une très-légère indemnité suffiroit aux autres.

A l'égard de l'influence apparente de la nature du fond des rivières en sable ou en gravier, sur leur pente ou leur vitesse, dont parle l'auteur, je n'ai certainement point visité tous les torrens en fond de gravier qui coulent sur le penchant des montagnes sans lit déterminé; mais il s'en trouve beaucoup qui, par leur rapidité, se sont creusé un lit quand la nature du sol l'a permis. Souvent des côtes, des roches ou des encombremens les ont forcés de changer leur direction comme les pentes : néanmoins leurs lits m'ont paru, suivant les circonstances, chargés de sable, de pierres ou de gravier, qui, en obéissant à ces accidens, sont devenus très-variables dans leur pente comme dans leur vitesse.

Je me propose d'appuyer mes remarques concernant les pentes du fond des rivières du deuxième ordre, sur des expériences que j'ai faites, et sur les variations qu'éprouvent les rivières à fond de sable, constatées par une suite d'observations relatives à la Loire et à sa navigation.

Observations sur le fond du lit des rivières.

J'AI considéré précédemment plusieurs rivières du premier et du second ordre, et j'ai tâché d'indiquer les principaux effets qui sont la suite des débordemens ; mais je crois devoir rendre compte ici de plusieurs opérations que j'ai eu occasion de faire dans diverses rivières au temps des plus basses eaux.

Je commencerai par rappeler qu'il y a des rivières qui ont un lit si aplati dans le temps des basses eaux, qu'après l'évacuation de chaque crue leur lit n'est plus reconnoissable ; qu'elles ont d'ailleurs un lit différent pour le temps des basses eaux, un autre pour celui des moyennes eaux, et un troisième pour le temps des hautes eaux : telles sont la plupart des rivières à fond de sable pur.

Mais on trouve d'autres rivières qui charrient plus de

vase que de gravier, et dont le lit ordinaire est bordé par
des prairies assez étendues. Telle est la Meuse, de Neufchâteau à Verdun; la Sarre, passant par Sarrebourg,
Fenétrange, Sarguemine, Sarre-Louis et Mertzig; la
Marne, depuis Saint-Dizier jusqu'à Meaux; la Vesouse,
de Blamont à Lunéville; la Meurthe, de Lunéville à
Frouard; et beaucoup d'autres.

Les dernières rivières que je viens de citer ont un rivage
escarpé depuis deux jusqu'à trois mètres de hauteur, suivant les lieux. C'est pourquoi, lorsque la crue n'est que
de deux à trois mètres, les eaux ne sortent pas de leur
lit; mais si elles continuent à s'élever, et qu'elles soient
prêtes à déborder, elles coulent à plein chantier. C'est
alors qu'elles corrodent les rivages avec violence, en
minent le pied, et causent de fréquens éboulemens. Cependant s'il survient de plus grandes crues, alors les eaux,
au lieu de suivre leur lit ordinaire, qui peut avoir 60, 80
ou 100 mètres de largeur en s'extravasant, s'étendent
dans les prairies voisines, qui ont quelquefois une largeur de 4, 5 et 600 mètres, et les couvrent sur la hauteur d'un ou de deux mètres. Si on considère les rivières
dans cet état, on voit de grandes masses d'eau presque
stagnantes, au milieu desquelles on distingue cependant
encore le fil principal de l'eau, qui suit la plupart des
contours de l'ancien lit, à quelques modifications près;
et sauf quelques cantons où il s'établit des courans particuliers, les eaux marchent très-lentement dans ces
plaines liquides.

J'ai souvent visité ces prairies après l'écoulement de

ces débordemens, et j'y ai trouvé beaucoup de dépôts vaseux, sur-tout lorsque la crue avoit été longue, mais peu de dommages dans les propriétés.

On se doute bien que pendant la durée des débordemens, aucune de ces rivières n'est susceptible de navigation, et qu'avant d'y pouvoir naviguer, il faut qu'elles soient rentrées dans leur lit ordinaire. D'ailleurs, les chemins de halage qui longent le lit de ces rivières sont ordinairement inondés pendant les grandes crues.

Enfin, pour pouvoir déterminer les travaux qu'il convient de faire pour perfectionner la navigation de ce genre de rivière, il est nécessaire de les observer, et même de les étudier avec une scrupuleuse attention dans le temps des plus basses eaux; parce que c'est alors qu'on peut bien observer les gués, le peu de profondeur qui reste en rivière dans ces parties, et s'assurer si elle est suffisante pour le passage des bateaux chargés ou à vide, ou si, en cas d'insuffisance, il est possible d'approfondir le lit, et le travail qu'il convient d'y faire.

Dans tous les cas, il faut que les travaux que l'on se propose d'établir pour rétrécissement de lit, dans la vue d'approfondir les portions de rivière réservées pour la navigation, soient fixés à peu près au niveau des plus basses eaux d'été, afin que ces travaux de barrage étant surmontés par toutes les crues, puissent, en arrêtant les sables et les graviers du fond, opposer le moins d'obstacles possibles à l'évacuation des crues; et, par ce moyen, ces travaux se trouveront aussi moins exposés à être détruits par le cours des eaux.

D'après ces principes, il est important de fixer le niveau de l'étiage de ces rivières par des repères multipliés, dans le même temps qu'on note tous les obstacles de la navigation; et c'est dans cette intention que j'ai parcouru, à cette époque des basses eaux, le cours de ces rivières dans des batelets, et que j'ai visité dans un grand détail celles auxquelles je desirois faire travailler.

Je n'ai pas tardé à m'apercevoir, dans le cours de ces visites, qu'au lieu de trouver une grande vitesse aux parties de rivière qui avoient le plus de profondeur, et une vitesse plus foible dans les parties où il y avoit le moins d'eau, c'étoit tout le contraire. Dès ce moment, je conçus le projet de prendre un profil du fond de la rivière sur la longueur de son lit; ce projet n'étoit ni aussi long ni aussi difficile qu'on pourroit se le persuader. J'avois des plans assez exacts du cours de ces rivières, tracés sur une échelle d'environ 5o lignes pour 1oo toises, et sur lesquels tous les objets qui bordoient les rivages y étoient désignés, arbres, arbrisseaux, maisons, ruisseaux, haies, etc. Ensuite, pour mon opération, j'y avois tracé, perpendiculairement au courant des rivières, des lignes au crayon parallèles entre elles, et éloignées de 1oo toises en 1oo toises.

On voit donc que le plan de la rivière que je visitois étoit coupé par des lignes parallèles, dont la plupart aboutissoient à des objets susceptibles d'être décrits ou dénommés. J'étois d'ailleurs muni d'une perche piétée avec des sous-divisions sur sa longueur, et qui étoit destinée à me servir de sonde.

Observations pour lever le profil du fond d'une rivière, en descendant suivant le fil de l'eau pratiqué par les bateaux; et observations résultantes de ce travail.

Maintenant, pour opérer en descendant dans un bateau, suivant le fil de l'eau le plus fréquenté, je sondois la profondeur du lit de 100 en 100 toises; et quelquefois, lorsque les circonstances le demandoient, je prenois la profondeur de l'eau dans des points intermédiaires.

En conséquence, en numérotant toutes mes sondes, et les faisant écrire sous mes yeux dans un cahier, je notois la profondeur de rivière qui correspondoit à chaque numéro, et lorsque les numéros aboutissoient à des objets de marque du plan, je les désignois spécialement. On jugera que par ce moyen j'ai pu me procurer un profil du fond de la rivière, suivant son cours, aussi exact que je le pouvois desirer; car il y a dans ce genre une précision minutieuse sur des différences d'une ou de deux lignes qui seroient déplacées, vu que les matières roulant sans cesse au fond des eaux en produisent en peu de temps de plus grandes.

J'ai fait successivement cette même opération dans la rivière de Sarre, depuis le village de Vaudrevange, situé au-dessous de Sarre-Louis, jusqu'à la ci-devant abbaye de Metteloch, sur une longueur d'environ 35,900 mètres; de même dans la Meurthe, depuis Nanci jusqu'à son embouchure dans la Moselle à Frouard, sur environ 10,700 mètres; et, dans la Moselle, depuis Frouard jusque vis-à-vis Corny, village situé trois lieues avant Metz, sur 43,750 mètres.

Enfin, en prenant le profil du fond des rivières précédentes, j'ai constamment remarqué, 1°. que lorsque le fond n'étoit point un roc inattaquable, et qu'il se trouvoit composé de matières graveleuses, sablonneuses ou terreuses, si le lit ordinaire se trouvoit encaissé par une berge de trois à quatre mètres de hauteur, et resserré plus ou moins par ses rives, suivant les localités; alors le fond continuoit à s'approfondir en formant une pente plus forte que celle du niveau supérieur de l'eau, et cet approfondissement augmentoit jusqu'au moment où le rélargissement du lit commençoit.

2°. Que la vitesse du cours de la rivière alloit toujours en diminuant à mesure que le fond s'approfondissoit; de sorte qu'à 50 mètres de distance, avant d'arriver au point le plus profond, l'eau sembloit presque stagnante; mais ensuite tout-à-coup le fond se relevoit en formant un adoucissement, comme il est marqué dans les profils; et, du point où l'élargissement du lit commençoit, la vitesse augmentoit promptement, et s'accéléroit par la contre-pente. Or, c'est dans l'étendue de cette contre-pente du fond que se trouvoient répandues les matières que les eaux avoient amenées en creusant les parties étroites précédentes, et c'est au milieu de la longueur de cette contre-pente qu'il restoit moins de profondeur d'eau, et que les rivières étoient guéables.

3°. Il est vraisemblable que les profils des lits de rivières que je viens d'indiquer éprouvent peu de changement pendant la durée des basses eaux, et que l'approfondissement des parties étroites ne s'opère qu'avec le secours d'une crue de deux ou trois mètres, parce qu'alors la vitesse des eaux augmentée par cette crue donne à cette rivière un mouvement général. Dans cet instant, la crue resserrée dans son lit par les berges agit plus puissamment sur le fond, et les eaux ont la force de repousser les matières hors des parties étroites pour les verser du côté de la contre-pente. (*Voyez* la planche II, fig.   .) Elle représente deux portions en longueur d'une rivière A B C D E F G H I L, et l'on voit au-dessous leur profil.

Dans le premier profil, la ligne droite A B C D représente la pente uniforme de la première partie de la rivière. La ligne courbe A M B N C O D P P Q R S désigne le fond du lit de la rivière d'après les sondes, et la ligne supérieure représente la ligne d'eau. Si on observe la partie A E de la première longueur de la rivière, on verra par le plan que le lit va en diminuant de largeur jusqu'au point B, et par le profil on remarquera que la pente du fond A M B va en se creusant, et que le niveau supérieur des eaux a moins de pente en approchant du point N; qu'ensuite la rivière s'élargissant dans le plan, les eaux augmentent de vitesse suivant la pente désignée par le profil; qu'entre B et C, où le lit se trouve le plus large, la rivière a moins de profondeur, et l'on y trouve un gué où le passage est difficile en été pour les bateaux.

Ensuite de C en D, le lit allant en diminuant de largeur, on voit par le profil que le fond s'est creusé, et qu'il se relève ensuite à l'approche de l'élargissement. En consultant la figure, et comparant les profils des deux parties, on fera aisément les mêmes remarques et les mêmes applications.

Il en résultera que dans les deux suites de rivières indiquées par le plan, la navigation des parties A B, C D, E F, T G et H I, est facile en tout temps, et qu'il ne peut se rencontrer d'obstacles que sur les parties B C, D E, F T, G H et L I.

On pourra même encore remarquer dans le profil du fond de cette rivière que les parties B N D P G R et I V ressemblent à des chaussées d'étang contre lesquelles les eaux viennent frapper, ce qui amortit la vitesse de la masse d'eau stagnante qui ne coule que de superficie sur une petite hauteur : mais il n'en est pas de même quand il survient une crue ; la résistance de ces espèces de digues diminue à mesure que la crue s'élève, et la vitesse des eaux va en augmentant ; de sorte que dans les parties où la masse d'eau courante se trouve resserrée dans son lit, elle acquiert de la force pour le creuser, et pour pousser les matières vers la contre-pente où le lit s'élargit.

Nota. Je pense que l'on sentira que les portions de rivières désignées sur le plan sont en partie tracées d'imagination, et imitées d'après mes expériences, et que j'ai raccourci, dans cette figure, les longueurs, et un peu exagéré le profil, pour mieux faire sentir les effets, parce qu'il n'eût pas été possible de donner des profils vrais sur une carte aussi petite, et de les rendre sensibles.

Tels sont les effets que j'ai constatés dans les susdites rivières ; j'en ai donné le détail, parce que beaucoup de

12

personnes, en observant la superficie des eaux courantes dans un lit déterminé, ne soupçonnent pas les inégalités du fond, ni ces changemens de vitesse.

Il seroit à desirer qu'on pût faire la même opération dans plusieurs grandes rivières dans les momens où elles se trouvent à l'étiage, et même de les répéter quelquefois à des intervalles de temps différens. Les inégalités et les variations du fond de leur lit pourroient donner lieu à des observations intéressantes ; et si l'on opéroit sur des rivières à fond de sable, les changemens fréquens que l'on y trouveroit pourroient servir à calculer, par approximation, la marche ou l'accroissement des grèves sous les eaux ; et dans d'autres rivières dont le fond est solide, on seroit étonné de voir les eaux y conserver les mêmes inégalités de fond.

J'ai répété la même opération à trois ans de distance dans les mêmes parties de la Meurthe et de la Moselle, et j'y ai trouvé très-peu de changemens ; j'y ai retrouvé dans les mêmes places les lieux profonds, ainsi que les gués. Les changemens survenus concernoient certaines îles augmentées, d'autres diminuées, des parties de lit élargies par l'éboulement des rivages dans quelques cantons, etc.

Je vais encore citer à ce sujet mes dernières observations.

Ayant eu occasion d'observer le cours du Rhin de Bâle à Dusseldorf, j'ai remarqué que son cours, qui est divisé en plusieurs bras par un grand nombre d'îles depuis Bâle jusqu'à Mayence, marche assez directement ;

qu'il est ensuite forcé par le rapprochement des côtes de
changer sa direction, et sur-tout de Bingen à Coblentz,
sur une étendue de quinze à seize lieues, où son lit réuni
se trouve resserré entre deux côtes escarpées, dont la
distance entre elles varie depuis 200 jusqu'à 400 mètres;
et j'ai observé dans cette étendue que ce fleuve, pendant
tout le temps des basses eaux d'été, couloit avec des vitesses très-inégales dans les différens points de son cours;
qu'il s'y trouvoit, comme dans les autres rivières, des remoux, des parties où le cours ralenti paroît presque sta-
gnant, et sur-tout des vitesses accélérées, à la suite des
parties où le lit, après avoir été le plus resserré, trouvoit à
s'étendre; que, de plus, les passages les plus rétrécis, toujours précédés des plus foibles vitesses, se distinguoient
par des approfondissemens de lit plus ou moins considérables; que la partie la plus resserrée du Rhin, située à
environ 500 mètres au-dessus de Saint-Goar, avoit été
creusée jusqu'à environ 20 mètres de profondeur, et
que les eaux, après ce passage, formoient une petite
cataracte, dont la direction étoit oblique, et la vitesse
considérable; que de même, au trou Bingen, situé un
peu au-dessous de cette ville, le lit du Rhin étoit barré
par une suite de rochers qui se lioient avec ceux des côtes
voisines, et dont plusieurs à fleur d'eau en été ne laissoient dans le milieu qu'un étroit passage pour les bateaux; que ce passage dangereux, d'environ 12 à 15 mètres de largeur, n'avoit pas deux mètres de profondeur
au-dessus du rocher; mais que la partie en avant du côté
de la ville avoit, dans le fil de l'eau, jusqu'à 10 mètres

de profondeur, et en auroit probablement acquis davantage, si le Rhin n'eût coulé dans cette partie sur un lit
de roche.

On pourroit encore faire de pareilles observations sur
plusieurs autres rivières.

Quoi qu'il en soit, on doit remarquer, d'après les
profils ci-dessus indiqués, pris sur plusieurs rivières
moyennes qu'on a observées avec plus de détail, que les
plus grandes profondeurs cotées étant d'environ cinq
mètres, et les moindres de 20 à 30 centimètres, la profondeur réduite devroit être de deux mètres 62 centimètres. Or, comme il y a beaucoup plus de longueur en
eaux profondes qu'en eaux basses, si on faisoit pour chacune de ces rivières une somme de toutes les sondes, on
auroit vraisemblablement une profondeur réduite de plus
de trois mètres ; et dès-lors on pourroit peut-être se persuader que si la pente de ces rivières étoit réglée uniformément, par exemple, suivant la ligne ABCD et FGH,
on pourroit avoir une profondeur suffisante dans l'étendue
de ces lits redressés uniformément. Mais ce seroit une
illusion, parce que quand même il seroit possible de
travailler le fond desdites rivières de façon à rendre la
pente de leur lit uniforme et régulier, non seulement le
travail fait ne pourroit subsister que très-peu d'instans,
mais les eaux, en coulant sur ces plans inclinés sur
de grandes longueurs, acquerroient promptement une
accélération de vitesse qui en augmenteroit la dépense,
et, en précipitant ainsi leur écoulement, diminueroit
successivement la profondeur de ces eaux au préjudice de

la navigation. En effet, il ne faut pas juger la tenue des eaux d'une rivière, et ce qu'elle peut fournir à la navigation, d'après la profondeur des eaux mortes, mais d'après l'écoulement qui se fait sur les moindres profondeurs, parce que c'est le trajet des bas-fonds qui offre le plus de difficultés pour le passage des bateaux.

Pour faire une application de ces observations à la rivière de Meurthe, qui est navigable depuis Nanci jusqu'à son embouchure dans la Moselle, j'établirai que tout le produit de ses eaux suffit à peine dans les temps de sécheresse pour faire tourner à Nanci neuf roues de moulin sans chômage; que les empalemens en avant de ces roues, qui ont chacun environ 82 centimètres de largeur, sont levés de 32 centimètres avec une charge d'eau d'environ 12 à 14 décimètres.

Or on verra, d'après les expériences de le Bossu, que ces pertuis ensemble ne donneroient pas plus de 440 mètres cubes d'eau par minute, ou 60 toises cubes; ce qui fait une toise cube par seconde, qui doit couler sur une section de lit de cette rivière, qui ne peut avoir moins de 120 mètres de largeur.

On jugera, d'après ce produit, du peu de profondeur d'eau qui resteroit en rivière, si les eaux avoient la liberté de couler sans obstacle sur la largeur totale de leur lit. Cette conséquence est d'une grande importance dans l'application : c'est pour cette raison que la Meurthe n'a quelquefois dans les basses eaux d'été que 15 à 20 centimètres d'eau vis-à-vis les gués; et l'on se convaincra que ce sont ces causes qui rendent la navigation si difficile à cours libre, même dans la plupart des rivières de quelque importance,

Page 110,　　　§ I I,

De l'action des eaux sur les fonds en sable.

N° 254. L'auteur prétend qu'il ne doit jamais se former de gouffres ou précipices dans les rivières,

Cependant l'expérience m'a fait connoître qu'il s'en trouvoit dans la Loire, dans la Seine, dans la Moselle et dans la Meurthe, etc.

Page 112,　　　§ I I I.

Des variations des rivières à fond de sable et de limon, et de leur action sur les bords.

N°ˢ 260, 261, 62, 63, 64, 65, 66, 67, 68 et 269.

Avant d'entreprendre aucune discussion sur le contenu des numéros précédens, et pour mieux me faire entendre, j'ai cru utile de commencer par donner ici une description de la rivière de Loire, qui est une rivière à fond de sable et de gravier, et d'y joindre des détails sur sa navigation, parce qu'elle est absolument dépendante de la largeur de son lit, de ses îles, des sables qu'elle charrie, et des effets qui en résultent,

Description de la rivière de Loire.

La rivière de Loire a environ deux cents lieues de cours depuis sa source dans le département de la Haute-Loire, près le Puits, jusqu'à son embouchure dans la mer, au-dessous de Paimbeuf, c'est-à-dire environ douze lieues au-dessous de Nantes. Quoique cette rivière commence à porter bateau à Roanne, et qu'on y fasse courir beau-coup de bois flotté, néanmoins sa navigation n'est en pleine activité que depuis sa jonction avec l'Allier au-dessous de Nevers jusqu'à son embouchure au-dessous de Nantes, et il est très-difficile de la remonter dans la partie supérieure.

La réunion de l'Allier avec la Loire donne à cette dernière rivière une grande importance ; ensuite, depuis cette jonction jusqu'à Tours, la Loire ne reçoit aucune rivière marquante, et il ne s'y jette que de très-petites rivières ou ruisseaux qui suffisent seulement pour rem-placer la perte des eaux qui se fait par évaporation.

Immédiatement au-dessous de Tours, la rivière du Cher se réunit à la Loire, et deux lieues au-dessous celle de l'Indre. On estime que l'affluence de ces deux rivières augmente le volume des eaux de la Loire à peu près d'un sixième. Ensuite, descendant, on trouve à environ douze à treize lieues au-dessous de Tours l'embouchure de la Vienne, qui se réunit à la Loire à Candes. A ce point de réunion, ces deux rivières forment une nappe d'eau d'environ 7 à 800 mètres de largeur. On peut remarquer que toutes ces grandes rivières, l'Allier, le Cher, l'Indre et la Vienne, se jettent dans la Loire par la rive gauche.

La rivière de Vienne, après avoir reçu la Creuse au-dessous des Ormes et du port de Piles, forme à peu près les deux cinquièmes de la rivière de Loire lorsqu'elle s'y réunit.

Le lit moyen de la Loire depuis l'embouchure de l'Allier jusqu'à Tours a environ 400 mètres de largeur, et il lui faut cette étendue pour la libre évacuation des grands débordemens : ensuite, de Tours à Candes, son lit a à peu près 450 mètres de largeur moyenne en eau, et 6 à 700 mètres de Candes à Saumur, sans les îles.

Ensuite la rivière du Thouet, qui forme à peine la dixième partie de la Loire, se jette dans cette rivière à une demi-lieue au-dessous de Saumur ; et comme on rencontre ensuite en descendant la Loire beaucoup d'îles qui la partagent en plusieurs bras, son lit embrasse dans cette partie une plus grande étendue de pays, sur-tout au temps des hautes eaux, où la plupart de ces îles sont couvertes : de sorte que le pont de Cé, avec toutes ses îles et tous ses bras, embrasse une étendue de près de 2000 mètres, dont le vide des arches de ce pont forme au plus le tiers de cette longueur.

La rivière de Sarthe, après avoir réuni les rivières du Loir et de la Mayenne, se jette dans la Loire sur la rive droite au-dessus d'Ingrande. Depuis ce point, cette rivière ainsi grossie, exige, pour son débouché, une section en eau d'environ 800 mètres d'étendue. Elle en a beaucoup davantage avec les îles; elle ne reçoit plus ensuite que de petites rivières jusqu'à son embouchure.

Observations qui ont servi à fixer l'étendue des ponts construits sur cette rivière.

Il a été nécessaire de proportionner le débouché des ponts construits sur la Loire à l'affluence des eaux lors des grands débordemens ; en conséquence, après plusieurs observations confirmées par l'expérience sur les effets de plusieurs grands débordemens comparés , la section en eau du débouché du pont d'Orléans a été fixée à 143 toises 2 pieds, qui forment le vide des neuf arches de ce pont : égal, 279 mètres.

Pont d'Orléans, commencé en 1751, et terminé en 1769. Les arches ont depuis 92 jusqu'à 100 pieds d'ouverture.

Le pont de Blois a moins d'étendue que celui d'Orléans ; mais il est soulagé lors des crues par un déversoir situé au-dessus de ce pont du côté du faubourg, par où un tiers de la rivière peut s'évacuer lors des débordemens.

Le pont de Tours, composé de quinze arches en pierre, a 187 toises 3 pieds de débouché pour le vide de ses arches.

Pont de Tours, commencé , en 1764 , terminé en 1777. Les arches ont 75 pieds d'ouverture.

Enfin , il a été reconnu que les ponts de Saumur devoient contenir ensemble un débouché de 240 toises pour le vide des arches, non compris 42 toises pour l'épaisseur des piles , c'est-à-dire être formés de deux ponts égaux de chacun douze arches en pierre , de chacune

Pont de Saumur.

60 pieds, ayant deux pieds de pied-droit et 20 pieds de montée, c'est-à-dire depuis la naissance jusqu'au-dessous de la clef.

Or, l'un de ces deux ponts, sous lequel passe la moitié de la rivière formant la partie la plus navigable, a été exécuté et terminé en 1770.

Le pont de Cé, qui est très-ancien, est composé d'un nombre considérable de petites arches très-basses, souvent en grande partie obstruées par les grandes eaux. Plusieurs de ces arches écroulées à différentes époques ont été provisoirement remplacées par des travées en bois.

Il y a plusieurs ponts à Nantes; les uns pour le lit principal et navigable de la Loire, et un grand pont de secours pour l'évacuation des débordemens.

On a donné au pont de Moulins, sur la rivière de l'Allier, 130 toises de section au vide des arches pour le débouché des eaux.

M. de Regemorte, qui a fait construire ce pont, sans doute intimidé par le mauvais succès des architectes ses prédécesseurs, dont tous les ponts avoient été détruits par les eaux, avoit jugé prudent, pour se précautionner contre les événemens, d'augmenter le débouché de son pont au-delà du nécessaire; car l'on est convaincu que 200 mètres de débouché auroient suffi amplement pour le vide de ce pont, c'est-à-dire qu'il auroit pu le borner à dix arches au lieu de treize, et que ces dix arches eussent été suffisantes relativement au volume d'eau que la rivière de l'Allier peut fournir dans les débordemens. D'ailleurs M. de Regemorte auroit pu observer que les

ponts construits par ses prédécesseurs n'avoient pas seulement été détruits par un défaut de débouché, mais
pour n'avoir pas été fondés solidement, et que le genre
de fondation qu'il avoit adopté garantissoit son pont des
funestes effets des affouillemens, et du risque d'être renversé par cette cause.

On ne devroit peut-être pas répondre sérieusement à
ces ingénieurs qui établissent que, pour déterminer
l'étendue d'un pont, il est peu utile de chercher à connoître la section du débouché nécessaire à une rivière
pour l'évacuation de ses débordemens, en considérant
la montée de ses grandes eaux dans les différens points
où son lit est resserré; parce que, disent-ils, on a vu
plusieurs fois des arches détruites qui appartenoient à
des ponts qui avoient manifestement trop de débouché,
et d'autres fois des ponts subsister en totalité, quoique
le débouché insuffisant forçât la rivière à surmonter les
arches ou à passer à côté.

On ne devroit peut-être pas, par la même raison,
réfuter les autres ingénieurs qui prétendent qu'il est
inutile de s'attacher à fonder les ponts très-bas au-dessous
des graviers, parce que les fondations profondes sont
très-dispendieuses, et que, quelque mesure qu'on prenne,
il surviendra des chutes de ponts par l'effet des causes
majeures contre lesquelles on ne peut rien; et alors,
disent-ils, c'est aux ingénieurs à les reconstruire.

Cependant, comme ces opinions pourroient égarer de
jeunes ingénieurs sans expérience, on répondra aux premiers que, quoique la prudence commande à l'ingénieur

chargé d'un projet de pont, de s'assurer, par tous les
moyens connus, du débouché qu'il convient de donner à
son pont, eu égard à la nature de la rivière à fond de
sable, dont le fil de l'eau varie sans cesse de position,
il pourra néanmoins voir s'écrouler la pile d'un pont qui
auroit manifestement plus de débouché que la rivière
n'en exige, si les fondations de cette pile sont mal assurées, et qu'elle soit exposée à des affouillemens : et de
même, dans le pont qui manque du débouché nécessaire,
en vain un débordement extraordinaire en approfondira
le lit ordinaire; si les fondations sont solides et bien
assurées, il résistera.

Quant aux seconds ingénieurs, on leur observera que
les sables et les graviers sont des matières qui, ayant été
rapportées par des crues successives, peuvent être de
même enlevées par la même cause. Or, l'honneur d'un
ingénieur et celui de son corps lui commandent de ne
rien épargner pour parvenir à percer les sables et les
graviers, et faire pénétrer, s'il est possible, les pilotis
dans le tuf ou roc tendre, tels que sont ceux du pont
d'Orléans; parce que de grands ponts sont des monumens aussi utiles qu'ils sont dispendieux, et que lorsque
la fondation en est bien assurée, la durée est incalcu-
lable. On regrette encore depuis plus de vingt ans
des économies mal entendues dans ce genre, dont le
public est toujours la victime.

Détail sur les grands débordemens de la Loire, et sur leurs effets.

LES grands débordemens connus dans la Loire ont pour époque les années 1710, 1733, 1740, 1755, 1770 et 1778. Mais j'observerai à ce sujet qu'à ces mêmes époques, presque toutes les grandes rivières, sur-tout celles qui coulent vers l'Océan, ont débordé, avec la différence que les rivières situées à l'est de la France, telles que le Rhin, la Moselle, la Meuse et la Seine, ont eu leurs plus grands débordemens en 1740 et 1778; tandis que les plus grandes crues de la Loire ont eu lieu en 1733, 1755 et 1770.

Quoi qu'il en soit, lorsque le lit d'une rivière suivant son cours va plutôt en s'élargissant qu'en rétrécissant, sans qu'il y ait une différence bien sensible, la hauteur des crues va en diminuant progressivement, à mesure qu'elles s'éloignent de la source des rivières. L'expérience a confirmé cet effet, lorsqu'il a été constaté que la crue de la Loire de décembre 1755 avoit monté, à Orléans, de 20 à 21 pieds au-dessus de l'étiage, c'est-à-dire au-dessus des plus basses eaux d'été; à Blois, de 19 pieds 6 pouces; à Tours, de 18 pieds 8 pouces; à Saumur, de 17 pieds 10 pouces; et au pont de Cé, de 16 pieds 8 pouces.

En comparant avant cette crue les repères anciennement gravés sur des tours, ou d'autres anciens monumens qui bordoient cette rivière, on a observé en amont

du nouveau pont d'Orléans que la crue de 1755 avoit
été de quatre pouces plus bas que celle de 1733. Cependant il faut remarquer qu'en 1733, c'étoit l'ancien
pont qui existoit alors, et que ce pont, composé d'un
grand nombre de petites arches et de larges piles, offroit
aux eaux moins de débouché que le nouveau pont.

A Tours, la crue de 1755 a paru s'être élevée de 14
pouces au-dessus de celle de 1733, et à Saumur de 10
pouces pareillement au-dessus de celle de 1733, d'après
les repères qu'on a pu découvrir, qui ne sont pas à la vérité toujours incontestables.

Il faut cependant avoir l'attention, lorsque l'on cons-
tate la plus grande hauteur d'une crue, d'examiner si
cette hauteur est prise au-dessus ou au-dessous d'un
grand pont; parce que tous les ponts forment une retenue
quelconque, mais qui est plus grande aux ponts composés de petites arches qu'à ceux composés de grandes
arches.

Cette différence de hauteur du niveau des eaux d'a-
mont au niveau d'aval, est ce que l'on nomme la cataracte. Plus la crue est forte, et plus grande est la cataracte.
Cet effet est naturel, parce que plus la crue d'une rivière
a de hauteur, et plus la vitesse des eaux est forte. Or,
plus une rivière a de vitesse, et plus le choc occasionné
par la résistance des piles fait monter les eaux contre les
avant-becs et contre les piles. Pendant le débordement
de 1755, ayant mesuré les cataractes des arches du vieux
pont de Tours, j'ai trouvé, à de petites arches, jusqu'à
20 à 23 pouces de cataracte, et 16 à 18 pouces aux

grandes arches, pour la différence de la hauteur des eaux mesurées en amont et en aval.

Je mesurois souvent trois hauteurs différentes à chaque arche en amont; savoir, à la pointe de l'avant-bec qui présentoit le point le plus élevé aux épaulemens d'amont plus bas de 1 o à 1 2 pouces que l'avant-bec, et au milieu de l'arche où l'eau étoit abaissée de six à neuf pouces, suivant la grandeur des arches. Je mesurois ensuite la dif-férence de la hauteur des eaux prise en aval des mêmes arches.

Ces cataractes existent même en tout temps; je l'ai observé au pont de Saumur dans un moment où les eaux étoient à l'étiage, et j'ai trouvé l'eau, à l'avant-bec, plus haute de cinq pouces qu'à l'épaulement d'amont, et l'é-paulement d'amont trois pouces plus élevé que celui d'aval, et environ deux pouces pour la pente des eaux du milieu de l'arche de l'amont à l'aval.

J'ai encore remarqué que la résistance des avant-becs et leurs formes, après avoir fait élever l'eau beaucoup au-dessus de son niveau dans le temps des débordemens, occa-sionne de part et d'autre une chute avec bouillonnement qui accélère la vitesse des eaux au passage des arches; il se forme de chaque côté deux courans obliques. C'est principalement l'effet de ces deux courans qui agit sur la fondation des piles vers leur épaulement tant d'amont que d'aval, et qui y fait naître des affouillemens dange-reux lorsque leur fondation n'est pas bien assurée. C'est ce que j'ai eu occasion de vérifier plusieurs fois après l'évacuation d'une crue, en prenant le profil d'une rivière suivant une section perpendiculaire à son cours. Dans cette intention, je la parcourois avec le secours d'un ba-telet dans toute son étendue, en faisant des sondes fré-quentes, et mesurant les profondeurs au milieu de chaque arche, aux épaulemens des piles et aux avant-becs. Par une suite des effets ci-dessus indiqués, je trouvai les pe-tites arches, c'est-à-dire celles de six, sept, jusqu'à dix mètres d'ouverture, très-affouillées dans leur milieu par l'effet des deux courans obliques occasionnés par l'effet de la cataracte, qui avoient concouru à agir sur le mi-lieu de l'arche avec une force résultant des deux vitesses. Au contraire, dans les grandes arches, c'est-à-dire celles qui ont depuis 15 jusqu'à 30 mètres d'ouverture et plus, la plus grande profondeur d'eau se trouvoit le long des flancs des piles, et le fond du lit étoit beaucoup plus élevé sous le milieu desdites arches.

J'ai encore observé, lors de la crue de 1755, que, par l'effet des îles et du choc de plusieurs courans, les eaux se portoient avec plus de force sur une rive que sur l'autre. Ayant fait faire alors un nivellement, il a été reconnu qu'en amont dudit pont, les eaux, sur une des rives, se trouvoient de dix pouces plus élevées que sur l'autre rive, qui en étoit éloignée d'environ 500 mètres.

Enfin, ayant fait quelques expériences à Tours, à di-verses époques, sur la vitesse des eaux de la Loire, dans un des bras principaux, il fut constaté que dans les eaux ordinaires ayant environ trois pieds six pouces au-dessus

de l'étiage, la vitesse moyenne étoit de deux   p.   p.
pieds trois pouces par seconde, ci. 2   3
qu'à huit pieds sur l'étiage, elle étoit de. . . 3   9
à douze pieds six pouces sur l'étiage, de. . . 4   8
enfin, à quinze pieds. 5   5

J'ai parlé ci-dessus de la largeur moyenne réservée à la Loire pour l'évacuation de ses débordemens; j'ai dit que la vallée où coule cette rivière avoit à peu près deux à trois lieues de largeur entre les coteaux qui la bordent, mais qu'on avoit fait la part des eaux en fixant le lit de cette rivière, et en la contenant par des levées qui règnent sur une étendue d'environ soixante-dix lieues de longueur. C'est un assez grand travail dont l'origine est très-ancienne, mais qui a acquis avec le temps plus de perfection.

Ces levées ont depuis 24 jusqu'à 30 pieds de largeur en couronne, et une hauteur de 20 à 22 pieds au-dessus des plus basses eaux d'été. Lesdites levées ont des talus de part et d'autre qui sont réglés à raison d'une fois un quart, ou plus souvent une fois et demie leur hauteur. Dans les parties qui ne sont pas habituellement frappées par les eaux ordinaires, les talus sont simplement revêtus en gazon, et quelquefois par des plantations de saules; mais dans les parties où la rivière coule au pied du talus, ce talus est revêtu d'un perré qui est formé par une maçonnerie à pierre sèche, qui présente un parement lisse et bien dégauchi, dont tous les joints de hasard sont exactement perpendiculaires à la ligne rampante du talus :

14

le pied en est défendu par un bâtis de pieux entretenu par des liernes. Enfin, quand le cours principal de la rivière se porte avec force contre ledit talus revêtu de perré, alors, pour le mieux assurer, et prévenir les affouillemens du pied, on établit des crèches au pied dudit talus, qui forment un empatement horizontal posé à fleur des plus basses eaux.

L'expérience confirme la solidité de ces travaux de défense, qui exigent cependant un entretien et une surveillance.

Anciennement ces levées, qui forment grande route, avoient beaucoup moins d'élévation; mais elles ont été exhaussées avec le temps, pour les mettre au-dessus des plus grands débordemens; car lorsque les eaux parviennent à les surmonter, on doit s'attendre à leur destruction. C'est par cette raison que les habitans des villages répandus dans cette fertile vallée, ayant leurs logemens et leurs propriétés sur un terrain dont le sol se trouve de 10 à 12 pieds au-dessous du niveau des grandes crues, les redoutent, et craignent les suites de la rupture de ces levées.

Cependant ces accidens arrivent trop souvent. En 1733, la levée a rompu sur la gauche de la Loire, entre Tours et le village de Mont-Louis; une grande partie de la rivière coulant par cette brèche se creusa un nouveau lit à travers toutes les propriétés rurales, et fut se jeter dans la rivière du Cher, dont les eaux grossies venoient alors baigner les murs du rempart de la ville de Tours.

Ce torrent, en se creusant un lit au moment de son irruption, emporta les terres végétales jusqu'à six pieds de profondeur, et y rapporta des sables : de sorte que, quoiqu'on ait dans la même année fermé la brèche et rétabli la levée, il ne restoit encore dans l'étendue de cette irruption en 1764, après plus de 30 ans, que des sables incultes.

Le même accident est arrivé en 1755 sur la rive droite, un peu au-dessous du pont d'Amboise ; les eaux ayant atteint le sommet de la levée passèrent par-dessus, firent cascade, et, en moins de deux heures, il se forma rapidement une brèche de 230 mètres de longueur, par où une partie de la Loire coula, fut se jeter dans la petite rivière de la Cisse, et rentra ensuite trois à quatre lieues plus bas dans la Loire, entre Vauvray et Rochecorbon.

Cette irruption détruisit une douzaine de petites habitations qui bordoient la levée, renversa plusieurs domaines territoriaux situés au-dessous de la brèche, et les ensabla. J'eus occasion de constater ces désastres le lendemain de l'accident.

On trouve des traces de deux autres brèches qui ont eu lieu en 1710 sur la rive droite de la Loire, entre Langets et Saumur ; il y reste encore des eaux stagnantes et des traces de dévastations que les colons du pays n'ont pu réparer.

Toutes les levées de la Loire sont formées avec des terres prises sur les lieux, qui sont des terres légères composées de sable, de limon et de terre végétale ; et

quoique les eaux filtrent aisément à travers les terres,
néanmoins ces filtrations sont lentes, et ne sont point
assez actives pour nuire à la solidité desdites levées, qui par
leur masse sont en état de résister à la poussée de l'eau
occasionnée par une hauteur de 16 à 18 pieds. Cela est
confirmé par l'expérience. Elles résistent d'autant mieux,
que les talus intérieurs et extérieurs augmentent l'épaisseur et la force desdites levées en contre-bas.

Cependant il y a des propriétaires qui, pour gagner
du terrain, bâtissent dans le talus extérieur des levées ;
mais malgré le mur en maçonnerie qu'ils substituent au
talus, j'ai remarqué que les eaux filtroient à travers leurs
murs d'une manière effrayante, et de façon à faire
craindre l'écroulement de ces murs. J'ai plusieurs fois
remis des avis au gouvernement pour qu'il ne fût point
permis, pour l'intérêt public, aux propriétaires riverains
de bâtir dans les talus des levées, soit intérieurs, soit extérieurs.

Enfin, il est constaté que toutes les ruptures de cette
levée n'ont eu lieu que lorsqu'elle a été surmontée par la
hauteur des débordemens. Cet effet est constant et inévitable. J'ajouterai que lorsque les eaux sont en *plein
chantier*, c'est-à-dire lorsque les crues sont montées au
plus haut, alors les vagues agitées par les vents, en
battant contre les talus intérieurs, en font quelquefois
couler ou glisser une partie des terres ; ce qui diminue
l'épaisseur et la force desdites levées, qu'on a cependant
souvent le temps de réparer par de nouveaux rapports de
terre ; mais la levée subsiste.

Enfin, ayant eu l'occasion d'observer de fortes digues élevées contre la mer, à l'embouchure de l'Escaut, et pris sur les lieux divers renseignemens des gens du pays, j'ai reconnu que les flots répétés des grandes marées, quelquefois poussés par des vents violens, attaquoient avec plus d'avantage les talus antérieurs de ces digues, et contribuoient vivement à leurs dégradations. C'est par cette raison qu'on est dans l'usage de donner aux talus extérieurs de ces digues une base égale à cinq fois leur hauteur, au lieu de deux fois qu'on leur donne le long des fleuves. Mais il m'a été confirmé par les habitans que le plus grand danger pour les digues arrivoit lorsqu'une mer orageuse faisoit monter les flots au-dessus de la digue. Alors aucune digue ne résiste; les eaux, en surmontant ces digues, font cascade, en fouillant au pied du talus intérieur font ébouler les terres, et la brèche est faite. Or, la moindre brèche est suivie d'une irruption qui occasionne les plus grands ravages.

On ajoutera que les levées de la Loire dont a parlé précédemment n'ont point de clef de conroy, comme sont les chaussées d'étang, et sont totalement formées avec la terre du pays qui est très-légère, et prise sur place à 20 ou 30 toises de distance. On voit encore presque partout le long de ces levées les fouilles des terres qui ont servi à les former. Il reste en tout temps au fond de ces fouilles, de distance en distance, des eaux stagnantes; et, lorsqu'il survient des crues de la Loire, l'eau croît également dans ces *boires,* mais beaucoup plus lentement qu'en rivière. Plusieurs des gens de campagne qui habitent ces vallées ont le préjugé de penser que ces eaux stagnantes, nommées *boires*, ne croissent que lorsque les eaux de la Loire diminuent. C'est une erreur fondée sur des observations inexactes.

Il est d'usage que les débordemens arrivent promptement, et que les eaux s'élèvent rapidement en rivière, tandis qu'au contraire les eaux ne s'élèvent dans ces *boires* que par l'effet des filtrations. Or, les filets d'eau qui fournissent ces filtrations éprouvent des frottemens qui ralentissent leur vitesse à proportion qu'elles ont une plus longue distance à traverser ; d'où il suit que l'eau doit croître lentement dans ces *boires*. Ainsi lorsqu'une crue s'élève dans le lit de la rivière à cinq ou six mètres de hauteur, comme ces hautes eaux ne sont point ordinairement de longue durée, et peu stationnaires, elles s'abaissent bientôt, et descendent successivement ; mais tandis qu'elles descendent de six mètres à cinq, et ensuite à trois, elles se trouvent encore en rivière de plusieurs décimètres au-dessus du niveau de l'eau desdites *boires*. C'est pourquoi l'eau doit continuer à y croître, tandis qu'elle diminue en rivière jusqu'au moment où le niveau des eaux de la rivière n'excédera pas celui desdites *boires*.

Enfin, pour se faire une idée exacte de l'action de la masse d'eau contenue dans le lit de chaque rivière, c'est-à-dire de la manière dont elle agit par sa pression sur son fond ou contre ses rivages, il faut considérer que communément toutes les rivières reposent immédiatement sur des matières formées de dépôts accumulés, tels que

des sables, graviers, cailloux, vases, limons, etc. ; que
ces matières sont ou mélangées ou disposées par lits plus
ou moins épais, mais que tout dépôt rapporté peut être
enlevé par la même cause; et qu'enfin il existe au-dessous de ces matières mobiles des lits de tuf ou de craie,
de roc compacte ou d'argile, qui sont des matières vierges
qui n'ont été ni entamées par les eaux, ni pénétrées. Or,
suivant la nature des rivières, les dépôts qui forment les
lits supérieurs sur lesquels coulent les eaux sont plus ou
moins épais ; mais on ne compte la profondeur d'eau en
rivière que depuis la surface supérieure de son cours jusqu'au fond apparent ou sensible où commence le dépôt.
Cependant on ne doit pas douter que les eaux, en vertu
de leur pression sur le fond des rivières, ne tendent à
s'insinuer dans tout le terrain inférieur placé au-dessous
de son lit; qu'une infinité de filets d'eau ne pénètrent
toutes ces matières jusqu'au lit d'argile ou de roc imper-
méable à l'eau, et qu'elles n'en restent imbibées plus ou
moins, autant que la nature de ces matières et l'agrégation de leurs parties peuvent laisser de vide entre elles.

Il en est de même de la pression latérale des rivières ;
leur masse d'eau, en vertu de cette pression latérale, agit
contre chaque point des deux rives d'un fleuve en raison
de la hauteur verticale des eaux, c'est-à-dire depuis le
niveau des eaux de la rivière jusqu'au lit qui lui résiste :
de sorte qu'un grand nombre de filets d'eau pénètrent
dans les terrains environnans de part et d'autre jusqu'à
une distance plus ou moins grande, suivant que le terrain
est plus ou moins compacte, ou plus ou moins perméable

à l'eau. Si, par exemple, pendant un mois, l'eau d'une rivière se soutenoit à une profondeur constante, la portion d'eau qui pénètre le terrain au-dessous du lit, et celle qui se propage jusqu'à une certaine distance par des filets latéraux, toutes ces eaux seroient en équilibre avec la pression des eaux de la rivière sur le fond; et, s'il se trouve des puits voisins, l'eau qui y a monté s'y tient aussi en équilibre avec celle de la rivière; mais si ensuite la rivière vient à croître, l'eau s'étend sur les terrains environnans, et monte également dans les puits voisins, avec la différence qu'elle pénètre plus lentement dans les puits les plus éloignés, que dans ceux qui sont plus près de la rivière, parce que les filets d'eau éprouvent d'autant plus de résistance par les frottemens, qu'ils ont plus d'espace à parcourir. Tous ces faits sont confirmés par des expériences journalières.

Il en résulte donc que lorsque la profondeur de l'eau d'une rivière est constante, la masse d'eau qui pénètre le terrain environnant est la même, et qu'il n'y a que l'excédent qui coule dans le lit habituel de la rivière; mais que, lorsque les eaux augmentent par des crues plus ou moins fortes, la masse d'eau qui pénètre les terres latéralement augmente en même temps par l'effet de l'augmentation de pression des eaux et de la durée des crues. Ensuite lorsque les eaux, après l'écoulement d'une crue, restent basses pendant un certain temps, alors les filets latéraux prennent une direction rétrograde, et reviennent vers le lit de la rivière, tendant toujours à se mettre en équilibre. J'ai été témoin bien souvent de ces effets. Lors de la fondation de la culée du pont d'Orléans, du côté de la ville, pendant la durée des épuisemens, on tarissoit avec les machines à épuiser tous les puits des habitations voisines jusqu'à une certaine distance.

On voyoit dans l'excavation du batardeau beaucoup de filets d'eau sortir des terres du côté de la ville. En général, tous ces filets d'eau font l'effet d'un siphon, dont les branches, lorsqu'elles sont inégalement chargées, tendent à se mettre en équilibre.

Je pourrois citer beaucoup d'autres effets pareils provenant de la même cause, avec des circonstances différentes. Je pourrois indiquer des rivières qui se perdent sur une certaine étendue pour reparoître à quelque distance. Je pourrois citer des rivières dont le fond du lit présente un roc composé de plusieurs lits d'épaisseur qui reposeroient sur un banc d'argile; et si l'on suppose ce roc composé de feuillets horizontaux mêlés de fils perpendiculaires et de crevasses, bientôt les eaux de cette rivière s'introduisant entre les roches, descendront jusque sur le banc argileux, y couleront, suivant sa pente, entre les lits de roches, et se perdront à la vue pour ressortir plus bas dans un lieu où ces bancs de roches se terminent.

C'est-là l'histoire des rivières du Mouzon et de la Meuse dans la partie supérieure au-dessus de Neufchâteau, département des Vosges.

Pendant l'été, ces roches absorbent presque toute l'eau fournie par les sources de ces rivières, de façon que leur lit paroît absolument à sec. J'ai voyagé dans une

15

berline, en été, dans le lit du Mouzon sur une assez grande distance.

Mais lorsque les roches qui forment le fond du lit pierreux de ces rivières sont saturées, et que les capacités qui comprennent le cours d'eau souterrain sont remplies, l'excédent reparoît dans le lit ordinaire; de façon que si alors il survient une crue, la rivière se trouve rétablie, ou plutôt il y en a deux, l'une souterraine, et l'autre supérieure qui est visible.

Mais je vais reprendre ce qui concerne la Loire.

J'ai ci-devant considéré cette rivière en tant que son lit a été fixé par des limites qui laissent entre elles l'étendue nécessaire pour l'évacuation des débordemens. Mais toutes ses grandes crues s'écoulent rapidement, et les eaux sont même dans cette rivière plus communément basses que hautes; et comme elles coulent sur un fond de gravier très-mobile, et sur une très-grande étendue, il s'ensuit, comme on l'a déja observé, qu'elle se divise fréquemment en beaucoup de bras peu profonds, et que le lit principal est très-changeant.

Détails sur la navigation de la Loire, au temps des moyennes et des basses eaux. J'ai cru toutes ces explications préliminaires nécessaires pour expliquer l'espèce de navigation pratiquée dans cette rivière, et pour faire connoître les obstacles qu'elle éprouve dans la pratique.

Les bateaux montent à la voile et descendent au bâton ferré ou croc, et tous les agrès sont appropriés à la nature de cette navigation. Les bateaux y sont moins profonds et moins larges que ceux de la Seine.

Les plus grands bateaux de la Loire ont 15 à 16 toises

de longueur sur 11 pieds de largeur dans œuvre dans le fond, et 14 pieds par le haut, le tout mesuré dans sa plus grande largeur. Ces bateaux sont d'une largeur assez uniforme sur environ sept à huit toises de longueur ; ensuite ils vont en diminuant insensiblement jusqu'au pont du nez du bateau, qui se termine par une pointe d'environ trois à quatre pieds de largeur qui se relève. Le fond du bateau est plat.

Il y a bien des difficultés à vaincre pour descendre cette rivière dans le temps des basses eaux, à cause de son peu de profondeur, et de la nécessité de suivre et de choisir sur plusieurs bras ceux qui sont les plus convenables au passage des bateaux.

On trouve encore une difficulté de plus pour remonter la même rivière à voile, en ce qu'il faut un vent favorable, et que, vu le changement de direction de son cours, le vent qui convient pour parcourir un espace ne convient point à l'autre.

Dans le temps des plus basses eaux d'été, qu'on nomme l'étiage, il ne se trouve en rivière, dans le fil ordinaire, que 20 pouces d'eau de profondeur depuis Nantes, en remontant jusqu'au lieu dit *la Pointe*, situé au-dessous d'Angers au confluent de la Sarthe avec la Loire ; ensuite, changeant de direction, et continuant à remonter depuis la Pointe jusqu'à Saumur, il n'y a que 17 pouces d'eau. Cet étiage de Nantes à Saumur peut durer un ou deux mois, suivant la sécheresse de la saison. Pendant la durée de cet étiage, on peut descendre la Loire avec une petite charge ; mais on est obligé de faire beaucoup de détours pour aller chercher le fil de l'eau, et l'on est même forcé de *chevaler* dans quatre à cinq endroits.

Ce que l'on nomme *chevaler* consiste à creuser un canal dans le sable, d'environ 16 à 17 pieds de largeur, pour le passage des bateaux. Pour cela, les gens de l'équipage, au nombre de huit à dix, se mettent dans l'eau; et, pour creuser ce canal, les uns traînent des planches sur le sable au fond de l'eau, et les conduisent à la main, tandis que les autres les tirent avec des cordages. Ces canaux ainsi pratiqués dans le sable se font quelquefois en moins de six heures, et d'autres fois occupent un jour et demi; mais ils ne subsistent pas long-temps après le passage des bateaux pour lesquels ils sont creusés; les eaux charriant continuellement des sables les comblent sous peu de jours.

De Saumur à Orléans, pendant le temps de l'étiage, il n'y a en rivière que 13 à 14 pouces d'eau dans le fil ordinaire, et depuis Orléans, en remontant jusqu'à la jonction de la rivière de l'Allier avec la Loire, environ 10 pouces, et cet étiage peut durer environ trois mois, suivant la sécheresse de l'année : d'où l'on voit que le temps de l'étiage est plus long, et les eaux plus basses à mesure que l'on remonte la Loire, parce que les eaux des rivières de Sarthe et de Vienne nourrissent la Loire, et que les crues particulières de ces rivières diminuent dans le temps de l'étiage. Au reste, pendant la durée de l'étiage, les détours que les bateaux qui naviguent sont obligés de prendre pour aller chercher le fil de l'eau d'une rive à l'autre, augmentent le chemin au moins d'un tiers.

Ceux qui ne connoissent pas suffisamment cette rivière seront étonnés du peu de profondeur d'eau qui reste dans le temps de l'étiage ; mais il faut se figurer qu'une grande masse d'eau coule alors sous les sables. Au surplus, lorsque l'on établit qu'il n'y a dans une partie d'une certaine étendue que 17 pouces d'eau, cela doit s'entendre des cantons qui offrent le moins de profondeur d'eau et des passages courts ; car ensuite ces passages sont souvent suivis de trajets plus longs, où les bateaux trouvent deux, trois et quatre pieds d'eau. Enfin, si l'on prenoit des profils de la rivière sur sa largeur dans un temps de sécheresse, on trouveroit des bancs de sable élevés de plusieurs pieds au-dessus des eaux ; souvent sept à huit bras ont des profondeurs différentes depuis un pied jusqu'à quatre et cinq pieds, et souvent les plus profonds n'ont aucune issue pour les bateaux.

Il ne suffit pas pour naviguer sur la Loire avec sûreté de connoître les grandes îles plantées, et même les bancs de sable, parce qu'à chaque crue les bancs de sable changent de place. On trouve quelquefois six pieds d'eau où il y avoit peu de temps avant six pieds de sable ; et les bancs sous les eaux changent encore plus souvent que ceux qui sont visibles. C'est pourquoi, afin de reconnoître les routes momentanées qu'il faut tenir, on place des balises près des bancs de sable et dans tous les points qui exigent plus de précautions. Ces balises sont des baguettes de six, huit ou dix pieds, fichées dans le sable.

En partant de Nantes, on casse le bout des balises sur la droite; on laisse pendant le bout à moitié cassé, et le bateau montant rase la balise en la laissant sur la droite; mais lorsque le passage est étroit, on place une autre balise sur la gauche sans la casser, et l'on passe entre les deux. Ordinairement un petit bateau, nommé *toue* sur la Loire, marche en avant des grands bateaux pour sonder les passages et les guider; et l'homme qui conduit en avant ce petit bateau a le soin de remplacer les balises que l'eau peut avoir arrachées, et même d'en ajouter de nouvelles toutes les fois qu'il le juge nécessaire.

Au reste, l'usage de ces balises pour signaux est une convention connue de tous les bateliers qui fréquentent cette rivière.

La Loire est marchande avec deux pieds de crue sur l'étiage de Nantes à Saumur, à 30 pouces de Saumur à Orléans, et à trois pieds d'Orléans à Nevers; et l'on peut alors y naviguer à toute charge, mais avec précaution.

Avec cinq pieds de crue de Saumur à Nantes, ou six pieds en partant d'Orléans, la Loire surmonte les bancs de sable; on peut marcher en été la nuit comme le jour, et on peut même descendre sans avoir en avant de petits bateaux.

On peut monter ou descendre de Nantes au pont de Cé à volonté avec huit pieds de crue sur l'étiage; mais à neuf pieds les arches de ce pont sont en grande partie obstruées, et sont alors trop basses pour la navigation. Mais du pont de Cé à Saumur et au-dessus, on peut monter ou descendre avec neuf et dix pieds d'eau sur l'étiage lorsqu'il n'y a point de mauvais temps, c'est-à-dire sans grand vent.

Pendant une crue de 11 à 12 pieds de hauteur au-dessus de l'étiage, la navigation cesse d'être praticable, parce que les eaux couvrent alors la surface des grandes îles plantées d'arbres ou d'arbustes, et que, dans beaucoup d'endroits, la trop grande profondeur d'eau empêchant de prendre terre avec le bâton ferré, on cesse de pouvoir gouverner les bateaux, et l'on court risque d'aller échouer sur les hautes îles.

La Loire n'est navigable que pendant six ou huit mois de l'année; car l'on observe que les grandes eaux durent environ deux mois, pendant lequel temps la navigation est interrompue. Les plus hautes eaux, comme on l'a déja dit, montent à environ 20 pieds à Orléans au-dessus de l'étiage, à Tours à 18 pieds, et à Saumur à 17 pieds.

Les grands bateaux chargés au plus fort prennent environ 40 pouces d'eau; on y peut placer deux cents pièces de vin, et ils peuvent charger jusqu'à cent trente milliers pesant ou six mille cinq cents myriagrammes.

De Nantes à la Pointe, les bateaux montent avec un vent de mer ou d'ouest; de la Pointe à Candes, situé environ trois lieues au-dessus de Saumur, il faut, pour monter dans cette partie qui s'appelle *la courbe*, un vent nord-ouest appelé *galerne*, ou celui d'ouest-nord-ouest appelé *basse mer* ; enfin, de Candes à Orléans, on monte par le vent d'ouest ou de mer (1).

Toutes les fois que le vent cesse, ou qu'il devient contraire, la navigation en remontant est suspendue; les navigateurs sont obligés de jeter l'ancre, ou de s'amarrer sur une des rives, jusqu'au moment où le vent redevient favorable ; ce qui rend la navigation en remontant très-lente et fort dépendante des circonstances. Il n'en est pas de même de la navigation en descendant.

Les trains de bateaux destinés à remonter la Loire sont souvent composés de cinq à sept grands bateaux à la file, et quelquefois de neuf. Les trois ou quatre premiers portent des voiles dont le grand mât a jusqu'à 70 à 80 pieds de hauteur. Le bateau chef de file porte la plus forte voile, le second une moins élevée, et ainsi de suite en diminuant.

Lorsqu'il s'agit de faire passer un pont à un train de bateaux montant à la voile, on envoie à l'avance un petit bateau qui est chargé de jeter l'ancre 5 à 600 mètres au-dessus du pont; ensuite le batelier chargé de cette opération laisse filer en descendant un cable dont un bout est fixé à cet ancre. Pendant cette opération, les trains de bateaux qui remontent avec le vent ont soin de

---

(1) Il n'est pas nécessaire que les aires de vent soient précisément tels qu'on les a indiqués; une différence de dix à douze degrés n'empêche pas de voguer : à l'aide du gouvernail, on pince le vent sans changer de direction.

baisser les voiles et les mâts au moment où ils arrivent en aval du pont.

Les bateliers du pays ont coutume de manœuvrer en ce cas avec une telle précision, qu'au moment où ils baissent les voiles, en se tenant fixes ou *étau* sur leurs bâtons ferrés, le grand mât du premier bateau, en s'abaissant, est souvent près de toucher, avec la différence de quelques pieds, la clef de la voûte de l'arche marinière par laquelle le train doit passer.

Ensuite un des bouts du cable qui tient à l'ancre s'attache à un treuil qui se trouve établi à l'arrière du premier bateau : alors quatre hommes fixés aux leviers de ce treuil, en enveloppant le cable autour du treuil, font remonter le train de bateaux jusqu'à l'ancre ; et si alors le vent est favorable, on remonte promptement les voiles, on lève l'ancre, et on poursuit sa route.

Les lits navigables de ladite rivière étant, comme on l'a dit, très-variables, il a été impossible d'établir sur aucun des deux rivages un chemin de halage praticable pour des chevaux : cela est cause qu'on n'en fait aucun usage ni pour monter ni pour descendre. Mais lorsque le vent vient à manquer, et que l'on a un intérêt spécial à faire faire un petit trajet à un train de bateaux, soit pour le mettre à l'abri et le faire ranger plus avantageusement dans un port ou dans une anse, ou enfin le placer dans une position plus convenable : alors on hale ces trains de bateaux pour un court trajet avec le secours de six, huit ou dix hommes plus ou moins, qui se placent

16

sur un rivage ou sur une grève, suivant la position du fil de l'eau.

Lorsque l'on a dit qu'à 12 à 13 pieds de crue la Loire n'étoit plus navigable, l'on a entendu pour les grands bateaux chargés de marchandises ; car les petits batelets ou cabanes descendent quelquefois à rames avec une crue de 15 pieds sur l'étiage, et, sans la difficulté du passage des ponts, une crue de 17 pieds ne les arrêteroit pas. Tous les gens du pays m'ont assuré que plusieurs fois une cabane voyageant à rames dans les grands jours d'été, partie d'Orléans à quatre heures du matin avec une crue de 15 pieds sur l'étiage, secondée par un vent favorable et des rames, étoit arrivée à Saumur à huit heures du soir ; c'est un trajet d'environ 96,000 toises en seize heures : c'est 10 pieds par seconde. La vitesse d'un bon cheval de cabriolet n'est, dit-on, que de 12 pieds par seconde ; mais il faut le concours du vent, des rames et de la vitesse des eaux, pour faire ce trajet dans la Loire en aussi peu de temps.

Les plus grands débordemens emploient plus de vingt-quatre heures pour parcourir la distance d'Orléans à Saumur, et une moyenne crue emploie deux jours pour ce même trajet.

Depuis la source de la Loire jusqu'au confluent de l'Allier, au Bec-d'Ambès, la Loire ne commence à porter bateau qu'à Roanne ; mais cette navigation, foible dans son origine, est souvent interrompue, et sur-tout dans la saison des sécheresses. Mais cette partie de rivière est encore utile, sur-tout pour les trains de bois flotté. Elle commence ensuite à prendre de la consistance depuis Digoin jusqu'au Bec-d'Ambès.

La rivière d'Allier, qui nourrit la Loire, n'est guère navigable qu'à commencer à Vichi, qui est à dix lieues au-dessus de Moulins. La pente de la rivière d'Allier, aux environs de Moulins, est de quatre pouces sur cent toises. Il est d'usage, pour la navigation de cette partie de rivière, de faire tirer les bateaux par des hommes ou des chevaux, suivant les circonstances; mais ce travail éprouve des obstacles, parce que la plupart du temps les chemins de halage manquent ou sont impraticables.

Douze hommes pour chaque bateau ne font ordinairement qu'une demi-lieue en montant, et mettent environ sept jours pour descendre depuis Vichi jusqu'à la Loire, formant environ vingt lieues de longueur.

Les bateaux du pays, qui portent 3o à 4o milliers, prennent 14 pouces d'eau, et souvent, pendant les sécheresses, il n'y en a pas dix en rivière. Les mariniers sont obligés de chevaler fréquemment : c'est, comme on l'a dit, creuser des canaux dans le sable pour le passage des bateaux.

Lorsqu'il survient une crue de trois à quatre pieds sur l'étiage, les bateaux chargent 7o à 8o milliers, et font en deux jours le trajet de Vichi au Bec-d'Ambès.

Les grandes crues de l'Allier montent d'environ vingt pieds à Moulins. Cette rivière charrie une grande quantité de gravier et de sable ; mais le gros gravier descend en petite quantité au-dessous de Vichi. A Moulins, le fond de la rivière est en sable, et jusqu'à une très-grande profondeur. Cette circonstance, qui rendoit le battage des pilotis difficile et leur fiche peu solide, a déterminé la nature de la fondation du pont sur un radier général.

On est entré dans beaucoup de détails sur la navigation de la Loire, non seulement parce qu'elle présente plusieurs difficultés locales, mais parce que, dépendant de la situation de cette rivière dans les différens temps de l'année, l'explication des diverses manœuvres a dû contribuer à faire mieux connoître la nature de son lit, les circonstances de ses changemens et les causes de ces divers effets; de façon qu'on pourra faire l'application de ces mêmes effets à d'autres rivières du même genre.

On s'est occupé à différentes époques à chercher des moyens praticables pour améliorer la navigation de la Loire, qui éprouve, comme on l'a pu observer en beaucoup de circonstances, de grandes difficultés très-préjudiciables au commerce. Mais tout ce qui a été proposé jusqu'à ce moment n'a point paru admissible. Je pourrois à cet égard proposer mes idées pour améliorer cette navigation sur des portions de quelque étendue; mais ce n'est point ici le lieu, et ces détails m'écarteroient de mon objet.

Observations sur le fond du lit de la Loire, considéré dans le temps des basses eaux, sur ses changemens, et les effets de ses débordemens.

On vient de s'étendre beaucoup sur la mobilité des grèves, et sur les changemens fréquens qu'elles éprouvent, en formant les divers bras du cours de la Loire, dans le temps des basses eaux, et sur la difficulté qu'on a à conserver un passage aux bateaux pour leur navigation, parce que ces observations ont un but très-important. J'ai vu des ingénieurs, d'ailleurs habiles, hasarder des projets qui avoient pour objet de fixer le cours de cette rivière au milieu des sables, et de lui assigner un lit, en se bornant à redresser une de ses rives, et en rétrécissant un peu le lit général. Sans doute que l'intérêt de la navigation et celui de la conservation des ponts demanderoient que la section des rivières en avant des ponts eût une épaisseur de sable ou de gravier à peu près égale, et qu'il s'établît vers le milieu du lit général un cours d'eau particulier pour la navigation qui eût assez de profondeur pour le passage des bateaux : mais cet espoir est imaginaire dans les rivières à fond de sable, et quand même, pour y parvenir, on restreindroit le débouché d'un pont aux quatre cinquièmes de celui qui est nécessaire pour l'écoulement des grandes eaux lors des débordemens, dans l'espérance de forcer, par ce moyen, cette rivière à se creuser un lit déterminé, ou à suivre celui qu'on lui traceroit. Il en résulteroit alors, à la première grande crue, 1°. une augmentation de hauteur d'eau en proportion du rétrécissement du débouché ; 2°. une plus forte cataracte produite par les eaux à la sortie des arches dudit pont ; 3°. enfin, des affouillemens plus profonds au pied des piles, qui pourroient mettre en danger leur solidité. Mais ensuite, après la crue passée, les sables reparoîtroient dans le lit, et le cours des basses eaux se diviseroit en plusieurs nouveaux bras, toujours formés par l'effet des grèves mobiles que le moyen projeté n'auroit ni fixé ni détruit.

Au reste, l'on voit constamment ces effets se renouveler tous les ans à la rencontre de tous les grands ponts établis sur la Loire.

Enfin, pour compléter l'idée qu'on doit avoir de la rivière de Loire, il faut se figurer que la superficie de la section de la masse d'eau coulante à l'étiage, au centre de son cours, c'est-à-dire vers Orléans, est à la section de la masse d'eau coulante lors des grands débordemens, à peu près comme 1 à 18 : mais chaque rivière offre des rapports différens. Par exemple, on estime que la superficie de la section des eaux coulantes du Rhin, aux basses eaux, est à celles de la Loire, dans le même temps, comme 4 à 1, mesuré vers Strasbourg, et que, dans le Rhin, le rapport des grandes eaux aux basses est comme 5 à 1.

Nota. Il n'est point ici question de la dépense en eau de chacune de ces rivières, parce que, pour cela, il faudroit multiplier les sections d'eaux coulantes par leurs vitesses respectives dans un même temps.

Nous allons maintenant reprendre l'examen de l'ouvrage sur les torrens et rivières.

Page 115, n° 266. L'auteur observe que *la trop grande largeur dans les rivières est la cause de leur division en plusieurs branches.*

La proposition est vraie en général. Si un espace abandonné au cours d'une rivière a trop d'étendue pour être couvert par la masse de ses eaux, il est nécessaire qu'elles se divisent en plusieurs bras pour couler sur leur lit, ou que son niveau s'abaisse. Si au contraire le lit réservé pour le libre cours d'une rivière est trop resserré, elle doit tendre à creuser le fond et corroder les rivages ; mais si le fond et les rives présentoient un roc solide et inattaquable par les eaux, alors il seroit nécessaire que le niveau de l'eau s'élevât à proportion du rétrécissement du lit, ce qui augmenteroit d'autant la vitesse à la sortie de ce rétrécissement.

Dans les grandes rivières, comme la Loire, contenues entre deux rives, lorsque les eaux montent de 15 à 16 pieds au-dessus de l'étiage, alors toutes les îles sont couvertes ; l'eau, en s'étendant, vient battre les deux rivages, et le fleuve semble couler d'une seule masse sur une section de deux à trois cents toises. Mais il n'en est point ainsi pour un observateur attentif : les hautes et même les basses îles opposent sous les eaux une résistance au cours du fleuve proportionnée à leur hauteur et à leur étendue en largeur, et forcent l'eau de se diviser en plusieurs courans, de façon qu'il y a des parties mortes, sur-tout en avant des hautes îles ; dans d'autres, des vitesses retardées vis-à-vis les îles moyennes, tandis qu'il s'établit plusieurs courans particuliers où la vitesse est très-accélérée.

Observations sur l'inégalité de la section d'une rivière lors des crues.

J'ai eu l'occasion de faire fréquemment ces remarques en observant plusieurs crues, et en traversant ce fleuve dans le temps des hautes eaux ; et l'on prévient que les expériences sur la vitesse des eaux à différentes hauteurs de crue ont été prises dans le fil d'eau de ces courans, et non pas le long des rivages. Mais ces effets sont sur-

tout sensibles dans les crues de 8 à 9 pieds qui couvrent
les îles basses, et laissent dominer les grandes îles. Alors
l'eau croissante est couverte d'écume ou d'autres corps
flottans qui participent de la vitesse de ces différens courans modifiés. On voit alors, par l'effet du frottement
des rivages et du fond, les écumes flotter et marcher très-
lentement le long des rivages, ainsi que le long des îles;
la vitesse des corps flottant s'augmenter ensuite à mesure
qu'ils s'éloignent des points de résistance, et devenir
triple ou quadruple pour ceux qui arrivent dans le fil
de l'eau. On remarque, en amont des grandes îles, des
portions d'eau dormantes proportionnées à la largeur de
ces îles, et formant une pointe en amont, comme un
avant-bec de pont qui partage les eaux en deux courans,
qui rejettent latéralement plusieurs des corps flottans sur
les eaux dormantes, où ils restent en stagnation, tandis
que d'autres éprouvent un tournoiement.

D'après ces faits, on jugera combien on prendroit une
fausse idée de l'évacuation des eaux dans les débordemens, si, pour en avoir le produit, on multiplioit la
surface de la section d'une de ces rivières par la vitesse
des eaux, mesurée dans le fil de l'eau des principaux bras
de cette rivière, et exprimée par un espace parcouru pour
chaque seconde de temps; parce que les différens bras
de la même rivière ont des vitesses différentes qui dépendent de leur largeur, de leur direction, de leur profondeur, et des divers frottemens que les eaux éprouvent,
tant du fond du lit, que des rivages dans chacun de ces
bras de rivière.

N° 269. *Si, dans les crues, la rivière, franchissant ses bords, rencontre un endroit où il y ait plus de pente, elle se divisera.*

Il est incontestable que si une rivière, en se débordant, trouve une issue qui ait plus de pente que son lit, elle doit s'y précipiter et se former un nouveau lit. On cite à ce sujet le Rhône, qui, en 1711, a changé son embouchure par un effet pareil.

I V.

De l'embouchure des rivières dans la mer.

N° 270. *A l'embouchure des rivières, il se forme des barres dans l'Océan, et des îles dans la Méditerranée.*

Ces îles sont l'effet des dépôts accumulés avec le temps par les rivières, et l'intervalle entre le rivage et les îles s'exhausse souvent avec le temps par la laisse du limon des eaux. Au contraire, dans l'Océan, le reflux des marées, agissant en sens contraire des rivières, contribue à la formation des barres. Il arrive encore que des matières détachées des côtes sont ensuite poussées par des vents de sud-est, et jetées vers les rades ou les embouchures des fleuves.

Page 116, n° 271. Les îles qui se forment dans la Méditerranée se lient au continent, et le cours des rivières se prolonge dans la mer.

17

Cet effet provient de ce que les eaux qui séparent ces îles de la terre ferme étant à l'abri des vagues et des courans, favorisent les dépôts vaseux. L'auteur observe à ce sujet qu'Arles, la plus ancienne ville des Gaules, fut bâtie sur un rocher à l'embouchure même du Rhône, et l'on croit que le clocher des Minimes étoit alors un phare ; mais aujourd'hui Arles est à environ 22,000 toises de l'embouchure du Rhône.

Louis IX s'embarqua à Aigues-Mortes pour les croisades, et aujourd'hui Aigues-Mortes est à 4,000 toises de la côte.

Depuis 1711, le Rhône a porté son embouchure à environ 3,000 toises au-delà de la tour Saint-Louis.

Je pourrois, à tous les exemples cités par l'auteur, ajouter le Delta en Égypte, le plus grand atterrissement de la Méditerranée, qui paroît formé depuis bien des siècles par des dépôts successifs du Nil.

N° 272. *Il doit se former des plages dangereuses à l'embouchure des fleuves.*

N° 273. *A mesure que le lit se prolonge, le fond doit s'exhausser vers l'embouchure.*

On pense que ces observations n'ont pas besoin de démonstration. Toutes les fois que le lit d'un fleuve, aux approches de son embouchure, forme des courbures ou des sinuosités dans le temps des basses eaux ou des eaux moyennes ; lorsque ce fleuve s'extravase dans le temps des crues, la force du courant jette des dépôts de matières sur les rives, ce qui les exhausse successivement plus que les parties éloignées. Ce sont ensuite ces dépôts qui, en exhaussant le terrain, empêchent le retour des eaux pluviales, qui, réunies aux filtrations, forment des eaux stagnantes ou des marais.

Les nos 274 et 275 n'offrent aucune observation.

N° 276. Il est incontestable que les marais dont on vient de parler ne peuvent être détruits, comme le dit l'auteur, qu'en y faisant des saignées pour l'évacuation des eaux, ou en procurant par quelque moyen l'entrée fréquente des eaux limoneuses dont les dépôts successifs puissent avec le temps exhausser le terrain.

SECTION IV.

Des torrens-rivières.

Page 119, nos 277 et 278. Le gravier est plus grossier dans les torrens-rivières que dans la rivière qui le reçoit.

Cet effet est certain, non pas par la raison que dit l'auteur, parce que les galets n'ont pas eu le temps de s'arrondir et de s'atténuer en parcourant les torrens, mais parce que plus les eaux acquièrent de vitesse en vertu de la forte pente des torrens, et plus elles ont de force pour dégrader le lit sur lequel elles coulent, et pour transporter des matières plus grosses. C'est donc par cette cause que la grosseur des matières charriées et leur quantité diminuent avec la pente.

N° 279. *Le volume du torrent-rivière est moindre que celui de la rivière qui le reçoit.*

Ceci paroît mériter explication.

S'il étoit possible que le produit des sources abondantes qui alimentent un torrent dans son origine ne reçût aucune augmentation sur une certaine étendue de son cours, il est évident que ce torrent-rivière, malgré son changement de pente, conserveroit le même volume d'eau; mais cela n'arrive jamais, parce que presque toutes les rivières ou torrens prennent leur source dans des montagnes élevées qui ont des branches plus basses, qui forment plusieurs vallons. Or, indépendamment de la source principale qui vient du point le plus élevé, il sort des vallées secondaires des sources inférieures qui font naître des ruisseaux qui se réunissent successivement au torrent-rivière, et grossissent la masse de ses eaux dans l'étendue de son cours : et c'est par ces moyens que toutes les rivières grossissent en s'éloignant de leur source, et qu'aucune rivière ne circule sans recevoir des accroissemens sur sa route.

N° 280. *Le torrent-rivière a plus de pente que la rivière qui le reçoit.*

Ce numéro n'exige aucune observation.

Page 120, n° 281. Cet article concerne l'exhaussement et l'abaissement du lit des rivières. J'ai précédemment fait quelques observations sur cette question ; mais il m'a paru constant que sur l'étendue du cours d'une rivière il se trouve des positions où les eaux rapportent et accumulent des matières pendant un certain temps, d'autres où le lit paroît se creuser, et d'autres enfin où le fond du lit paroît se maintenir dans le même état. Il y a pour tous ces effets des causes constantes et d'autres accidentelles, et plusieurs qui conviennent plutôt à une rivière qu'à toute autre : ainsi je ne pense pas qu'on puisse établir de principes généraux applicables à toutes les rivières.

Après avoir beaucoup fait travailler dans les rivières de la Loire, de la Moselle, de la Meuse et de la Sarre, j'ai eu occasion d'observer l'effet de leurs eaux en différens lieux, de diriger mes travaux en conséquence, et d'en examiner les résultats : mais comme ces détails m'écarteroient de mon examen, je les réserve pour la suite.

Page 121, n° 182. *Si le lit d'un torrent-rivière est trop large, le courant en pourra sortir pour se répandre sur les domaines riverains qui ont été gagnés à ses dépens.*

On pourroit prendre l'inverse de cette proposition, en disant : Lorsque le lit des torrens-rivières est trop étroit, il tend à se répandre sur les domaines riverains, et à y jeter des graviers ou autres matières qu'il charrie, et il peut s'ouvrir un nouveau lit à travers ces domaines.

Cette dernière proposition est plus conforme à ce qui arrive fréquemment tant aux torrens qu'aux rivières.

Il est cependant vrai que si un torrent, dans sa chute rapide, n'avoit pas de lit déterminé, il s'en formeroit un, ou il se diviseroit en plusieurs bras sur les terrains voisins.

N° 283. L'auteur établit des différences entre les *torrens-rivières* et les rivières proprement dites. Il suppose aux premiers une grande vitesse, une courte durée, et un lit indéterminé ; et il suppose que les rivières, au contraire, ont un lit encaissé dont elles ne peuvent sortir, ce qui doit les empêcher de s'étendre, et les détermine à agir sur le fond pour le creuser. Cela n'est pas général, parce qu'il y a des rivières qui coulent sur un pays plat sur lequel elles ont la liberté de se répandre sur une grande étendue dans toutes les crues ; d'autres sont encaissées dans le temps des moyennes et basses eaux, et couvrent ensuite un très-grand terrain dans le temps des débordemens ; et d'autres enfin sont tellement encaissées, qu'elles ne peuvent jamais sortir de leurs lits, quelque grande que soit la crue. Je pourrois citer parmi ces espèces de rivières la Creuse dans sa partie inférieure, c'est-à-dire depuis Leblanc jusqu'à son embouchure dans la Vienne. Ses rives ont 30 à 35 pieds d'élévation sur l'étiage, et une crue de 25 pieds de hauteur n'y cause aucun débordement, parce qu'elle ne peut sortir de son lit.

SECTION V.

Des confluens.

Page 122, nos 286, 287 et 288. Le courant le plus fort influe plus ou moins sur le plus foible, suivant les circonstances et les localités.

L'auteur observe qu'il est difficile de soumettre au calcul l'effet résultant de deux rivières au moment où elles se confondent en une seule, parce que plusieurs causes locales concourent à leur action réciproque.

En effet, il est plus facile de décrire physiquement ces effets que de les soumettre à un calcul rigoureux. Au reste, il y a ordinairement une rivière plus forte qui conserve son nom en en recevant une plus foible.

J'ai précédemment, au n° 191, commencé à parler de l'effet des rivières à leur confluent. Je pense qu'il convient d'abord de les observer dans les circonstances les plus simples, et de passer ensuite à d'autres plus composées. J'ai cité la rivière de Vienne, qui se jette dans la Loire à Candes, sur sa rive gauche, en faisant un angle d'environ 75 à 80 degrés avec le cours de la Loire. J'estime, en considérant la masse d'eau fournie par ces deux rivières, que si la Loire est comme le nombre 5, la Vienne est comme 2, et que la somme des deux rivières réunies est comme 7.

J'ai déja observé qu'à leur point de réunion ces rivières occupoient une étendue d'environ 7 à 800 mètres; j'ajou-

Secondes observations sur les effets résultant de la jonction de deux rivières à leur confluent.

terai que leurs eaux sont contenues sur la rive droite par
la grande levée, et sur la gauche par une berge assez
élevée; de façon que la réunion de ces deux rivières ne
peut, dans aucun temps, augmenter son étendue en largeur; et ayant observé plusieurs fois l'effet de la jonction desdites rivières, j'ai remarqué que les deux cours se
pressant réciproquement en raison de leurs masses et de
leur direction, en obéissant à la pente de leur lit, il en
résultoit que la plus forte, qui est la Loire, rejetoit la plus
foible sur sa rive gauche, où elle couloit pendant un certain
temps parallèlement sans mêler ses eaux, et avec une
vitesse commune aux deux rivières après leur réunion.
J'ai encore observé que les masses courantes de chacune
de ces rivières, en se réunissant, laissoient entre elles en
amont, c'est-à-dire dans la partie supérieure, un triangle
curviligne d'eau stagnante, ou du moins dont la vitesse
paroissoit peu sensible, et que tel étoit l'effet de la jonction de ces rivières au temps des basses eaux. Mais j'ai
ensuite remarqué que les crues alternatives de chaque
rivière en modifioient les effets suivant l'importance de
la rivière et la hauteur de la crue. C'est pourquoi, si on
suppose maintenant que la première crue soit une crue
de la Loire, d'un mètre de hauteur, elle n'arrive pas
avec la rapidité de l'éclair, sur-tout à une grande distance des sources : l'eau s'élève de 2, 3, 4 et 5 centimètres par heure.

Or, le premier effet de la crue de la Loire sera de presser les eaux de la Vienne, et, en resserrant la capacité
de l'eau qu'elle fournit, de la forcer de s'élever; mais

bientôt la Loire, en gagnant de la hauteur au-dessus du niveau de la Vienne, forme une barre au confluent. Alors si la crue n'arrive pas trop rapidement, l'eau de la Vienne, retenue de fond, ne coule plus que de superficie, et toutes les eaux qu'elle fournit sont employées à regagner le niveau des eaux de la Loire à mesure qu'il s'exhausse, et pendant ce temps la vitesse des eaux de la Vienne se ralentit en approchant de la Loire : mais si la Loire vient à s'élever avec une telle rapidité que la Vienne ne puisse fournir assez d'eau pour acquérir une hauteur suffisante pour arriver au niveau des eaux de la Loire, dans ce cas les eaux de cette dernière rivière trouvant une contre-pente vers le lit de la Vienne, s'y précipitent en formant un courant en sens contraire du cours de cette rivière, et la remontent jusqu'à ce qu'elles aient retrouvé son niveau. Mais si maintenant, changeant d'hypothèse, nous supposons que dans le moment où les eaux de la Loire étoient maintenues au niveau de celles de la Vienne, il survienne une crue dans la rivière de Vienne de trois pieds, et que le lit de la Loire au-dessous du confluent soit triple de celui de la Vienne, dans ce cas la crue de la Vienne agit sur la Loire, en s'élevant successivement à raison de 2, 3, 4 et 6 centimètres par heure ; mais à mesure qu'elle s'élèvera, sa masse et sa vitesse augmenteront, et son premier effet consistera, en pressant la masse d'eau fournie par la Loire, de resserrer son lit et de la forcer d'élever le niveau de ses eaux. Ensuite la Vienne, en descendant par l'effet de la plus grande pression contre les eaux de la Loire, occupera un plus grand

18

espace dans le lit de cette rivière ; et comme le lit de la Loire est triple en largeur, un pied de hauteur des eaux de la Vienne n'occupera que quatre pouces en Loire au-dessous du confluent. Enfin, si la Vienne continuoit à croître et à fournir une plus grande masse d'eau, elle feroit barre au cours des eaux de la Loire, dont les eaux affluentes ne coulant plus que de superficie, seroient employées à regagner le niveau des eaux de la Vienne.

Dans le fait, jamais les crues de ces deux rivières n'arrivent ensemble ; c'est presque toujours la crue de la Vienne qui commence, et lorsqu'elle est en partie écoulée, la crue de la Loire arrive. Cela est heureux pour le pays ; car une grande crue de la Vienne peut seule faire monter les eaux de la Loire de 4 à 5 mètres à Saumur, et, d'autre part, une grande crue de la Loire peut les faire monter à plus de 5 à 6 mètres vis-à-vis la même ville ; c'est pourquoi, si elles arrivoient ensemble, elles romproient nécessairement les levées, et toute la vallée, pays très-précieux, seroit submergée : mais cela n'est pas possible, parce que ce sont les mêmes causes qui produisent des crues dans les rivières de Vienne et de Loire. Mais comme les sources de la Loire sont de 50 à 60 lieues plus éloignées que celles de la Vienne du point de réunion des deux rivières, il arrive toujours que la crue de la Vienne est en grande partie écoulée lorsque celle de la Loire arrive.

J'ai encore eu l'occasion de faire des observations sur des crues de la rivière du Cher relativement à la Loire.

On établit, dans un ouvrage moderne, que la quanrité d'eau qui alimente les rivières est nécessairement proportionnée à l'étendue des terrains qui reçoivent les ruisseaux qui se jettent dans les rivières. « Or, dit l'au- » teur, ayant relevé sur la carte l'étendue qui environne » deux rivières qu'il s'agit de comparer, j'ai trouvé, » d'après ce principe, que la première ne doit être que » la huitième partie de la deuxième, parce que les super- » ficies environnantes sont dans cette proportion. »

Deuxième explication sur les effets des pluies dans les montagnes ou dans les plaines, comparés entre eux.

Comme on ne croit pas ces principes exacts, quoiqu'ils aient été plusieurs fois mis en pratique par des physiciens connus, on a jugé utile de donner ici une autre explication à la cause de la force des rivières.

Pour cela, il faut faire attention qu'il y a une grande différence entre les pluies qui tombent dans un pays de plaine qui n'a qu'une foible pente avec l'horizon, d'avec celles qui tombent sur un pays de montagnes. D'ailleurs il est démontré que les montagnes arrêtent ou fixent les nuages, et que les nuages retombent fréquemment en pluie dans les montagnes, et qu'il s'en perd très-peu. La pente rapide du versant des montagnes est cause que l'eau qui y coule avec rapidité est, pour la plus grande partie, précipitée dans le fond des vallées, qui ont moins de pente que les versans, où elle doit s'accumuler et s'élever plus ou moins en proportion de la durée des pluies ; et l'autre portion du produit de ces pluies, qui pénètre dans l'intérieur de la montagne, s'insinue dans ses cavités, et y forme des réservoirs qui entretiennent les nombreuses fontaines qui sortent de toutes parts sur le penchant desdites montagnes, et qui forment la source de toutes les rivières.

Il n'en est pas de même des pluies qui se répandent sur les pays de plaine : non seulement elles y sont moins fréquentes que dans la montagne, mais la plus grande partie pénètre dans l'intérieur des terres, s'y divise, et sert à l'irrigation des prairies : une partie est décomposée pour servir à la végétation ; une autre, descendant sur un lit d'argile, nourrit les puits et les citernes, et reste en stagnation ; de sorte qu'il n'en coule que de très-petites portions vers les rivières ou ruisseaux voisins. C'est par suite de ces effets qu'on a remarqué que les pluies d'orage de la plaine, qui sont momentanées, ne produisent aucune augmentation sur le cours des rivières de quelque importance : mais ces rivières sont essentiellement entretenues par les sources dont elles tirent leur origine ; ensuite les rivières baissent en été à mesure que les sources principales s'affoiblissent, et c'est toujours principalement la montagne qui produit les crues et les grands débordemens, ainsi qu'on l'a précédemment expliqué.

Il s'ensuit donc que les rivières principales sont formées par la réunion de plusieurs sources, qui, presque toutes, prennent leur origine dans la montagne. Enfin, il en faut conclure que la superficie des terrains montagneux et des grandes côtes développées contribue beaucoup plus à l'accroissement des rivières, qu'une superficie semblable prise dans la plaine, et que des calculs de superficie faits d'après une carte géographique sans connoissances des localités, doit donner des résultats erronés : c'est ce qu'on a eu à cœur de démontrer.

C'est par une suite de ces effets que le lit de la Loire roule à peu près la même quantité d'eau depuis Nevers jusqu'à Tours, sur environ 70 lieues de longueur, et que si elle a un peu moins de profondeur vers Nevers que vers Tours, c'est parce que, de Nevers à Orléans, son lit a plus de pente et ses eaux plus de vitesse que d'Orléans à Tours; mais les petites rivières peu nombreuses qui, dans cet intervalle, se jettent dans la Loire, ne servent qu'à remplacer les pertes qui se font par les filtrations et les évaporations.

On va reprendre la suite des observations sur le confluent des rivières.

Le lit principal du Cher ne se réunit à la Loire que deux lieues au-dessous de la ville de Tours. Cependant ces deux rivières peuvent se communiquer, avant ce véritable confluent, par un canal qui se trouve situé immédiatement au-dessous de la ville, nommé le *canal de Louis XI* (1). Ce canal, qui est à peu près perpendiculaire au cours des deux rivières, a environ 800 mètres de longueur sur 60 à 80 mètres de largeur (2). Il est souvent à sec en été; mais lorsqu'il y a 50 à 60 décimètres d'eau sur les basses eaux de ces deux rivières, alors elles se communiquent par ledit canal, dans lequel

---

(1) N'ayant point de plan de cette ville sous les yeux, j'ai donné, de mémoire, des distances approximatives, une plus grande précision étant indifférente.

(2) L'entrée de ce canal, du côté de la Loire, a été depuis comblé mal-à-propos. .

on voit couler alternativement les eaux, tantôt à droite
vers la Loire, et tantôt à gauche vers le Cher, suivant
que les eaux sont plus ou moins élevées dans l'une de
ces rivières, et d'autres fois elles y sont presque stagnantes,
quand la hauteur des deux rivières se trouve à peu près
la même. Les eaux étoient dans cet état d'équilibre à peu
près un mètre au-dessus de l'étiage, lorsqu'il survint
dans le Cher une nouvelle crue dont j'eus occasion d'examiner l'effet : elle étoit d'un mètre, ce qui faisoit en totalité environ deux mètres au-dessus de l'étiage. Alors le
Cher se trouvant avoir près d'un mètre d'élévation au-
dessus du niveau des eaux de la Loire, couloit à plein
canal vers la Loire, en montrant dans son niveau une
différence de pente très-sensible ; mais resserrée à son
embouchure dans la Loire par le pont Sainte-Anne, elle
débouchoit sur la Loire avec une vitesse accélérée par la
différence de hauteur, qui formoit cataracte à la sortie
du pont. Mais cette colonne d'eau en mouvement éprou-
vant une résistance de la part de la masse beaucoup plus
considérable des eaux de la Loire, elle la débordoit par
sa hauteur excédente, et la colonne d'eau fournie par le
Cher prenoit une direction moyenne entre celle de sa
sortie du canal et celle du cours de la Loire, c'est-à-dire
à peu près 45 degrés ; mais cette direction se courboit
insensiblement en s'éloignant de son embouchure, pour
se raccorder avec le fil des eaux de la Loire.

La colonne d'eau qui sortoit du Cher avoit environ
50 mètres de largeur au débouché du canal, et paroissoit à la vue conserver la direction qu'on vient d'indi-

quer jusqu'à environ 200 ou 240 mètres de distance. Elle offroit, au sortir du pont, de gros bouillons, et paroissoit conserver dans le milieu un bombement d'environ un demi-mètre près du pont, qui alloit en s'abaissant à mesure qu'elle s'avançoit dans la Loire, parce que la masse des eaux courantes de la Loire lui opposant de fond une grande résistance, concouroit d'ailleurs à retarder la vitesse des eaux du Cher, et à amortir assez promptement tout excès de vitesse, même celle de superficie. C'est ainsi que ces eaux, à mesure qu'elles s'éloignoient de la sortie du canal, perdoient insensiblement leur bombement en s'étendant en largeur, et finissoient par se confondre totalement avec les eaux de la Loire.

Lorsqu'au contraire la crue de la Loire surpassoit en hauteur d'un mètre celle du Cher, alors la Loire se portant dans le même canal, il s'y établissoit un courant en sens contraire; et ce canal ayant au moins 150 à 200 mètres d'ouverture du côté du Cher, lorsque ce cours d'eau arrivoit sur le Cher à plein canal avec une vitesse déterminée par la différence du niveau, son action étoit d'autant plus forte, que sa masse égaloit souvent celle des eaux du Cher. Dans les cas où les eaux de la Loire étoient les plus fortes, elles traversoient le cours du Cher, et y formoient une barre. Dans les autres cas, le bras de la Loire agissant moins puissamment, il résultoit de l'action des deux courans et des deux directions une direction moyenne au premier instant; mais bientôt, par l'effet de la pente du lit, de leur pression réciproque, et de celle des rivages, chaque courant se replioit, celui de la Loire sur la rive à droite, et celui du Cher sur la rive à gauche, et ils couloient simultanément; chaque courant occupoit un espace proportionné aux eaux qu'il fournissoit.

On a pu remarquer dans le récit des effets que l'on vient de décrire à l'égard du Cher, quelques différences avec ceux de la Vienne; mais il est évident que cela provient de la différence qui se trouve entre le rapport de la masse de ces rivières, et de la différente direction de leur cours au point de leur réunion.

J'ai encore observé d'autres effets au confluent de plusieurs autres rivières, mais que je ne puis expliquer ici sans offrir des plans de ces rivières à leur embouchure.

A l'égard des atterrissemens qui se forment fréquemment à l'embouchure des rivières, ils dépendent essentiellement de la force relative des rivières, de la nature des matières qu'elles charrient, de la direction de leurs cours au point de leur rencontre, de la masse ordinaire de leurs eaux et de l'importance de leurs crues.

J'aurai par la suite occasion de décrire plusieurs des effets qui doivent résulter de ces diverses circonstances.

Page 124, n° 289. *La section de deux courans réunis est moindre que la somme de leurs sections avant leur réunion.*

Le principe est généralement vrai; mais n'étant pas d'accord avec l'auteur sur les effets qui en doivent résulter, je vais rappeler plusieurs de mes observations précédentes, pour en faire l'application au cas dont il s'agit.

On a précédemment observé, 1°. que la pente du lit des rivières alloit toujours en diminuant depuis leur source jusqu'à la mer ; que la vitesse de leurs eaux devoit être plus grande dans les points où leur lit avoit une pente plus forte ; mais que l'accélération de vitesse que les eaux pouvoient acquérir en parcourant les plans inclinés dont la pente de leur lit est composée, se perdoit successivement, et étoit détruite le long de leur cours par mille obstacles ; que néanmoins, en résultat, une rivière avoit plus de vitesse vers sa source, et moins vers son embouchure.

Observations sur la division des rivières en plusieurs bras, et sur les effets résultans en diverses circonstances de l'accroissement de leur lit.

2°. J'ai observé que plus l'eau avoit de profondeur dans une rivière, et plus elle avoit de vitesse, la pente du lit étant la même ; qu'en conséquence, plus les crues étoient hautes, et plus les eaux qui en étoient le produit avoient de vitesse.

3°. J'ai encore remarqué que toutes les rivières, depuis leur source, recevoient des augmentations d'eau par la réunion successive de plusieurs rivières secondaires, de façon que le volume des eaux qu'elles roulent va en s'augmentant jusqu'à leur embouchure dans la mer.

4°. Les fleuves, à mesure qu'ils reçoivent de nouvelles rivières, n'augmentent pas leur lit comme la somme de l'étendue de la section de ces rivières. Cependant quand une de ces rivières est de quelque importance relativement à celle qui doit la recevoir, elle aug-

19

mente sensiblement le lit de la principale, si la hauteur des rivages ne s'oppose pas à cette extension, et elle augmente aussi un peu la profondeur des eaux courantes; mais dans beaucoup de circonstances, malgré cette augmentation de profondeur, les eaux des rivières n'augmentent pas de vitesse, parce que très-souvent la pente de leur lit diminue dans une proportion plus forte.

Ainsi, conformément aux principes ci-dessus, la vitesse des eaux de la Loire est plus forte depuis sa source jusqu'au Bec-d'Ambès, que du Bec-d'Ambès à Tours. Mais depuis la réunion de l'Allier au Bec-d'Ambès jusqu'à Orléans, elle est plus large et plus profonde, et cependant elle a moins de vitesse; d'Orléans à Tours, la pente du lit de la Loire continue à diminuer; ensuite, en descendant, la réunion de la rivière du Cher, qui a environ 120 mètres de section moyenne avant son embouchure, augmente très-peu la largeur de la Loire, et n'augmente pas sensiblement sa vitesse. La rivière de l'Indre, considérée au temps des basses eaux, ne peut servir qu'à remplacer ce que la Loire perd par évaporation, ou pour nourrir les filtrations souterraines, de même que la Saudre au-dessus d'Amboise.

Le lit de la Loire, en recevant la Vienne, augmente à peine de la moitié de la largeur de cette dernière rivière; et quoiqu'il s'y trouve dès-lors plus de profondeur d'eau, néanmoins la vitesse du cours ne paroît nullement accélérée à Saumur. Enfin, la largeur du lit de la Loire augmente encore par sa réunion avec la Sarthe,

ainsi que la profondeur des eaux; et cependant la vitesse du courant va encore en diminuant jusqu'à la
mer.

Ces résultats prouvent que la pente du lit des rivières
influe dans chaque position sur la vitesse de leur courant
plus que l'augmentation de profondeur des eaux, sur-
tout dans le temps des basses eaux.

J'en pourrois dire autant de la rivière de Moselle; sa
plus grande pente et sa plus grande vitesse se trouvent
depuis sa source au-dessus du village de Bussang jusqu'à
Jarménil, où elle reçoit la Vologne. Si la masse des eaux
de la Moselle est comme trois, j'estime que la Vologne
est comme deux, et qu'après leur réunion la masse des
eaux est comme cinq : mais la largeur du lit n'augmente
pas dans cette proportion. Cette rivière reçoit encore une
petite augmentation à Arches, quatre lieues au-dessus
d'Épinal; ensuite, lorsqu'elle a reçu le Madon à Pont-
Saint-Vincent, sa masse d'eau doit être augmentée d'un
quart, quoique sa section n'ait pas augmenté dans la
même proportion ; mais la pente du lit est diminuée de
plus d'un tiers de ce qu'elle étoit alors vers Épinal, et sa
vitesse est moindre. Elle continue ensuite à s'abaisser
jusqu'à sa réunion à la Meurthe au-dessous de Frouard.

Cette dernière rivière augmente encore la masse des
eaux de la Moselle d'environ deux septièmes : cependant
son lit n'augmente pas encore à proportion. Enfin, quoiqu'elle ait plus de profondeur depuis Frouard jusqu'à
Metz, sa pente continue à diminuer, et elle paroît sensiblement avoir moins de vitesse.

Plusieurs personnes ont encore observé que si une
rivière qui coule uniformément et sans obstacle sur un
lit dont la largeur seroit, par exemple, de 200 mètres,
avec une profondeur d'environ un mètre et demi, vient
à rencontrer une île dans le milieu de son lit, qui le partage en deux bras de chacun 150 mètres de largeur, et
que cette île ayant environ 1000 à 1100 mètres de longueur, les deux bras se réunissent ensuite en un seul
qui ait la première largeur de 200 mètres qu'avoit le lit
principal avant la rencontre de ladite île ; si, dans ce cas,
la hauteur des eaux est ordinaire, sans être poussée par
une crue accidentelle : alors leur profondeur restera dans
les deux bras la même qu'elle étoit au-dessus de l'île, et
se conservera encore au-dessous, quoique la largeur ensemble des deux bras soit d'une moitié plus étendue que
celle d'un seul. Mais la différence qui en résulte, consiste
en ce que la vitesse des eaux est moins grande dans chacun
des deux bras qu'elle ne l'est dans un seul ; néanmoins le
niveau de ces eaux courantes n'est pas ordinairement dé-
rangé sur une si petite distance.

Il en est de même quand le lit principal est partagé
par plusieurs îles en un plus grand nombre de bras,
parce que c'est le lit moyen qui fournit l'évacuation des
eaux d'une rivière d'après une vitesse moyenne. Cependant cette vitesse varie sans cesse dans les diverses parties
du cours d'une rivière suivant l'étendue de ses bras, et
les obstacles que les diverses îles opposent à son cours
ordinaire.

J'ai demandé ci-dessus pour condition, 1°. que la hauteur des eaux dans les différens bras ne fût pas troublée, pendant l'observation, par l'arrivée subite d'une crue ; 2°. que la différence des lits comparés ne fût pas excessive ; 3°. que la distance des lieux observés ne fût pas assez considérable pour produire un changement trop sensible dans le niveau du lit eu égard à sa pente, parce que toutes ces circonstances variables apporteroient des changemens dans les résultats.

Je citerai pour exemple un débordement de la Moselle, qui a fait monter cette rivière à quatre mètres au-dessus de l'étiage à Épinal sur une section d'environ 110 mètres d'étendue, et de trois mètres et demi au pont de Charmes, situé au-dessous à la distance d'environ 25,000 mètres, sur une section d'environ 400 mètres ; et j'observerai qu'entre ces deux points, dont la pente est de plus de 32 mètres, la Moselle ayant la facilité de s'extravaser sur les terrains riverains sur une étendue de 12 à 1500 mètres suivant les positions, sans être soutenue par des étranglemens inférieurs, il en est résulté que la même crue n'a monté qu'à deux mètres et demi et trois mètres dans ces points intermédiaires, et que les eaux s'y sont beaucoup moins élevées qu'au pont de Charmes situé au-dessous, en sens contraire à ce qui arrive ordinairement dans les crues de diverses rivières, dont la hauteur diminue progressivement en marchant vers l'embouchure.

Nota. Je me propose de reprendre ci-après la même matière en examinant avec quelque attention l'effet des dérivations projetées ou exécutées dans certaines rivières, dans la vue de soulager le lit principal dans le temps des débordemens.

§ I I.

Du confluent des torrens.

N° 290. Il est incontestable, comme l'observe l'auteur, que deux torrens coulant avec rapidité sur le penchant d'une montagne, qui viendroient à se rencontrer, le plus fort doit entraîner le plus foible dans sa direction.

Page 126. § I I I.

Nᵒˢ 292, 293, 294, 295 et 296,

Par suite des crues d'orage, un torrent entraînant une très-grande quantité de matières, peut, en se jetant sur le lit d'une rivière, la barrer, combler son lit, et la forcer de s'en ouvrir un nouveau si les circonstances locales le permettent.

Les pays de montagnes offrent beaucoup d'exemples de ces effets. Si cependant le lit de la rivière étoit trop large pour pouvoir être comblé par l'effet d'un de ces orages, son lit sera néanmoins exhaussé ou en partie encombré par les dépôts.

Si, dans ce cas, les eaux de cette rivière n'ont point assez de force pour entraîner la grande quantité de matières amenées par le torrent qui rétrécissent ou exhaussent son lit, alors il se fait une retenue en amont, ou du moins la vitesse y est retardée ; mais les eaux, après s'être exhaussées pour surmonter le dépôt, en coulant suivant leur pente, acquièrent une vitesse qui s'accélère jusqu'au point où elles se raccordent avec son ancien lit.

Page 128. § I V, V et V I.

Nos 297, 298, 299 et 300.

L'auteur rappelle au nº 297 que la rivière d'Issole, dans le département des Basses-Alpes, a au pont Saint-André neuf pieds de pente par 100 toises ; que c'est un vrai torrent (1). On ajoutera encore qu'une rivière qui a six lignes de pente par toise, ou même a cinq lignes, peut encore être considérée comme un torrent.

---

(1) C'est plus de douze lignes par toise.

DEUXIÈME PARTIE.

Page 1 3 1. — *Des moyens d'empêcher le ravage des torrens, des rivières et des torrens-rivières.*

SECTION PREMIÈRE.

N°s 3 o 1, 3 o 2, 3 o 3 et 3 o 4.

Des moyens d'empêcher la formation des torrens.

L'auteur rappelle dans ces articles son système, par lequel il prétend que l'existence des bois sur les sommets ou revers des hautes montagnes s'oppose à la formation des torrens, et que la destruction de ces mêmes bois provoque ou multiplie les torrens.

Quoi qu'en dise l'auteur, on ne voit aucune cause vraisemblable pour admettre ces faits.

Il existe des causes de la formation de quelques torrens qui sont indépendantes des forces humaines dans leur origine et dans leurs effets. Telles sont les circonstances où un long et pénible hiver auroit constamment accumulé des masses immenses de glaces ou de neiges sur le revers d'une haute montagne. Si les eaux provenant d'une fonte lente d'une partie de ces neiges viennent, en pénétrant dans les couches de terre et d'argile qui se trouvent sur ces côtes, à les imbiber et à les délayer en partie ; si ensuite il survient un dégel

subit et général, il se fait des irruptions violentes de
neiges et de glaces : alors le terrain, qui a perdu en partie
sa consistance, glisse sur le penchant de la montagne
avec les neiges qui le surchargent ; alors on voit marcher
ces masses énormes, et se précipiter dans les vallées en
détruisant les arbres ou les édifices qui se trouvent sur
leur passage.

Tels sont les effets effrayans de ces avalanges dont
le pays de montagnes offre des exemples si funestes.

Mais sans avoir recours à la réunion des causes qui
occasionnent ces accidens, on sait qu'il existe dans les
montagnes couvertes de neiges des cantons à l'abri des
regards du soleil où les neiges ne fondent jamais, d'autres où il n'en fonde qu'une partie, et d'autres où elles
se conservent peu et se fondent successivement à l'arrivée
des beaux jours du printemps. Cependant on voit presque toutes les années des fontes subites de neiges former
des torrens plus ou moins volumineux dans plusieurs con-
trées des diverses montagnes : mais comme très-souvent
ces fontes de neiges ne sont que partielles et successives,
elles n'occasionnent pas des ravages aussi fréquens qu'on
pourroit le craindre ; et quoiqu'elles contribuent assez
souvent aux débordemens des rivières, néanmoins l'expérience prouve que les très-grands débordemens sont le
plus souvent occasionnés par de grandes et longues pluies ;
et j'ai indiqué précédemment plusieurs observations que
j'ai faites à ce sujet en 1778.

Il paroît assez constant que les montagnes attirent ou
retiennent les nuages, et que les vapeurs qui s'élèvent

29

de la mer, des lacs et des rivières, dissoutes dans l'air
ou réunies en nuage et poussées par les vents, sont
arrêtées par les sommets des montagnes, et que, suivant
la température de l'air, elles se soutiennent ou se résolvent en pluie; de sorte qu'il paroît démontré qu'il
pleut beaucoup plus dans les montagnes que dans les
plaines; aussi, par cette raison, les eaux sont plus abondantes dans les montagnes. Mais ces nuages fréquens,
qui se résolvent en pluie, pénètrent en grande partie
le terrain qui couvre les sommets des montagnes, y
font naître des sources de toutes parts, qui contribuent
à entretenir sur ces sommets de gras pâturages, où l'on
élève de nombreux troupeaux de vaches pendant six mois
de l'année : tels sont les sommets des montagnes des
Vosges, et de plusieurs parties de la Suisse.

Après être monté dans les Vosges sur la montagne
du grand Ballon, qui a 2000 pieds d'élévation au-dessus
de la Moselle, prise vis-à-vis le village de Saint-Maurice,
avoir visité les pâturages, les marcareries qui y sont
établies, et observé la multiplicité des sources qui sortoient des diverses pentes, la fin du jour qui s'appro-
choit ne me laissant pas assez de temps pour entreprendre
de descendre suivant les longs contours de la route que
j'avois suivie le matin; pour abréger, je descendis en suivant le penchant de plusieurs côtes très-rapides; je m'ap-
puyois, en descendant, sur deux hommes du pays, et en
marchant sur le talon, la jambe roide : il sembloit qu'à
chaque pas je descendois de trois à quatre pieds de hauteur, et en parcourois quatre à cinq suivant la pente.

Nous marchions à vue sans suivre aucun sentier. Ils me firent traverser à mi-côte plusieurs prairies arrosées par le pied par une infinité de petits ruisseaux qui mouilloient beaucoup ; de façon qu'en arrivant à Saint-Maurice, j'étois mouillé jusqu'à mi-jambe comme si j'avois traversé des bras de rivière.

La plupart des observateurs sont d'ailleurs convaincus que les forêts attirent les nuages. En parcourant les montagnes ; j'ai plusieurs fois eu l'occasion de remaquer que les nuages paroissoient rechercher les forêts de sapin, et se soutenir au-dessus d'elles : poussés quelquefois par un vent léger, ces nuages, en marchant lentement, me sembloient suivre les contours de la lisière de ces bois ; et néanmoins ils avoient l'apparence de tenir au sommet des forêts par des filets.

Ce phénomène fait dire aux gens du pays que ce sont les sapins qui fument, et que c'est un signe de pluie. Cependant, me trouvant séparé de ces nuages par une gorge qui avoit beaucoup de rapidité et peu de largeur, je marchois à la même hauteur de ces nuages sur la côte opposée sans être atteint en aucune façon de ce brouillard ; j'ai cru même reconnoître à la simple vue que ces vapeurs qui régnoient au-dessus de ces bois ne sortoient point de la terre, parce que je voyois très-distinctement la tige des arbres qui n'étoit point obscurcie par ces brouillards, qui se soutenoient à peu de distance au-dessus des sommets des arbres, auxquels cependant, comme je l'ai dit, ils paroissoient tenir par des tiges descendantes.

Il résulte de tous les détails que je viens de donner sur la fréquence des nuages qui environnent les montagnes, sur l'attraction qu'ils paroissent éprouver de la part des bois, sur-tout des sapins, situés ordinairement au nord, et sur la grande quantité des eaux dont elles sont pénétrées, que quoique les torrens soient produits par une abondance d'eau qui descend de quelques parties des montagnes, néanmoins on ne voit pas sur quel fondement on pourroit établir, comme le dit l'auteur, que la coupe de quelques forêts pourroit en augmenter le produit, ni leur présence en diminuer la masse; cela devroit même produire un effet contraire.

Enfin, ce qu'on peut dire avec vérité contre la destruction des forêts dans les montagnes, c'est qu'en ruinant une forêt, on la convertit bientôt en rapailles non exploitables; qu'ensuite d'âpres riverains obtiennent la permission de les défricher, ou le font quelquefois sans autorisation; que dès-lors les pluies qui glissoient sur le gazon, ou dont les racines d'arbres et arbustes rompoient l'action, après avoir promptement délayé les terres labourées, les entraînoient dans les vallées. J'ai vu des pièces de terre entières marcher en descendant dans les vallées, et laisser à nu le roc, le tuf, et tout ce que le soc de la charrue n'avoit pu entamer.

C'est ainsi que par suite de ces imprudens défrichemens, les côtes se dépouillent de terre végétale, et que le rocher reste bientôt à nu. Telle est en grande partie la cause de ces roches dépouillées qui terminent les sommets de beaucoup de montagnes; et ces roches, livrées à l'intempérie des saisons, sont tantôt lavées par des pluies qui pénètrent dans leurs fils perpendiculaires, remplissent les crevasses, et les minent par le pied; ensuite des gelées surviennent, et la dilatation de ces congélations fait rompre et éclater ces roches, et contribue à leur détérioration; puis des pluies orageuses achèvent leur bouleversement, et font rouler ces rochers dans les vallées avec tous leurs débris.

Ce seroit vainement qu'on croiroit éviter l'éboulement des terres défrichées sur les côtes rapides, en se bornant à la précaution de former ces défrichemens par bandes séparées parallèles à l'horizon, comme le conseille l'auteur; ce moyen diminueroit le mal en certains cas sans le détruire.

Il conseille encore, en défrichant ces terrains, de soutenir les terres cultivées par de petits murs de terrasse, et de reporter les terres vers le haut à mesure qu'elles descendent; mais l'expérience démontre que ces moyens précaires sont dispendieux, d'exécution difficile, et insuffisans.

Je connois en divers pays des côtes assez rapides cultivées en vignes; un sol favorable et une exposition avantageuse ont fixé la position de cette culture, qui réussit dans les pays où l'on peut être dédommagé par la bonne qualité du vin. Cependant on voit à chaque orage une partie des terres élevées descendre vers le bas, et surmonter souvent les petits murs de terrasse parallèles entre eux, destinés à les retenir; de sorte qu'il faut toutes les années faire remonter à grands frais une partie de ces terres vers le haut, pour recouvrir les racines des plants de vignes laissés à nu; mais lorsque le produit de la culture est insuffisant pour dédommager de la dépense de ces avaries, ou si le fonds appartient à un colon trop peu fortuné pour faire la dépense du transport des terres et du rétablissement des murs, le mal s'augmente graduellement.

On peut sur-tout citer les côteaux élevés qui bordent le Rhin sur la rive droite, au-dessous de Bingen, où se récoltent les vins du Rhin les plus distingués. Le penchant de ces côtes rapides est divisé par un très-grand nombre de petits murs parallèles entre eux, qui soutiennent le peu de terre qui couvre la pente de ces côteaux formés de rocs schisteux, et qui sont tapissés de vignes.

J'ai vu des effets de ces éboulemens en l'an 8, sur la route qui borde la Moselle entre Nanci et Épinal, dans une partie longée par une côte rapide cultivée en vignes. A la suite d'un violent orage, les terres ont renversé les murs et encombré plus de la moitié de la route sur une assez grande longueur pour rendre ce passage très-dangereux pour les voyageurs, et occasionner des accidens.

Je pourrois citer de fréquens exemples de ces effets par-tout où il se trouve des côtes cultivées en vignes, près Bar-sur-Ornain, près Pagny-sur-Moselle, et en mille autres endroits; mais les pauvres montagnards qui essaient des défrichemens près des sommets des grandes côtes, pour y récolter quelques grains, restent sans moyen pour y remédier, lorsque par suite d'un orage le rocher reste à nu.

Il s'ensuit donc que tous ces défrichemens entrepris sur le penchant des montagnes pour y récolter quelques grains, tendent à la ruine des forêts, dont l'existence est si précieuse pour l'État ; qu'ils contribuent à la destruction du sol, en laissant les rochers à nu. Les suites en sont d'autant plus fâcheuses, qu'on ne connoît aucun moyen praticable ni pour faire revivre dans les montagnes les forêts détruites, ni pour rétablir le sol ruiné par le temps.

Les n°s 3o5, 3o6, 3o7 et 3o8, traitent *de la manière de détruire un torrent*, etc. Pour pouvoir m'expliquer sur l'objet de ces numéros, j'ai cru devoir établir plusieurs faits qui donnent lieu à des observations qui offrent des résultats applicables.

Un torrent est une masse d'eau réunie qui coule sur une pente très-rapide.

Tous ceux qui ont visité les pays de montagnes, lorsqu'après avoir escaladé les pics élevés, ils ont parcouru des yeux, à une grande distance, toutes les montagnes environnantes, les grouppes secondaires, le contour des branches descendantes ; il leur a semblé, au premier coup-d'œil, voir une mer agitée, dont tous ces sommets de montagnes exprimoient les ondulations ; ensuite, avec une attention plus recherchée, la vue, en suivant le contour des gorges de ces montagnes, aperçoit leur réunion donner naissance à des ruisseaux, et conduire à des vallées peuplées d'habitations. Tous ces objets, considérés à vue d'oiseau à de grandes distances qui en diminuent les dimensions, présentent exactement l'effet d'une carte topographique, où les divers objets réduits dans de justes proportions sont dessinés et lavés suivant leurs couleurs naturelles.

Formation des torrens dans la montagnes.

Lorsqu'une pluie douce et continue arrose ensemble tous ces sommets, les eaux coulent en même temps sur toutes les côtes, d'où elles descendent ensuite dans les gorges, et de là dans les vallées. Ces vastes côtes ressemblent à de grands toits qui versent rapidement leurs eaux dans des chéneaux ou gouttières ; ces eaux coulent très-souvent sur des penchans rapides tapissés de gazon, garnis d'arbustes ou couverts de bois, sans y laisser de traces sensibles de leur passage tant qu'elles sont éparses : d'autres fois, la réunion d'une multitude de filets d'eau ne forme encore que de petits ruisseaux ou de foibles cascades, et ces eaux sont encore bienfaisantes ; alors les colons du pays s'empressent d'en profiter pour multiplier utilement les irrigations : mais enfin, lorsque par suite de pluies abondantes plusieurs côtes étendues se réunissent dans leur direction pour conduire leurs eaux vers une même gorge, ces eaux réunies forment alors une masse proportionnée à l'étendue et à la hauteur des côtes qu'elles ont parcourues, et elles arrivent avec une vitesse dont le résultat forme un torrent souvent dévastateur.

Heureusement l'existence de ces torrens n'est ordinairement que momentanée ; et en parcourant ensuite les gorges et les ravins où ils ont coulé, l'on n'y retrouve souvent que des sources éparses, qui, dans l'origine, donnent naissance à de foibles ruisseaux, mais qui sont sujets à grossir considérablement à la suite des pluies, et finissent par se réunir à plusieurs autres dans leur cours.

Lorsque les eaux rassemblées en torrent dans les gorges parviennent à se creuser un lit, et qu'elles y rencontrent des bancs de roches dures et inégales, elles y coulent en formant des cascades sans causer aucun dommage : mais si le terrain de cette gorge offre un mélange de terre végétale, de gravier ou de cailloux, il est évident que le torrent doit tendre sans cesse à y creuser et approfondir son lit, en emportant dans son cours les matières sur lesquelles il coule; mais ensuite, à mesure que le fond du lit se creuse, il est bientôt forcé de s'élargir par les éboulemens des côtés.

On peut considérer que le lit de ces torrens dévastateurs forme une pente qui a depuis 10 jusqu'à 30 degrés avec l'horizon; car il paroît que c'est entre ces deux extrêmes que l'eau des torrens a le plus d'action sur le fond de leur lit : au-dessus de 30 à 35 degrés, la chute de l'eau est trop rapide pour agir aussi puissamment sur le fond du terrain; au-dessous de dix degrés, ils peuvent encore causer beaucoup de ravages; mais ses pernicieux effets diminuent avec la pente du fond des gorges.

J'ai vu la direction de plusieurs routes qui traversoient des chaînes de montagnes, et j'en citerai une qui se développoit en contournant les côtes sur une longueur d'environ deux lieues et demie en montant suivant une

21

pente de cinq, six et sept pouces par toise courante ; et, après avoir traversé un court plateau, elle descendoit ensuite sur l'autre revers à peu près de la même hauteur. Cette route étoit traversée par deux petits ruisseaux que l'on ne pouvoit éviter, mais qui grossissoient beaucoup dans le temps des pluies. Comme il étoit important d'éviter de laisser couler ces ruisseaux suivant la direction de la route, parce qu'ils y auroient bientôt creusé des ravins qui eussent ruiné cette route, je leur faisois traverser ladite route sur des cassis construits en pavés d'échantillon solidement assis sur un massif de maçonnerie ; ensuite je retournois ce cassis suivant la rampe du talus de la côte, dont la direction de la pente formoit un angle d'environ 45 degrés avec l'horizon sur environ 150 à 200 mètres de hauteur.

Ce talus, qui suivoit la pente du revers d'une gorge, étoit revêtu d'un perré en maçonnerie à pierre sèche, fait avec la pierre de roche, dont les joints étoient perpendiculaires au rampant, et dont les paremens présentoient une surface très-lisse : les eaux couloient très-rapidement le long de ce perré sans l'endommager en aucune façon. Les principaux soins consistoient à préserver le pied des affouillemens ; il y avoit été établi un fort massif en maçonnerie de moellon et mortier, qui présentoit une superficie horizontale recouverte par deux lits d'épaisseur en dalles de roche des plus larges, et dont le dessus se raccordoit avec le terrain naturel : plus loin, un autre de ces cassis rampans avoit été défendu par le pied par un triple lit de fascinages posés horizontalement, bien enlassés, solidement fixés, et liés par des piquets.

A l'égard des ravins naissans, formés par des réunions d'eau extraordinaires, il est souvent très-difficile d'empêcher leurs progrès; on pratique quelquefois, de distance en distance, dans ces ravins, des barrages ou traverses en clayonnages retenus par de forts piquets ; ces clayonnages laissent passer les eaux, et arrêtent les matières; mais ces clayonnages n'ont qu'une courte existence, et ces moyens diminuent où retardent le mal sans y remédier efficacement.

On y construit encore quelquefois des murs de barrage en maçonnerie; mais l'eau soutenue par ces murs tend à les détruire par deux moyens : par l'un, elle tend, par sa pression, à se former une issue par-dessous leur fondation; par l'autre, en passant par-dessus, elle fait cascade, et creuse des affouillemens au pied de ces murs, qui facilitent leur déversement.

Le plus certain, lorsque cela est praticable, est de faire en sorte de détourner les eaux, de les diviser, et de les empêcher, s'il est possible, de couler dans le ravin.

§ II.

Des moyens d'empêcher les ravages des torrens au bas des montagnes.

Page 135, nᵒˢ 309, 10, 11, 12, 13, 14, 15 et 316.

L'auteur projette de déterminer les moyens les plus convenables pour conduire un torrent à une rivière voisine, et empêcher les ravages.

Il propose trois cas; savoir, lorsque le torrent se trouve encaissé dans un ravin qui le conduit à la rivière voisine; le second, lorsqu'il coule sur le terrain naturel sans lit déterminé; et le troisième, où l'on desireroit le faire couler sur un remblai dont le dessus formeroit une seule pente.

Le premier cas est celui où un torrent se trouve encaissé dans un ravin dont l'issue le porte vers la rivière en question; il peut encore dans ce cas, quoi qu'en dise l'auteur, causer de grandes pertes aux riverains, parce qu'en creusant sans cesse le fond du ravin, il fait nécessairement ébouler les rives, et le ravin ne peut s'élargir qu'aux dépens des propriétés voisines.

2ᵒ. Si le torrent coule sur le terrain naturel sans aucun lit, et qu'il se répande sur les terrains voisins avant de parvenir à la rivière qui doit le recevoir, il est bien difficile qu'il ne cause pas quelques dommages aux propriétaires dont les établissemens ou plantations se trouve-

roient sur son passage ; et, dans ces circonstances, l'on
pense qu'au lieu du parti proposé d'élever un mur ou
des palissades pour contenir ce torrent, il me paroît plus
convenable de lui ouvrir un nouveau lit pour le conduire
depuis le pied de la montagne jusqu'à la rivière voisine.
C'est pourquoi, après avoir étudié ce torrent pour connoître la capacité que l'on doit donner à son lit , on
réglera la longueur, la largeur et la profondeur qu'il
doit avoir pour en contenir toutes les eaux.

Ensuite, après s'être procuré un plan et un profil du
terrain qui se trouve placé entre l'origine du torrent et
la rivière , on combinera, d'après ces données, le
minimum de la dépense à faire en terrasse pour l'ouverture de ce nouveau canal, auquel on donnera la direction
la plus convenable.

Et, en supposant ce canal suffisamment encaissé, il
ne sera pas nécessaire de construire des murs de part et
d'autre pour le contenir.

Ce que je propose ici est conforme à la marche suivie
en pareil cas par tous les ingénieurs expérimentés.

3°. S'il s'agissoit de faire couler ledit torrent sur un
remblai qui formeroit, suivant le plan de l'auteur, une
seule pente depuis l'origine du torrent jusqu'à la rivière,
on pourroit lui observer que ce projet trouveroit difficilement son application. Mais enfin, si, comme on le
suppose, la connoissance du torrent avoit déterminé la
largeur à donner au remblai, et qu'ensuite on construisît
une levée d'une seule pente qui eût en couronne uniformément la largeur fixée avec des talus de part et d'autre,

réglés à raison de deux fois la hauteur dudit remblai,
et qu'au pied de ces talus on plantât, comme l'indique
l'auteur, des palissades, des haies ou broussailles, et
qu'enfin on se bornât à faire un fossé dans le milieu de
ladite levée ; si l'on se flattoit que ce torrent pût couler
dans le fossé sans s'extravaser, sans attaquer la solidité
du nouveau remblai, on seroit dans l'erreur.

Je ne dissimulerai pas que cette construction ne m'a
paru ni nécessaire, ni solide, ni bien entendue dans ses
dimensions et constructions, parce que la figure 20 de
la planche IV de son ouvrage ne présente que le profil
d'une levée, et nullement le profil d'un canal où l'on
puisse faire couler un torrent suivant une pente donnée.

Je pense d'ailleurs que si, dans de certaines circonstances, il étoit nécessaire d'établir quelques branches
d'un canal sur des remblais, on éleveroit de part et d'autre
des berges suffisamment solides pour contenir les eaux,
et dont on indiqueroit la construction.

Page 140. **SECTION II.**

Des moyens de contenir les rivières et les torrens.

§ Ier.

Des digues.

Des digues, considérées par rapport à leur direction.

N°s 318, 19, 20, 21, 22, 23, 24 et 325.

L'auteur suppose dans ce paragraphe une rivière coulant dans une vallée, ayant un lit inférieur où sont contenues ses eaux ordinaires, dont la direction du cours est sujette à changer, en formant dans ses détours des angles d'environ 45 degrés; et lorsque dans les grands débordemens les eaux s'extravasent dans la vallée, elles y sont contenues par de hautes berges ou côtes qui longent cette rivière, et bornent l'étendue de la vallée.

C'est ce que présente la figure 21, planche III.

Ensuite l'auteur, après avoir observé que cette rivière suivant les contours de son lit ordinaire tend sans cesse à corroder ses rives, sur-tout à l'endroit où elle forme des détours, et que ces corrosions occasionnent des éboulemens nuisibles aux propriétés riveraines, il examine quels sont les meilleurs moyens pour arrêter les progrès

de ces pernicieux effets. Mais sans entrer ici dans la construction ni dans la nature des digues qu'il convient d'opposer au cours de cette rivière, il examine seulement
quelle est la direction la plus avantageuse à leur donner ;
savoir, d'une direction parallèle au courant, d'une direction oblique, ou d'une direction perpendiculaire au cours
de la rivière.

1°. Il prétend qu'une digue parallèle au courant, qui
longe le bord d'une rivière, attire la plus grande profondeur de l'eau (1), et que ne préservant que la portion
du terrain qu'elle couvre et défend, cela exigeroit une
prolongation indéfinie qui deviendroit trop dispendieuse.

2°. Il observe que la digue oblique, ou inclinée, par
exemple, à 45 degrés, décompose l'effort du courant ; de
sorte qu'une partie est détruite par l'obstacle ou réfléchie
contre la rive opposée, que la rivière coule avec la
force qui lui reste représentée par la direction parallèle
à cette digue, et que d'ailleurs l'eau tend à tourner la
digue par son extrémité.

3°. Il examine l'effet d'une digue ou barrage perpendiculaire au courant ; mais il ne dit point dans le discours
si les digues obliques ou perpendiculaires qu'il propose,
complètent le barrage total du lit d'une rivière. La
figure 22 semble l'indiquer, et montre que ces barrages
non seulement ferment les lits de rivière, mais s'étendent
au-delà, l'un jusqu'au tiers, et l'autre jusqu'à moitié de
la largeur de la vallée.

---

(1) Nous avons examiné ci-devant le peu de fondement de cette
assertion.

Alors si la digue est solide et supérieure à la hauteur des débordemens, elle force les eaux de la rivière à s'élever, à sortir de leur lit, et à s'en ouvrir un nouveau au-delà de l'extrémité de la nouvelle digue.

On voit encore que la digue perpendiculaire au cours de l'eau doit arrêter en amont toutes les matières charriées par les eaux, tandis que celle oblique doit les jeter sur la rive opposée ; de plus, que les eaux resserrées par ces digues doivent chercher à les contourner par leurs extrémités, et que, par l'effet de la pente naturelle, elles doivent tendre à retomber en aval dans l'ancien lit. Il est encore évident que le terrain au-dessous des digues dont on vient d'indiquer la position, en cessant d'être exposé aux efforts du courant, doit, avec le temps, s'exhausser en accumulant des dépôts vaseux ou graveleux.

L'auteur annonce qu'il a construit sur la Durance des digues d'après ses principes, qui ont très-bien réussi.

Page 147, n° 327. Il ajoute que l'usage du pays admettoit la construction des digues suivant une direction oblique, mais que d'anciens règlemens prescrivoient mal à propos de ne point incliner leur direction au-delà de 45 degrés.

Je n'ai jamais ouï parler de ce règlement.

J'examinerai ci-après la meilleure direction à suivre pour le barrage total des rivières.

§. I I.

Des diverses espèces de digues, leur profil, leurs matériaux, et les cas où on doit les employer.

Page 154, nᵒˢ 340 et 341. Formule pour déterminer l'épaisseur à donner aux digues ou murs de maçonnerie pour résister à l'impulsion de l'eau qui frappe et s'applique contre son parement vertical.

Il suppose, 1°. ce mur, servant de digue, composé de lames horizontales susceptibles de glisser parallèlement sur leur lit, lorsque la pression ou le choc de l'eau aura une action supérieure à la résistance provenant du frottement, ou de rester en repos en cas d'équilibre.

2°. On suppose que les lames ou lits parallèles ne résistent que par l'effet du frottement ou d'un engrènement de lame qui est proportionné à la pression, c'est-à-dire au poids des lames supérieures dont la somme forme le poids total de la digue, qui est plus ou moins considérable, suivant la nature des matières dont elle est composée.

3°. Il considère que ces digues posées le long des rivières ont à supporter deux actions; l'une qui est l'effet d'une pression contre sa surface verticale en raison de la hauteur ou profondeur de l'eau, et l'autre qui est l'effet du choc de la masse d'eau poussée par la vitesse qu'a le courant d'eau dans cette partie.

L'auteur ne considère que ce dernier effet, et suppose

que pouvant connoître par expérience la vitesse du courant, on peut apprécier l'effet résultant du choc contre la surface dudit mur.

D'après ces données, il réduit le problème dans une équation dont la solution s'applique à un triangle rectangle qui a pour hauteur celle du revêtement, et dont les perpendiculaires expriment l'effet du choc des eaux sur chaque point du parement de la digue.

J'observerai au sujet de ces deux numéros, 1°. que les conditions du problème négligent l'effet le plus important, qui est celui de la pression des eaux contre le parement de la digue.

2°. Qu'il n'est point d'usage que ces murs de revêtement, dans leur construction, soient formés de lames horizontales posées à sec et seulement unies par le frottement; et ces changemens de circonstances me paroissent rendre inutile la solution de ce problème.

N° 343. L'auteur convient dans ce numéro que, dans l'expérience, on ne peut tirer aucun avantage de la solution de ce problème.

OBSERVATIONS

Sur un Mémoire du citoyen B o s s u t,
sur le même sujet.

LE citoyen Fabre n'est pas le seul qui ait rédigé des formules concernant l'épaisseur qu'il convient de donner aux digues qui bordent les rivières : avant lui, le citoyen Bossut avoit fait un mémoire en société avec le citoyen Vialet, ingénieur, concernant la construction la plus avantageuse à donner aux digues sur les rivières, qui fut couronné à l'académie de Toulouse en 1762, et imprimé à Paris en 1764.

Problèmes anciennement résolus, qui n'offrent aucune application utile.

Je n'ai point envie d'attaquer le mérite connu de l'ingénieur, quoiqu'il n'existe plus depuis long-temps, ni les lumières du géomètre dont la réputation, solidement établie, est au-dessus du succès de ce petit ouvrage; mais, engagé dans la discussion de cette matière par suite de mon travail, il ne m'a pas paru possible de dissimuler que, suivant mon opinion, la partie mathématique de ce mémoire est mal appliquée pour l'avantage des arts, parce que les problèmes dont on a entrepris la résolution dans ce mémoire, sont appuyés sur des suppositions qui ne m'ont paru nullement conformes à la manière dont la nature agit.

Si les suppositions du citoyen Bossut étoient exactes

et vraies, je conviendrois volontiers que les questions sont ingénieusement réduites en problèmes, converties en équations, et que les diverses transformations que l'on fait subir aux équations à chaque supposition paroissent très-bien résoudre les différens cas indiqués, et que quand même la pratique n'en pourroit tirer aucun avantage, ces théories n'en seroient pas moins ingénieuses.

Je dois cependant remarquer que non seulement plusieurs des cas où la théorie est ici appliquée ne sont pas les plus utiles pour l'objet proposé, mais que les hypothèses qui font la base des problèmes ne m'ont pas paru conformes aux faits physiques.

Le premier problème concerne une digue servant de chaussée à un étang. Je n'ai rien à objecter contre les pratiques de construction proposées par l'ingénieur dans les huit premiers numéros ; mais dans les neuvième dixième numéros, le géomètre considère la digue,

1°. Comme un corps de maçonnerie absolument continu, que la pression des eaux tend à renverser en le faisant tourner sur l'angle postérieur de sa base, regardée comme un point fixe ;

2°. Comme un solide inébranlable dans ses fondemens, et homogène dans ses parties.

Mais j'observerai qu'aucune maçonnerie n'est homogène, parce que si ses paremens sont en pierre de taille, et le reste de l'épaisseur en moellon, ce corps offre alors une très-grande inégalité de densité, et lors même qu'il est totalement fait en moellon et en mortier, il s'y trouve encore de grandes inégalités : on y rencontre des parties de maçonnerie beaucoup plus pleines et mieux construites les unes que les autres, quelques-unes même dépourvues de mortier.

On suppose encore que la maçonnerie de ces murs a tellement pris corps, que les parties n'en peuvent être désunies, et qu'elles forment un tout indivisible capable d'être renversé d'une seule pièce. Or, quand la chose seroit possible, cela ne pourroit arriver qu'après bien des années de construction, parce que l'expérience prouve que les mortiers perdent lentement leur eau, et qu'il faut un très-long temps pour qu'ils puissent se dessécher dans l'intérieur des grosses maçonneries, et acquérir la dureté de la pierre.

On suppose, de plus, pour la résolution du problème, qu'il se trouve, à la partie postérieure de la digue de maçonnerie, un point d'appui inébranlable, autour duquel la masse puisse tourner : or, un pareil point d'appui me paroît inadmissible, soit que la digue soit assise sur le terrain naturel, comme l'auteur l'annonce, soit qu'elle soit établie sur plusieurs rangs de pilotis et plate-formes.

Si l'on a, comme dans l'exemple dont il s'agit, un mur d'environ 18 à 20 pieds de hauteur, et 12 pieds d'épaisseur à sa base, assis sur le terrain naturel, et que l'on veuille supposer qu'une force appliquée contre un de ses paremens, représentant la pression de l'eau, vienne à croître jusqu'à devenir capable de renverser le mur, alors, dans l'instant où ce mur recevroit une impression capable de le faire mouvoir, ou commenceroit à être soulevé, le terrain naturel se trouvant inégalement pressé, l'angle postérieur de la maçonnerie faisant coin, diviseroit le terrain de part et d'autre, qui s'affaisseroit sous l'effort de la charge réunie en un seul point. Dans ce cas, le point destiné à servir d'appui se dérobant sous l'action de la charge combinée avec la pression de l'eau, le bras du levier de la résistance diminueroit en se rapprochant du parement du mur où se fait l'effort principal de l'eau, et il s'ensuivroit que le moment de la résistance deviendroit plus petit, tandis que celui de l'action resteroit le même, ou augmenteroit. Par conséquent, il faudroit une moindre force pour renverser le mur qu'il ne paroît nécessaire d'après les suppositions du problème, ou, ce qui revient au même, donner plus d'épaisseur pour résister à la poussée de l'eau, même pour le cas d'équilibre.

Si le mur en question, au lieu d'être sur le terrain naturel, étoit posé sur quatre à cinq rangées de pilotis; alors, dans le cas d'immobilité, chaque file de pieux partageroit la charge dudit mur, et il est, de plus, évident que le mur ne pourra être renversé qu'autant que son centre de gravité tombera en dehors de la base sur laquelle il repose. Or, avant d'être dans le cas du renversement, lorsque les eaux commenceroient, même par leur effort, à soulever la face intérieure du mur, ce mur reposeroit alors totalement sur la file de pieux extérieure; et l'on ne pourra pas assurer que, dans ce cas, cette dernière file, qui sert de point d'appui ou centre de mouvement, puisse supporter seule la charge entière du mur sans s'affaisser. Enfin, on ne peut pas être certain, soit que ces pieux cèdent sous la charge ou qu'ils résistent, que le corps de la maçonnerie ne glisseroit pas avant d'être arrivé au point du renversement : cela doit toujours dépendre de la stabilité du point d'appui et du rapport de la base à la hauteur.

Mais supposons que la maçonnerie de la digue ait une parfaite consistance, et ait acquis toute la solidité dont elle est susceptible, au point que le mortier soit devenu à peu près aussi dur que le moellon qui fait partie de cette maçonnerie ; si ladite maçonnerie avoit beaucoup de hauteur et d'épaisseur, de façon à former un volume important, tel qu'un mur d'environ 12 pieds d'épaisseur, alors il deviendroit encore plus facile de la rompre que de la faire tourner sur un seul point. J'ai cité precédemment, dans ce Mémoire, plusieurs expériences qui démontrent que dans les grosses masses de maçonnerie, l'adhésion de leurs parties entre elles est moins puissante que la force nécessaire pour les soulever, et qu'en pareille circonstance la rupture du mur de maçonnerie préviendroit le mouvement de rotation.

Il résulte de toutes ces observations, que les suppositions du problème ne sont nullement conformes à l'ordre des faits.

Seconde hypothèse.

Dans la seconde hypothèse, il est question de calculer l'épaisseur qu'il convient de donner à une digue formée en terre, pour qu'elle résiste à l'action d'un volume d'eau dont la hauteur est égale à celle de la digue.

Pour la résolution du problème, le géomètre suppose,

1°. Que la digue est retenue, au pied de la face extérieure, par un point fixe dont la destination est de l'empêcher de glisser.

2°. On suppose cette digue composée de tranches horizontales, et que ces tranches s'engrènent les unes dans les autres.

3°. Que le parement extérieur est coupé à plomb.

4°. En imaginant qu'une partie supérieure de la digue puisse se détacher de l'inférieure, on suppose qu'au moment du mouvement elle tourneroit autour du point d'appui extérieur où se fait la rupture.

5°. On décompose l'action de l'eau en deux forces; l'une horizontale, qu'on regarde comme la seule qui tend à renverser la digue, et l'autre verticale.

Cela posé, les données du problème sont exprimées algébriquement; et, après les calculs convenables, on arrive à la solution, ainsi qu'à la résolution des différens cas.

On trouve enfin, dans le cas d'équilibre, que le profil de la digue doit être un triangle rectangle dont la base seroit à peu près les 13 vingt-quatrièmes de sa hauteur, c'est-à-dire que si la hauteur étoit 24, la base seroit 13, et si la hauteur étoit de 18 pieds, comme dans la première hypothèse, la base devroit avoir 9 pieds 9 pouces.

Tel est le résultat que donne la théorie d'après les hypothèses ci-dessus indiquées; mais je dois rappeler

23

qu'aucunes de ces hypothèses ne s'accordent, ni avec la conformation ordinaire des corps dont il s'agit, ni avec leur action réciproque, et que nécessairement le résultat devient imaginaire.

1°. Il me paroît inadmissible de supposer qu'un corps composé de parties meubles, comme est la terre ordinaire qui entre dans la composition des digues, ayant une base terminée par deux angles solides, puisse tourner sur une des arêtes de cette base comme autour d'un point fixe.

Il est également impossible que cette arête extérieure ou angle ne s'écrase pas et ne soit pas détruite au moindre mouvement que feroit la masse totale, et qu'il puisse enfin exister un point fixe agissant sur l'arête extérieure, et capable d'arrêter aucun mouvement de cette digue, soit qu'il se fasse horizontalement, soit obliquement, ce qui seroit plus probable.

2°. C'est sans aucun fondement qu'on se permet de considérer une digue en terre comme composée de tranches horizontales. On convient, au surplus, avec l'auteur, que les molécules terreuses s'engrènent et se lient les unes aux autres, plus ou moins, suivant leur nature, et il est manifeste que les molécules graveleuses se lient moins ensemble que celles qui sont argileuses; mais, dans tous les cas, les divisions par couches horizontales sont imaginaires, et tous ceux qui ont vu des éboule-mens ou des déplacemens de terre, n'ont jamais trouvé dans les ruptures aucunes surfaces unies ni horizontales : on seroit mieux fondé à considérer les digues de maçon-

nerie comme composées de couches horizontales, vu
qu'elles se construisent par lits posés de niveau.

3°. La supposition d'une digue en terre, dont le
parement extérieur seroit coupé à plomb, est également
impossible ; le roc seul est susceptible d'être coupé verticalement, encore s'en trouve-t-il très-peu qui puissent
conserver cette situation à ciel ouvert. Mais la terre
vierge, pour se soutenir pendant quelques instans, doit
avoir un talus dont la base soit au moins de la moitié
de sa hauteur ; et si l'on veut que ce talus soit durable,
il faut lui donner une base égale à sa hauteur (1).

A l'égard des digues que l'on construit à neuf avec
des terres meubles, ces terres, abandonnées à elles-
mêmes, prennent un talus dont la base est à peu près
égale à une fois et demie leur hauteur : cela dépend
de la qualité de la terre. Le sable fin ou la glaise détrempée
prendroit un talus plus fort, tandis que la terre franche
gazonnée, ou en grosses mottes, en prendroit un
moindre.

C'est d'après ces expériences qu'on donne aux digues
ou chaussées neuves formées en terres, un talus d'une
fois et demie leur hauteur. Conséquemment, la suppo-

_____

(1) L'inclinaison des rampes des hautes montagnes n'est ordinairement que d'environ 30 degrés avec l'horizon, et de 45 degrés au
plus quand elles sont en terrain naturel ; et lorsque leur escarpement
est de 50 ou de 60 degrés d'élévation, ou plus, on peut être assuré
qu'il s'y trouve des bancs de pierres ou des rochers dans l'intérieur ;
on trouve même des roches presque verticales.

sition d'une digue en terre, subsistant avec un de ses paremens coupé verticalement, est imaginaire.

4°. Lorsqu'on a imaginé qu'il étoit possible que par la pression de l'eau une portion supérieure de la digue, en se détachant de la partie inférieure, tournât autour du point d'appui où l'on fixoit le centre du mouvement, on a fait encore une supposition impossible à tous égards.

5°. Comme il est démontré que les liquides pressent en tous sens et en raison de leur base par leur hauteur, il est aussi évident que chaque point de la digue est pressé par la hauteur correspondante de l'eau; d'où il étoit aisé de prévoir que le résultat donneroit un triangle rectangle pour le profil de la digue cherchée, en ne considérant que l'action de l'eau comme agissant contre un point quelconque. Mais si l'on fait attention à la nature du corps dont il s'agit, à la conformation de ses parties; si l'on veut considérer que la terre est non seulement susceptible d'être comprimée, mais pénétrée et détrempée par les eaux; que la terre, dis-je, qui a une certaine fixité quand elle est desséchée, acquiert de la mobilité et même de la fluidité quand elle est imbibée d'eau, on se convaincra aisément de toute l'invraisemblance qu'il y a à supposer qu'une digue en terre puisse être terminée par le sommet aigu d'un triangle, tel qu'il est indiqué par le problème.

Il résulte de toutes les observations précédentes, que toutes les hypothèses du problème ne sont ni possibles ni vraisemblables.

Cependant le géomètre, après avoir déterminé le cas

d'équilibre dans les précédens problèmes, propose, pour plus de sûreté, de doubler dans toutes les circonstances l'épaisseur de la base trouvée. Cette mesure m'a paru arbitraire ; car si les calculs avoient été fondés sur des hypothèses physiques bien certaines, j'aurois pensé qu'il eût suffi pour la sûreté d'augmenter le résultat d'un tiers au lieu du double ; mais l'équilibre en question étant imaginaire, je crois en effet qu'il est plus sûr d'augmenter outre mesure les dimensions déterminées, et même de les accommoder à ce que conseille l'expérience : mais il est utile d'en prévenir, pour qu'un jeune ingénieur qui auroit une confiance aveugle dans cette théorie n'y fût pas trompé.

Le chapitre II de ce Mémoire considère les murs de quai et l'épaisseur qu'il convient de leur donner.

On observe que l'on peut y appliquer la résolution du premier problème, avec la différence que si ce mur est frappé obliquement par un courant dont l'effort contre le mur soit produit par une vitesse de 4 pieds par seconde, cela donne lieu à une condition de plus à insérer dans le nouveau problème, dont le résultat est que le mur de soutenement à opposer à l'eau pour le cas d'équilibre, doit avoir environ 12 pieds d'épaisseur à sa base, au lieu de 11 pieds 2 pouces que devoit avoir celui de la précédente chaussée d'étang.

Les principales données étant les mêmes, j'ai cru inutile de répéter mes précédentes observations.

N° 25. On lit : *La pression et le choc des eaux ne*

sont pas les seuls efforts que les murs de quai aient à soutenir ; ils sont encore pressés dans un sens contraire par les terres contiguës à leur parement intérieur. C'est pourquoi il faudroit calculer aussi leur épaisseur relativement à cette dernière force, et proportionner cette épaisseur à la plus puissante des deux causes qui tendent à le renverser.

Par le Mémoire, on ne donne pas le calcul de l'effort de la poussée des terres, parce qu'apparemment cette matière avoit été traitée par d'autres auteurs : au reste, l'observation précédente est fondée. Il peut arriver en effet qu'une levée en terre de 18 pieds de hauteur, revêtue d'un mur de quai, n'ait à soutenir extérieurement que 6 à 8 pieds de hauteur d'eau ; il est alors évident que la poussée des terres est très-supérieure à celle de l'eau, et exige plus d'épaisseur pour la soutenir que celle nécessaire pour vaincre le seul effort de l'eau.

Mais j'observerai ici qu'il n'est jamais nécessaire pour l'utilité publique ou particulière de faire des murs en maçonnerie de 11 pieds 2 pouces d'épaisseur à la base, réduits, par le sommet, à rien où à une très-foible épaisseur, qui soient isolés et sans terre derrière, pour soutenir une hauteur d'eau d'environ 18 pieds, comme il est annoncé par les problèmes précédens ; parce que sur mille chaussées d'étang, il ne s'en trouve pas dix dont la digue de retenue soit formée seulement avec de la maçonnerie sans terre derrière, et il en est de même des murs de quai qui soutiennent toujours des terres.

J'ajouterai que la poussée des terres et la pesanteur

du mur opposent ensemble leurs efforts contre la pression de l'eau ; savoir, les terres par leur poussée, et le mur par sa stabilité. C'est par cette raison que jamais un mur de quai ne peut être renversé par la pression de l'eau, et qu'il l'est souvent par la poussée des terres ; ce qui rend inutile l'objet des susdits problèmes.

Dans le temps des grandes crues, les eaux pénètrent, soit à travers les murs de quai, soit en passant par-dessous leurs fondations ; elles s'insinuent par diverses filtrations dans les terres qui sont derrière ces murs de quai, et, en les gonflant, augmentent considérablement leur poussée contre lesdits murs. Mais alors, quelque considérable que soit cette poussée contre ces murs, tant que les eaux se maintiennent très-hautes, elles contrebalancent en grande partie, par leur pression, l'effort de la poussée des terres ; mais souvent, au moment où les eaux baissent et que la crue est évacuée, l'équilibre étant rompu, la poussée des terres renverse le mur sur environ les deux tiers de sa hauteur, sans que la fondation en soit ébranlée. J'ai vu plusieurs fois cet accident arriver à des murs qui n'avoient pas une épaisseur suffisante pour résister à cette poussée, et qui cependant avoient long-temps subsisté.

Par le n° 26, on examine la figure qu'il convient de donner à des contre-forts destinés à fortifier des murs de terrasse ou des murs de quai ; mais les raisonnemens dont on fait usage sont appuyés sur la supposition que les parties d'un corps de maçonnerie sont tellement liées entre elles, que les murs ne peuvent se rompre entre deux

contre-forts, ni se plier sur leur hauteur. Or, cela est
absolument contraire à l'expérience, qui fait voir journellement des murs se plier sur le milieu de leur hauteur
en faisant le ventre; d'autres, après avoir été construits
en ligne droite, se courber tant sur leur plan que sur leur
hauteur par l'effet de la poussée des terres, après plusieurs mois de construction; les uns se renverser à la
suite de ce mouvement, et d'autres subsister après s'être
sensiblement tourmentés : les uns en tombant entraînent
les contre-forts, et d'autres s'en détachent et les laissent
sur pied. Tous les constructeurs attentifs sont journellement à portée de se convaincre de ces faits, qui dépendent
de la qualité de la chaux, de la nature des matériaux, et
de la saison où les ouvrages ont été exécutés : toutes ces
circonstances influent sur leur solidité.

Quoi qu'il en soit, lorsqu'on a un mur neuf à construire, au lieu d'y ajouter des contre-forts dans la vue de
le fortifier, on croit préférable d'augmenter son épaisseur
d'une quantité égale à l'augmentation du cube que pro-
duiroient les contre-forts intérieurs, en pratiquant plusieurs retraites à des hauteurs différentes, parce que le
poids des terres qui porte sur les retraites du mur contribue
à sa stabilité.

J'en excepte les vieux murs qui menacent ruine, et
qu'on est quelquefois forcé de soutenir extérieurement
par des contre-forts pour en prévenir la chute.

A l'égard de l'épaisseur à donner aux murs de revêtement, il est constant qu'elle dépend de la nature des
terres à soutenir et du poids des matériaux; car un mur

qui a un parement en pierre de taille a plus de masse pour résister à la poussée des terres qu'un simple mur en maçonnerie de moellon, et un mur en moellon dur exige moins d'épaisseur qu'un autre qui seroit fait en moellon tendre.

Il est également démontré par l'expérience que lorsque les murs sont destinés à supporter de nouveaux remblais, il est nécessaire d'avoir l'attention, avant de remblayer, de laisser pendant quelque temps les deux paremens à découvert, afin que la maçonnerie puisse avoir le temps de sécher et de prendre corps. En conséquence, il faut éviter de bloquer les terres contre les murs, à mesure qu'on les construit et qu'ils s'élèvent.

Il y a des architectes qui font pratiquer des barbacanes ou ouvertures vers le pied des murs, à dessein de faciliter l'écoulement des eaux pluviales qui pourroient nuire à la solidité des murs.

Quand le remblai soutenu par les murs est formé par un gravier, les eaux filtrent et descendent; il y a moins de poussée, et ces ouvertures peuvent être utiles dans ce cas : mais il n'en est pas de même lorsque la terre est composée de molécules très-divisées, grasses, et pénétrables à l'eau; ces terres se gonflent par l'humidité, retiennent l'eau, réagissent puissamment contre les murs, et parviennent souvent à corrompre leur parement. C'est pourquoi, lorsqu'il est nécessaire de faire supporter à un mur précédemment construit cette espèce de terre, si l'on avoit quelque inquiétude sur l'épaisseur du mur, on pourroit avec succès y suppléer en faisant poser sur la face intérieure un, deux ou trois pieds d'épaisseur de pierrailles ou menus moellons employés à sec, qui, se trouvant interposés entre le mur et les terres, contribuent à rompre l'action de la poussée des terres spongieuses.

SUITE

DES OBSERVATIONS

Sur l'ouvrage du citoyen FABRE.

Page 156, n° 343. L'auteur établit que « pour
» soutenir l'effort d'une rivière désignée par la figure 23,
» planche III, qui indique un barrage perpendiculaire
» au courant, terminé par une branche ou éperon per-
» pendiculaire au courant, il faut, 1°. si ces digues sont
» construites en terre ou gravier, leur donner neuf
» pieds d'épaisseur en couronne avec un talus de part et
» d'autre qui ait deux pieds de hauteur sur trois pieds de
» base, que l'on peut même réduire à 45 degrés. »

Sur quoi j'observerai que cette épaisseur par le sommet
m'a paru trop foible à 9 pieds, sur-tout lorsqu'elles sont
en gravier. J'ai vu l'eau passer à travers des digues qui
avoient 12 à 14 pieds d'épaisseur en couronne, et dans
une si grande quantité, qu'elle occasionnoit de fréquens éboulemens dans le talus extérieur; et que cette
levée auroit été vraisemblablement bientôt détruite sans
un prompt élargissement que j'y ai fait faire. Au reste,
l'épaisseur de ces levées doit toujours être proportionnée
à la qualité des matières plus ou moins compactes dont
elles sont formées; car, avant cet incident, j'avois

Les levées qui bordent les rivières doivent avoir plus ou moins d'épaisseur, suivant que la terre ou le gravier dont elles sont formées est plus ou moins compacte.

défendu avec succès un faubourg contre les inondations de
la Vienne, par le moyen d'une levée d'enceinte dont la
hauteur excédoit de 18 pouces les plus grands débordemens, et qui n'avoit pas plus de 14 pieds d'épaisseur
par le sommet : mais les terres légères dont elle étoit
formée étoient plus compactes que celles employées à la
levée en gravier construite sur les bords de la Moselle.

Les chaussées d'étang n'ont quelquefois que 12 à
15 pieds d'épaisseur au sommet; mais la plupart renferment dans leur milieu une clef de conroy de 4 à
5 pieds d'épaisseur, composée d'argile corroyée et battue
par lits.

A l'égard des levées de la Loire, j'ai déja dit précédemment que j'avois observé de fréquentes filtrations,
lors des hautes crues, dans des parties de levée qui
avoient 20 à 22 pieds d'épaisseur.

Il est bien vrai qu'on cite des digues de la Hollande, du
côté de Delft, qui ont environ 10 pieds de hauteur,
dont 4 pieds au-dessus des plus grandes eaux, et qui
n'ont que 10 pieds 6 pouces de largeur ou épaisseur
en couronne, c'est-à-dire par le sommet; mais il est
nécessaire de savoir que ces digues ont 60 pieds d'épaisseur à leur base, c'est-à-dire que la somme de leurs talus
en égale environ cinq fois la hauteur, et que par conséquent leur épaisseur à la hauteur des plus grandes eaux
devroit être de 30 pieds 6 pouces; et il faut encore
ajouter que ces digues sont construites en vase argi-
leuse, tandis que celles de la Loire sont faites avec des
terres légères prises sur place.

2°. L'auteur prescrit encore les mêmes dimensions citées ci-dessus pour les digues dont les talus sont revêtus d'un perré.

Au reste, j'observerai que l'effet des perrés consiste seulement à préserver d'éboulement les talus des levées exposées au choc des eaux.

3°. Pour la construction des digues en pierre, l'auteur prescrit de leur donner à la base une épaisseur égale à la hauteur : ce projet n'est nullement économique.

A l'égard de son épaisseur par le sommet, il pense qu'elle doit être variable suivant la construction et les circonstances.

Je pense, si j'ai bien compris l'auteur, qu'il entend par digues en pierre des digues construites en maçonnerie de moellon et mortier; mais je ne connois pas de circonstance où, pour la stabilité d'une digue pressée par les eaux, il soit nécessaire de donner à cette maçonnerie une épaisseur égale à sa hauteur. Au surplus, les digues en maçonnerie ordinaire empêchent rarement les eaux de pénétrer à travers les vides trop fréquens qui se trouvent dans les masses de maçonnerie : or, ces filtrations entraînent les mortiers et ruinent la maçonnerie avec le temps. Mais l'expérience prouve que les digues ou levées en terre franche sont celles qui contiennent mieux les eaux, et dont la construction est la plus économique. C'est par cette cause que la plupart des digues en sont formées; et lorsque dans quelques cas on juge nécessaire de revêtir le côté battu par les eaux par un mur de maçonnerie, on ne lui donne que l'épaisseur

nécessaire pour soutenir la poussée des terres, qui est
ordinairement supérieure à l'impulsion de l'eau contre
ce revêtement, soit que les eaux soient coulantes ou
qu'elles soient dormantes.

N° 343, *idem*. L'auteur dit, en parlant des digues
en pierre : « Si la digue est parementée en taille, et
» construite à mortier de chaux et sable, le couronnement
» aura cinq pieds de largeur sur les rivières fort rapides,
» et son *minimum* sera de trois pieds dans celles qui
» ont peu de vitesse ; mais si elle est construite en
» blocaille ou en pierre d'échantillon sans mortier, le
» *maximum* de la largeur au couronnement sera de 7 à
» 8 pieds, et le *minimum* de 4 pieds. »

L'auteur avertit qu'il parle des digues qui bordent
les rivières, et non de celles des torrens,

Si l'on entreprenoit de soutenir une masse d'eau de
18 à 20 pieds de profondeur, soit dormante, soit courante, avec une digue de maçonnerie à pierre sèche,
soit blocaillée, soit en pierre d'échantillon, qui eût en
couronne, comme on l'a indiqué, depuis 4 jusqu'à
7 pieds de largeur, on seroit bientôt convaincu des
vices de cette mauvaise construction, en voyant l'eau
passer sur la hauteur du mur, comme à travers un crible.

Il est même des circonstances où, dans des pays
abondans en étangs, pour tenir lieu de déversoir ou de
décharge de trop plein, on élève des murs en moellon
à pierre sèche, d'environ un mètre et demi de hauteur
sur une épaisseur pareille. Ces murs, auxquels on donne

plus de développement que n'en ont ordinairement les grilles ou barrelages, laissent passer l'eau abondamment et retiennent le poisson.

Je pourrois citer encore un grand nombre de digues servant de barrage à des rivières, qui sont construites en moellon à pierre sèche de 8, 10 et 12 pieds d'épaisseur sans leur talus, sur 5 et 6 pieds de hauteur, qui font, à la vérité, suffisamment élever les eaux en avant des moulins pour leur procurer la chute nécessaire ; mais les eaux passent en si grande abondance à travers ces digues, que, dans bien des cas, le quart ou le cinquième des moyennes rivières se perd par cette voie.

On croit donc préférable, pour contenir les rivières, de former les digues en terre, et de faire en maçonnerie le revêtement du côté des eaux, ou plutôt, si l'on en excepte le cas indispensable où il est nécessaire, de construire un mur pour le soutien des eaux, comme lorsqu'il s'agit de murs de quai des villes. Dans tout autre cas, il est préférable de donner à ces levées des talus intérieurs et extérieurs, et de revêtir, par un perré en maçonnerie, le talus du côté des eaux, parce que cette construction est en état de résister à l'action des eaux, soit courantes, soit dormantes ; et, dans ce cas, l'eau réagit moins vers le fond, et le choc des eaux a nécessairement moins d'effet contre un plan incliné que contre un mur à peu près vertical.

On donne dans la Loire, à la base du talus des levées, au moins une fois et un quart de leur hauteur, et plus souvent une fois et demie, lorsque le parement du côté des eaux doit être revêtu en perré; mais quand toute la levée formée en terre est sans revêtement, on donne à la base des talus du côté de l'eau jusqu'à deux fois leur hauteur, et une fois et demie au talus extérieur; ce qui est à peu près celui que prennent naturellement les terres abandonnées à elles-mêmes.

Les perrés, comme je l'ai dit plus haut, sont des murs à pierre sèche, de 5o à 6o centimètres d'épaisseur réduite, faits en forts moellons qui ont plus de queue que de face, dont la pente suit le talus des terres, dont les pierres sont posées à joints de hasard, mais dont la direction est toujours perpendiculaire à la rampe des talus, et qui, par ce moyen, présentent un corps lisse dont le parement, bien dégauchi, est inattaquable par l'eau, soit dormante, soit courante, toutes les fois que le pied en est bien assuré.

Dans quelques circonstances, on place à la distance d'environ 4 mètres des chaînes en pierre de taille pour entretenir et assujétir les parties faites en moellon, et même quelquefois on pratique le long de la rampe de ces perrés de petits escaliers en pierre, qui sont utiles aux habitations voisines qui bordent la levée.

On doit sentir qu'ayant à entretenir des levées qui s'étendent le long des rives de la Loire sur une longueur d'environ 7o lieues, et qui règnent souvent sur une rive, et quelquefois sur les deux, il a fallu adopter des moyens qui pussent se concilier avec la solidité des travaux et l'économie nécessaire pour ces dépenses. Ces moyens ont été le résultat de l'expérience des ingénieurs

consacrés à ce service ; et l'on a reconnu la nécessité de
donner aux levées et à leurs revêtemens toute l'épaisseur
qu'exigeoit la solidité, mais rien au-delà du nécessaire.

On sait généralement que tous les étangs, qui sont
des amas d'eau, sont soutenus vers leurs parties basses
par des chaussées, et que, moyennant une bonde ou
une vanne, et un conduit qui traverse ladite chaussée,
on parvient à soutenir les eaux à la hauteur du déchar-
geoir en tenant l'empalement fermé, ou à les faire évacuer
en levant l'empalement.

Or il se trouvoit une grande quantité d'étangs dans
la province ci-devant nommée Sologne, qui fait aujour-
d'hui partie des départemens du Cher, du Loiret et de
Loir et Cher ; mais comme en général les étangs de ce
pays sont petits, leurs chaussées sont seulement construites en terre sans revêtement ; elles ont depuis 12 jusqu'à 20 pieds d'épaisseur en couronne, avec des talus
de part et d'autre : leur plus grande hauteur, réglée sur
la profondeur des étangs, est de 5 à 9 pieds. Mais dans
la ci-devant Lorraine allemande, qui est aujourd'hui,
pour la plus grande partie, enclavée dans le département
de la Meurthe, les étangs sont plus grands, plus profonds
et plus précieux : les plus considérables sont l'étang de
Lindre, celui du Stock et celui de Gondrexange. Le
premier contient en superficie environ 1400 arpens de
France en eau, faisant environ 715 hectares. Les eaux
de cet étang sont soutenues par une chaussée d'environ
30 pieds d'épaisseur, sur environ 24 pieds dans sa plus
grande hauteur ; elle est soutenue, du côté des eaux,

25

par un revêtement en maçonnerie à mortier de chaux et sable, ayant environ quatre pieds d'épaisseur par le sommet, et dix pieds d'épaisseur à la base : le talus extérieur, du côté des eaux, m'a paru être du sixième de sa hauteur, et le talus extérieur est en terre.

Il y a très-peu de ces chaussées d'étang qui soient soutenues par des murs en maçonnerie et mortier de chaux ; mais un très-grand nombre ont leur parement, du côté des eaux, revêtu par un mur à pierre sèche d'environ deux pieds d'épaisseur réduite, et formant un talus du cinquième de sa hauteur au plus. Mais ayant eu pendant dix années à diriger les constructions et réparations d'environ cent cinquante étangs provenant des domaines des anciens ducs de Lorraine, et vendus depuis comme biens nationaux, j'ai reconnu, après une suite d'observations, que ces murs de revêtement n'avoient pas un talus suffisant, vu qu'ils étoient directement battus par les flots que le vent agite et soulève, et rend plus actifs dans les grands étangs, et que d'ailleurs les assises de ces murs, mal à propos posées horizontalement, étoient soulevées et dérangées. C'est pourquoi, ayant fait démolir assez souvent de ces murs en partie ruinés, je leur ai fait substituer un perré en maçonnerie à pierre sèche de 21 pouces d'épaisseur réduite, et dont le talus avoit sa base égale à sa hauteur, et construits suivant qu'il a été indiqué ci-dessus. Mais pour soutenir le pied de ce perré, j'ai fait faire une tranchée d'un mètre de profondeur sur 12 décimètres de largeur, que j'ai fait remplir d'une pareille maçonnerie, mais qui formoit extérieurement un empatement de 4 décimètres de largeur. L'expérience m'a convaincu du succès de cette construction, qui a résisté à l'effort des vagues des plus grands étangs.

Page 158. ARTICLE PREMIER.

Des digues en terre ou gravier qui doivent être terminées par un éperon.

N° 344. L'auteur propose, pour les digues en terre qu'il s'agit de construire le long des rivières, de les élever de 18 pouces au-dessus des plus grands débordemens ; mais comme on peut quelquefois être trompé sur les indications de la hauteur de ces débordemens, je pense que, pour plus de sûreté, il convient de leur donner au moins deux pieds au-dessus des plus grands débordemens connus.

N° 345. L'auteur observe avec raison que la terre est préférable au gravier pour la construction des levées, à cause de la filtration des eaux. Ce n'est pas que les eaux ne filtrent également à travers les terres ordinaires, mais plus lentement et moins abondamment. Pour y remédier, l'auteur propose, pour la construction des digues en pur gravier, d'y établir dans le milieu une clef de conroy de deux pieds d'épaisseur. Je pense, d'après mon expérience, que cette épaisseur est trop foible ; qu'il faudroit donner à ce noyau de conroy au moins 3 à 4 pieds d'épaisseur réduite pour les grandes levées, c'est-à-dire cinq pieds dans le fond, réduits à deux pieds par le sommet, qui doit se terminer à la hauteur précise des grands débordemens, et le surplus de l'exhaussement seroit achevé en terre ordinaire ou gravier.

Nos 346 et 347. L'auteur prescrit de donner à la base du talus des digues en terre ou gravier une fois et demie leur hauteur, comme je l'ai précédemment indiqué, c'est-à-dire faire le rapport de la base du talus à la hauteur comme 3 à 2.

N° 349. L'auteur, dans le cas où il seroit nécessaire d'établir une digue dans le lit d'une rivière sous les eaux, propose d'en fixer l'enceinte par une espèce de batardeau formé d'une file de pieux presque jointifs ; ensuite de remplir l'intérieur du coffre de ce batardeau de gravier ou pierrailles assez grosses pour ne pas passer entre les pieux jusqu'à la hauteur des basses eaux, et d'établir ensuite par-dessus une digue en terre.

On ne croit pas pouvoir approuver ce genre de construction pour une digue dont la direction seroit perpendiculaire au cours des eaux, soit que la digue établie dans un bras de rivière dût former un barrage total ou partiel, parce que si la pierre du fond du batardeau est un peu forte, et que le barrage soit total, l'eau, après avoir commencé à couler en abondance entre les pilotis sous la digue, ne manqueroit pas d'occasionner des affouillemens sous cette digue par l'effet de la pression des eaux sur le fond, et cette action des eaux croîtroit en proportion de la différence de leur hauteur en amont sur celle d'aval ; et bientôt les eaux, creusant un passage sous cette digue,

parviendroient à la détruire. Tous les ingénieurs qui ont
fait exécuter des barrages de lit de rivière un peu importans, connoissent cet effet : je l'ai expérimenté en faisant faire le barrage d'un bras qui contenoit un peu plus
de moitié de la rivière de la Moselle. Pour y parvenir,
lorsqu'on est prêt à clore la digue de barrage, il faut des
moyens prompts et efficaces pour gagner de vitesse l'effet
de la pression des eaux sur le fond.

On peut, à cet égard, consulter l'ouvrage de M. Péronnet sur les difficultés qu'il a éprouvées dans l'exécution
du barrage d'un des bras de la Seine, lors de la construction du pont de Neuilly. Si le barrage n'étoit que
partiel, la digue seroit encore exposée à être attaquée
dans sa fondation par les eaux, et courroit les risques
d'une prompte destruction, parce que les affouillemens
font descendre les moellons ou graviers; et la terre qui
suit étant emportée par les eaux, il en résulte la ruine
de ces ouvrages.

Avant d'abandonner l'objet du barrage des rivières,
soit en totalité, soit partiellement, je crois devoir faire
mention des barrages qu'on exécute sur les divers bras
du Rhin qu'on juge nécessaire de supprimer, pour
reporter leurs eaux dans le lit principal ou *talweg*. On
sait que ce fleuve coule avec beaucoup plus de rapidité que
la Seine et la Loire; cependant on entreprend souvent
sur le Rhin des barrages de bras d'une étendue beaucoup
plus considérable que celui de la Seine, qu'on a barré
lors de la construction du pont de Neuilly. Ces barrages
s'exécutent dans le Rhin avec des digues en fasci-

nages, qui ont une épaisseur et des talus proportionnés
à la profondeur des eaux qu'on a à soutenir. On commence par enraciner solidement les épis sur chaque rive,
et on fait ensuite marcher graduellement leur construction
des deux côtés. Mais avant de former la digue dans son
milieu, on forme en avant d'autres épis inclinés suivant
une direction propice, et qui ont pour but de changer le
cours des eaux qui arrivoient sur ce bras, et de le diriger
vers le talweg; et ce n'est que lorsque les eaux, forcées
par ces derniers travaux, ont décidé leur cours suivant
leur destination, qu'on travaille à la fermeture du bras
qu'on s'est proposé de supprimer. En effet, on n'a plus
alors deux résistances à vaincre, celle de la vitesse des
eaux et celle de leur pression. Sur la fin du travail, il
ne reste plus à vaincre que la dernière, parce que, sans
presser indiscrètement le travail, on lui laisse prendre
son assiette, et on le consolide à mesure de ses progrès;
et observant les précautions en usage, on éprouve moins
de difficulté pour la clôture définitive de la digue, que
l'on fortifie ensuite.

Dans les barrages importans, ces digues sont au moins
composées de deux fortes branches parallèles, liées ensemble par le pied, dont les intervalles étant remplis de
gros gravier, contribuent à tenir tout le barrage plongé de
fond, et lui donnent assez de consistance pour être en état
de résister à toutes les impulsions de l'eau : de sorte qu'un
tel barrage, bien construit, bien lié dans toutes ses
parties, et bien proportionné dans toutes ses dimensions,
doit résister aux débordemens qui le surmontent,

Page 161 jusqu'à 166.

ARTICLE II.

Des digues à perré.

N° 350. L'auteur distingue trois sortes de perrés ou revêtemens en pierre destinés à défendre les talus des digues contre les eaux ; savoir, la première, composée de dalles en pierre de taille de 6 à 7 pieds de longueur, 2 pieds de largeur et 18 pouces d'épaisseur ;

La deuxième, formée par de forts blocs de forme irrégulière, qu'il nomme perré en blocaille ;

La troisième, composée de moellons bruts moins gros que les précédens.

Pour ce qui concerne le perré ou revêtement en dalles, l'auteur suppose ces dalles toutes d'égale largeur et épaisseur, terminées en carré et posées bout à bout par rangées, de façon que leur longueur suive le rampant de la levée ; elles sont posées sur un lit de deux pouces d'épaisseur en sable ; et les rangées, de chacune deux pieds de largeur, doivent laisser entre elles un joint d'environ deux pouces, que l'on remplit de sable et de gravier. Chaque rangée repose, par le bas, sur le pied du talus de ladite levée. C'est avec dessein que ces rangées ne sont réunies que par des joints remplis en sable fin, pour que, dans le cas où il surviendroit un affouillement au pied de ladite levée, ces dalles puissent avoir la facilité de glisser à la suite les unes des autres, et descendre successivement dans l'eau à mesure que l'affouillement se forme. L'auteur, pour donner plus de solidité à ce genre de construction, ne se borne pas à couvrir le talus de la levée du côté des eaux par une seule épaisseur de dalles ; il en fait placer trois lits d'épaisseur l'un sur l'autre, avec l'attention de séparer chaque lit par une couche de sable : ce qui forme une masse de 4 pieds 6 pouces d'épaisseur en pierre de taille. Mais pour former un empatement au pied de ce talus, il fait encore glisser en avant, dans la même direction, jusqu'à quatre rangs d'assises de pierre de taille des mêmes dimensions, et il pense que dans la rivière de Durance, qui est très-rapide, on peut donner jusqu'à 9 pieds d'épaisseur à cet empatement : et il estime que cette espèce d'empatement est préférable aux moyens qui font usage de pilotis.

Tel est le genre de construction en usage pour la Durance.

Page 167, n° 360. La figure 30, planche III, pareille à celle de l'œuvre du citoyen Fabre, indique le profil d'une levée dont le parement, du côté des eaux, est revêtu par quatre épaisseurs de dalles qui descendent d'environ 4 pieds au-dessous des eaux, mais en suivant la direction prolongée de la rampe du talus : ensuite, pour empater cette fondation, l'auteur a ajouté cinq rangs de dalles, ce qui en fait neuf rangs vis-à-vis de l'empatement, et quatre pour le talus ; ce qui donne une épaisseur en pierre de taille de 13 pieds 6 pouces vis-à-vis de l'empatement, et de six pieds sur la face du talus.

J'observerai que c'est le genre de construction le plus cher que je connoisse, et que pour revêtir de cette façon les parties de levées de la Loire qui le sont en perrés ordinaires, il en coûteroit plus de 120 à 130 millions à l'Etat, et ce revêtement ne seroit point encore à l'abri des accidens.

Nᵒˢ 361 et 362. L'auteur fait l'application de ce travail en dalles à la construction d'un empatement à fonder sous les eaux sur le rivage d'une rivière dont il donne le plan et le profil. (Fig. 31, même planche.)

On ne peut s'empêcher d'observer qu'à moins que la berge ne soit un roc vif, il n'existe point de berge de rivière qui ait son bord à-plomb comme ce profil l'indique : ce qui est cause que, d'après cette figure, les dalles n'ont pu être disposées en pente sans laisser un vide où les eaux circuleroient, et pourroient, avec le temps, fouiller entre l'empatement et le talus.

On ne peut d'ailleurs se dissimuler que dans l'exécution il seroit très-difficile, en cas qu'il y eût une profondeur d'un ou de deux mètres sous les eaux au pied du talus, de disposer bien régulièrement dans le même ordre toutes ces dalles, et de les empêcher d'être bouleversées.

Nᵒˢ 363 et 364. L'auteur propose d'établir sous les eaux les mêmes empatemens en dalles représentés par la figure 30, même planche, en les faisant glisser le long des talus sur cinq rangs d'épaisseur, de les employer également pour des digues parallèles, obliques ou perpendiculaires, et, si on le juge nécessaire, de

26

soutenir le rang extérieur par le pied par une enceinte
de pilotis; et, comme il n'indique pas d'épuisement ni de
batardeau de construction , il faut présumer qu'il place
son empatement à fleur d'eau au-dessus de l'étiage.

Je pense qu'il se trouvera peu d'ingénieurs qui adopte-
ront ces modèles de construction.

N° 365. L'auteur rappelle dans ce numéro ce qu'il
a dit précédemment, « que les constructions qu'il pro-
» pose ne pourroient pas avoir lieu dans plusieurs endroits
» de la montagne , à cause de l'impossibilité de trouver
» des pierres de taille calcaires à plus de 230 toises de
» hauteur au-dessus du niveau de la mer; ce qui nécessi-
» teroit d'y suppléer par d'autres ouvrages en blocages
» ou gros moellons. »

Cet article m'a paru susceptible d'observations, parce
que non seulement il n'est point démontré que les eaux,
comme le dit l'auteur, n'aient jamais monté sur le globe
terrestre à plus de 230 toises au-dessus du niveau
actuel de la mer; et que les coquilles ni les pierres calcaires ne se rencontrent point à une plus grande hauteur, comme il le suppose; mais il existe de fortes
preuves du contraire; et, parmi les naturalistes instruits
qui ont traité cette matière, je citerai la *Géologie* de
Bertrand. On y lira, pages 67 et 73 , qu'il existe des
coquilles marines sur les Alpes, les Pyrénées et les Cor-
dilières, jusqu'à 2300 toises de hauteur; il assure en
avoir trouvé sur les plus hautes Alpes , vis-à-vis les forts
Barraux et sur le Canigou ; et qu'enfin il se trouve dans
les Alpes et le Jura de très-hautes montagnes calcaires.

On peut donc espérer de rencontrer à de plus grandes hauteurs des pierres calcaires pour les ouvrages à construire le long des torrens; d'ailleurs, dans plusieurs des cantons où les pierres calcaires manquent, on trouve des pierres froides propres à être taillées, telles que les pierres de sable ou mollasses, dont les bancs ont différens degrés de dureté.

Quoi qu'il en soit de l'observation précédente, l'auteur propose, pour y suppléer, un pavé de blocage, ou une jetée de blocs de moellons ou pierres brutes qui couvriroit la surface du talus d'une levée sur deux ou trois pieds d'épaisseur, appuyée sur un empatement de 5 à 6 pieds, suivant la pente de la rive où les pierres y sont abandonnées à elles-mêmes et sans liaison. Cette construction, que j'ai vu exécuter en plusieurs cantons sur le bord des rivières, m'a paru vicieuse et assez dispendieuse. L'irrégularité des blocs occasionne des bouillonnemens d'eau considérables; et, vu le peu de liaison des matières, les eaux les emmènent en détail, sur-tout dans les rivières qui ont plus de 8 centimètres de pente sur 100 mètres : peu à peu l'empatement qui doit soutenir le revêtement du talus s'affoiblit, se ruine, les moellons supérieurs coulent vers le fond, et la berge reste à découvert exposée à la dégradation des eaux.

Les jetées en moellons pour la garantie du pied et des talus des levées, sont exposées à être détruites en détail avec le temps.

Cette construction a été employée pendant long-temps pour conserver les bordages de la Moselle et défendre les propriétés riveraines : on en faisoit, toutes les années, pour 10,000 fr. en plusieurs parties dans la ci-devant Lorraine. Les propriétaires en crédit obtenoient souvent

de préférence ces jetées vis-à-vis de leurs propriétés : sans
être chargés de ces travaux, j'en ai plusieurs fois observé
les effets, et j'étois souvent étonné du peu de durée de
ces ouvrages. Il y a telle propriété que l'on a protégée
pendant plus de quinze ans par des jetées de pierre
annuelles très-considérables, et dont il reste aujourd'hui
peu de traces après dix ans de suspension. Mais ce fonds,
dont j'avois plusieurs fois desiré faire un emploi mieux
entendu et plus utile, a été supprimé en 1780.

Page 170, n° 366. Dans le système de l'auteur,
lorsqu'on ne peut se procurer ni dalles ni blocs, on re-
couvre les talus par de petits perrés qui sont formés en
pierre avec moellons moins gros, liés ensemble et serrés
comme un pavé, pour ne donner aucune prise à l'eau ;
ensuite, pour assurer cette construction, le pied du talus
doit être défendu contre les affouillemens par un ou deux
rangs de pilotis dont l'intervalle est rempli de moellons.
Il propose de serrer les pieux suffisamment entre eux
pour que les moellons ne puissent passer dans les intervalles et s'échapper ; il ajoute qu'on pourroit garnir ces
intervalles par des tunages : mais le premier moyen
paroît préférable, parce que l'expérience prouve que ces
tunages à découvert seroient promptement pourris et
détruits.

Page 171, n° 367. L'auteur propose, dans ce
numéro, au lieu de perrés construits en moellons à pierre
sèche, d'y substituer des murs en maçonnerie avec mortier de chaux et de sable, faits en moellons pareils aux

précédens; mais, conformément à son système précédent, il voudroit que ces murs fussent divisés par pans de 6 à 7 pieds, posés sur le gravier, et séparés entre eux par des joints de 2 à 3 pouces de largeur, qui seroient remplis en sable, afin de donner à ces pans de maçonnerie, sans liaison entre eux, la facilité de glisser par le bas à mesure qu'il se creuseroit des affouillemens au pied du talus.

Il convient, au surplus, que, si le pied du talus de la levée touchoit l'eau, ou venoit à être submergé avant que cette maçonnerie eût pris corps, cet incident altéreroit la solidité de cette construction. Quant à l'empatement qui pourroit être nécessaire à ce dernier perré, il se réfère sur ce qu'il en a dit et indiqué précédemment pour les perrés des autres espèces.

Ce projet de l'auteur de faire glisser les lits de dalles qui revêtent les talus des levées, et de les faire descendre dans les fossés qui se forment au pied de ces talus, ou même de faire pareillement glisser à propos des pans de murs faits en remplacement des dalles; ce projet, dis-je, pourra peut-être, au premier aperçu, séduire quelques personnes; mais l'exécution me paroît offrir des difficultés, et la suite de graves inconvéniens. Il y a, je crois, dix contre un à préjuger que les effets ne s'opéreroient point comme on l'annonce, parce que très-souvent les fosses creusées par les eaux au pied des talus seroient déja très-profondes avant que les dalles eussent commencé à couler. D'ailleurs, les fosses, au lieu de suivre la pente du talus, auroient, la plupart du temps, leurs bords escarpés et plus rapides : de sorte que la première dalle qui couleroit, au lieu de suivre la direction du talus, feroit bascule, et celle qui la suivroit seroit jetée au loin ; et si d'ailleurs le fond de la fosse présentoit des inégalités, plusieurs de ces dalles seroient renversées de côté ou d'autre ; ensuite ces chutes irrégulières des premières dalles mettroient du désordre dans les suivantes ; enfin, ce bouleversement, loin de former un empatement solide, donneroit plus de prise au courant de la rivière : c'est pourquoi bientôt ces diverses dalles seroient entraînées dans le cours du lit, tandis que le talus de la digue resté à nu seroit exposé à tous les ravages des eaux, (*Voyez* la fig. BP, même planche, qui représente ces bouleversemens, les uns en plan et les autres de profil.)

A l'égard des empatemens ou crèches formés avec de gros blocs à pierre perdue, ils présentent encore des inconvéniens dans l'exécution, à cause de la difficulté de les arranger sous les eaux, et de régler leur pente suivant le talus qu'on juge nécessaire à leur solidité.

ARTICLE III.

Des digues à pierre sèche.

Page 172, n°s 368, 369 et 370. Ces numéros indiquent la construction d'une espèce de digue dont on fait usage le long des bords de la Durance. Cette digue est construite par assises en pierres de taille, que l'on

appelle dalles, qui sont posées horizontalement et sans
mortier. Chaque assise embrasse toute l'épaisseur de la
digue; elles sont toutes d'égale hauteur, et forment sur
celles qui les supportent une retraite de deux pouces dans
leur parement du côté des eaux, et l'autre parement est
élevé à-plomb : ensuite on ajoute au-devant de cette digue
une berme ou crèche pour la défendre des affouillemens
construits d'après les principes précédens.

On n'a point donné la hauteur ni l'épaisseur de cette
digue, ni la hauteur d'eau qu'elle avoit à soutenir; ce
qui, cependant, eût été nécessaire pour bien l'apprécier.

L'auteur annonce ensuite que ces digues ne réussissent pas, et qu'elles sont souvent détruites. Il est vrai
qu'il est difficile de concevoir comment on peut projeter
des constructions aussi dispendieuses et aussi mal-
entendues.

Nos 371 et 372. Pour corriger les vices de la précédente construction, l'auteur propose une autre digue
dont le profil est désigné par la figure 33, planche III,
qui est également formée par des assises horizontales en
pierre de taille, excepté que chaque assise forme une
retraite sur chaque parement d'environ moitié de sa
hauteur ; c'est-à-dire que si les assises ont chacune
18 pouces de hauteur, la retraite de chacune sera de
9 pouces du côté de l'eau, et de même du côté des
terres ; et ce profil présente une pyramide en avant de
laquelle l'auteur ajoute, du côté de l'eau, trois assises
rampantes au-dessus des eaux, et quatre au-dessous.

L'auteur ne donne les dimensions d'aucun de ses

projets, et les plans n'ont point d'échelle. Cependant on juge que si les assises ont chacune 1 pied 6 pouces d'épaisseur d'après la figure, la digue peut avoir 4 pieds 6 pouces d'épaisseur en couronne, sur une hauteur de 10 pieds 6 pouces.

Il eût été à desirer, pour pouvoir juger de la convenance des ouvrages proposés pour contenir la Durance, que l'auteur eût fait connoître quelle est la largeur réduite de cette rivière au temps des plus basses eaux, dans les lieux où l'on desire construire des digues pour la contenir, et de dire si cette rivière est plus ou moins encaissée, si elle occupe un grand espace dans les débordemens ; indiquer quelle est sa profondeur au temps des basses eaux, et à quelle hauteur elle s'élève dans les hautes crues ; quelle est la pente de cette rivière par 100 ou 200 mètres de longueur ; quelle est la vitesse de ses eaux, la nature du terrain sur lequel elle coule, et celle des matériaux que le pays peut fournir. Toutes ces connoissances étoient nécessaires pour bien juger ces projets.

Du reste, dans mon opinion, je n'adopterois aucune des constructions proposées par les figures 30, AIC ; 31, AX ; 32, AY, et 33, AZ.

OBSERVATIONS.

Ce ne sera qu'après avoir terminé l'examen des divers projets de construction de digues, levées ou barrages de rivière proposés par plusieurs auteurs, que je ferai part de mes idées sur cette matière.

ARTICLE IV.

Des digues en maçonnerie.

Page 175, nos 376 et 377. Les digues en maçón-
nerie sont ou des murs de soutenement isolés et
destinés à soutenir seuls la poussée ou le choc des eaux
en vertu de leur stabilité et de leur épaisseur, ou bien
ce sont des murs de revêtement qui soutiennent une
masse de terre : tels sont les murs de quai sur les rivières ;
ou ce sont des levées en terre, garanties du côté des eaux
par un mur de terrasse, ou par un talus revêtu en maçonnerie. Dans tous les cas, ces murs sont en totalité en
pierre de taille, ou bien ils n'ont que le seul parement
en pierre de taille, et le surplus de l'épaisseur est fait en
maçonnerie de moellon ; ou enfin lesdits murs sont faits
en moellon dans la totalité de leur épaisseur : mais toute
cette maçonnerie doit être faite en mortier de chaux et
de sable, et avoir une épaisseur proportionnée à l'impulsion des eaux et à la poussée des terres. Dans toutes les
circonstances que l'on vient d'indiquer, l'objet essentiel
et indispensable est que la fondation de tous ces ouvrages
soit solidement établie, de façon à ne pouvoir jamais
être attaquée par les eaux ; sans cela tous les autres soins
de construction deviennent nuls.

Parmi les divers moyens à employer dans l'établissement des fondations, l'art consiste à bien choisir les
plus convenables aux circonstances locales, aux conve-

27

nances du service, et à concilier la solidité avec une économie bien entendue.

J'aurai occasion de m'expliquer plus bas sur les effets funestes des fondations mal assurées, les causes de leur détérioration, et de proposer quelques modèles de différens genres de construction.

ARTICLE V.

Des digues en gabions.

Page 176, nᵒˢ 378, 79, 80 et 381.

Au défaut de pierre pour construire des digues, il se trouve des cas où l'on fait usage de gabions remplis de cailloux ou gros gravier pris sur place.

Ces gabions, qui ont la figure de cône, sont faits avec de petites perches enlassées avec des lattes; on les pose par lits, la pointe dirigée vers le courant, et on lie ces gabions entre eux avec des tresses d'osier.

Ce moyen est peu coûteux; mais aussi il n'est ni bien solide ni durable. L'auteur assure que cet ouvrage subsiste deux à trois ans.

J'ai vu pratiquer plusieurs moyens équivalens vers l'origine des rivières, où le lit, quoique rapide, n'est ni profond ni bien large. Les habitans du pays formoient ainsi des retenues d'eau très-fréquentes, dans la vue de faciliter les irrigations, dont on fait un usage très-utile dans la montagne. Une simple retenue de 40 ou 60 centimètres de hauteur procuroit les moyens de faire des

saignées au lit de rivière ; ce qui multiplioit les filets
d'eau, que l'on soutenoit dans des conduits particuliers,
et qu'à la faveur de ces coteaux on conduisoit fort loin.

ARTICLE VI.

Des digues en encaissement.

Page 178, n° 382. Les digues par encaissement
sont connues dans le département des Basses-Alpes.

Ces encaissemens sont formés avec des caisses de
charpente qui ont la forme d'un parallélipipède rectangle
d'environ 15 à 18 pieds de longueur sur six pieds de
largeur et autant de hauteur ; elles sont formées d'un
cadre d'assemblage dont les faces sont garnies par des
madriers bruts, ouvertes par-dessus. On les construit
sur place, et on les remplit de pierres assez grosses pour
ne point passer entre les joints des madriers.

On dit que ces caisses sont quelquefois renversées et
ensablées par les torrens.

Au lieu de remplir ces caisses avec des pierres sèches
sans ordre, lorsque le pays fournit de la chaux de bonne
qualité qui a de la force, on pourroit bâtir dans des
caissons des massifs en mortier de chaux et de sable,
dont le fond et le pourtour seroient faits en pierres pare-
mentées, et le milieu avec pierrailles et cailloux formés par
lits de six pouces d'épaisseur, mêlés avec de la chaux vive,
le tout pressé et bien battu pour qu'il ne reste aucun vide.
Si on donnoit ensuite à ces masses le temps de sécher et

de prendre corps, on pourroit ensuite disposer de ces blocs, et, après en avoir enlevé la charpente d'enveloppe, en faire un emploi avantageux.

Page 179. ARTICLE VII.

Des digues en bois.

Nᵒˢ 384, 85, 86, 87, 88, 89, 90, 91 et 392.

Les digues en bois ont pour objet de défendre les bordages d'un torrent ou d'une rivière contre l'attaque des eaux courantes, ou de barrer quelques bras de rivières pour rejeter les eaux dans le lit principal.

Lorsque les bords d'une rivière sont plantés de saules, en les pliant sur les talus des bordages et enlaçant les branches, on parvient à rompre le cours des eaux; d'autres fois on forme des plants de saules nains qu'on enveloppe de tunage.

Enfin, pour former le barrage de quelques bras de rivières secondaires et nuisibles, on les traverse par plusieurs rangs de forts piquets battus à la masse, avec lesquels on forme des clayonnages avec des gaulettes qui enveloppent la tête desdits piquets, et l'on remplit ensuite les intervalles entre ces rangs de piquets avec des moellons, des cailloux et des graviers.

L'auteur assure qu'un de ces barrages à cinq rangs a réussi dans la rivière de Durance. J'en ai également fait exécuter avec succès dans la Moselle et dans la Sarre. On forme plusieurs de ces barrages dans un même lit dont on desire le comblement, et chacun composé de quatre à cinq rangs de piquets et clayonnages qui les enlacent; pendant le temps des basses et des moyennes eaux, les graviers et les sables se trouvent arrêtés par ces clayonnages, et le fond du lit s'exhausse successivement. Ce travail réussit d'autant mieux, qu'étant posé au niveau des plus basses eaux, les eaux moyennes et les grandes crues passent par-dessus sans obstacle et sans les endommager.

Page 184.   A R T I C L E   V I I I.

Des levées et des turcies.

N° 393. Les levées, de même que les chaussées d'étang, sont des digues en terre, formées et destinées à contenir une grande masse d'eau en stagnation. Cependant le mot chaussée a diverses acceptions dans les arts, suivant qu'il est placé; et, quoiqu'il soit d'usage dans toutes les parties de la France d'appeler chaussée d'étang une élévation en terre, néanmoins on nomme encore chaussée la partie du milieu d'une grande route rendue solide pour le passage des voitures, et l'on distingue chaussée en pavé d'échantillon ou de pavé brut, chaussée d'empierrement ou de cailloutis : ces termes sont consacrés à l'art.

On est encore convenu d'appeler levée l'élévation en terre destinée à contenir les rivières dans leur lit; et lorsque ces levées servent en même temps de grandes routes, on construit dans leur milieu une chaussée de pavé d'environ six mètres de largeur pour le passage des voitures : telle est la levée de la Loire depuis Orléans jusqu'à la Daguenière près d'Angers (1).

On prétend que les turcies sont des levées plus basses, destinées à fortifier la levée principale ; c'est l'idée qu'en ont eue les anciens ingénieurs chargés de ces travaux. On croit devoir citer quelques exemples de ces turcies ; savoir, la grande levée sortant des portes de la ville de Tours par la route de Bordeaux, formant environ trois quarts de lieue depuis Tours jusqu'au pied de la côte de Grammont. Le corps principal de cette levée, au milieu de laquelle passe la route, peut avoir 20 mètres de largeur, et elle est fortifiée de chaque côté par une turcie ou levée plus basse que la première d'environ un mètre et demi : ces turcies ont chacune environ quatre mètres de largeur, autant que je puis m'en souvenir ; le tout est planté de quatre rangées d'arbres.

On voit encore un autre exemple de ces turcies sur la route de Nancy à Paris, à l'appui d'une levée principale qui traverse la prairie de la Meuse entre Pagny et Void ; elle est accompagnée de deux turcies. On en pourroit trouver encore d'autres exemples. Au reste, c'est le contraire des banquettes pratiquées sur quelques portions des grandes routes des environs de Paris, qui forment de

---

(1) D'Orléans à Blois, la levée règne sur la rive gauche ; et de Blois à Angers, sur la rive droite de la Loire.

part et d'autre une élévation ou trottoir pour les gens de pied.

N° 394. L'auteur rappelle dans ce numéro que les levées qui bordent les rivières doivent avoir l'épaisseur nécessaire pour résister à la poussée des eaux, avoir une élévation supérieure à la hauteur des plus grands débordemens, que ses glacis ne soient pas exposés à être dégradés, et que lesdites levées aient assez d'épaisseur pour que les filtrations ne puissent altérer leur solidité : toutes ces conditions sont incontestables.

Nos 395 et 396. L'auteur a pensé que l'épaisseur desdites levées pouvoit se réduire à rien par le haut (avant lui, cette observation avoit déja été faite), mais que néanmoins on devoit leur donner jusqu'à trois pieds de largeur en couronne, avec des talus qui auroient pour base une fois et demie leur hauteur. J'ai déja dit précédemment que ces épaisseurs étoient de beaucoup insuffisantes. Les levées de la Loire ont au moins six mètres de largeur en couronne, et dans beaucoup d'endroits elles en ont 10; et j'ai expérimenté que dans les hautes crues, lorsque les levées n'avoient que 6 à 7 mètres d'épaisseur, il survenoit des filtrations abondantes dans les talus extérieurs, qui, en s'augmentant, produisoient des filets d'eau qui dégradoient fortement les talus, et qu'on étoit souvent forcé d'étancher en y rapportant promptement des dépôts de fumier.

Enfin, j'ai vu des levées en gravier de cinq mètres d'épaisseur en couronne prêtes à être emportées par l'abondance des filtrations qui les traversoient, si l'on n'y eût promptement remédié par un nouvel élargissement.

N° 397. Nous avons dit plusieurs fois précédemment que les levées de la Loire, faites en terre ordinaire avec des talus revêtus de gazon, se soutenoient par elles-mêmes sans être revêtues de perrés du côté des eaux, lorsque le pied du talus, élevé à un ou deux mètres au-dessus de l'étiage, se trouvoit à la distance d'une centaine de mètres du cours ordinaire de la rivière. Nous projetons de présenter des modèles de construction dans ce genre, applicables aux diverses circonstances qui peuvent se présenter pour la défense des terrains qui bordent les rivières.

Détail des constructions usitées pour contenir les grandes rivières dans leurs lits.

Comme il n'y a point de rivière en France qui ait pour sa défense une aussi grande longueur de levées que la Loire, on va commencer par citer les constructions qui bordent cette rivière, ainsi que celles du Cher et de l'Allier, qui tombent dans la Loire.

Détails sur la construction des levées qui bordent les grandes rivières d'après l'expérience.

La figure 1ere, planche IV, représente la coupe d'une de ces levées dont le pied du talus intérieur se trouve de deux mètres au-dessus des basses eaux, et la distance du lit ordinaire d'environ 100 mètres. Dans ce cas, les talus intérieurs et extérieurs sont simplement gazonnés;

il s'y trouve quelques plantations en avant du pied de la levée, et cela suffit pour sa sûreté.

On voit que ALMD représentent le terrain naturel, ABCD la coupe de la levée avec ses talus, AV la fouille qui a fourni une partie des terres de la levée; le surplus a été pris dans le lit de la rivière.

La figure 2 représente la coupe d'une pareille levée dont le pied n'est qu'à un mètre au-dessus de l'étiage, et qui est par conséquent baigné dans toutes les crues qui excèdent la hauteur du mètre; c'est pourquoi son talus est revêtu d'un perré en maçonnerie à pierre sèche : mais comme elle est éloignée d'au moins 50 mètres du lit de la rivière, le talus du perré est simplement fondé dans le terrain naturel sur un massif de maçonnerie de moellons avec retraite, établi à un mètre de profondeur.

ALMNE représentent le terrain naturel, ABC le corps de la levée, et CE le talus intérieur du côté des eaux, revêtu d'un perré.

La figure 3 représente une coupe de levée dont la rivière baigne le pied dans le temps des basses eaux; son talus, revêtu d'un perré, est appuyé sur un empatement en maçonnerie à pierre sèche, soutenu par une file de pieux espacés entre eux de 45 centimètres de centre en centre, recepés au niveau de l'étiage, et entretenus par un cours de liernes chevillées contre lesdits pieux.

Ces levées ont 8 à 10 mètres de largeur en couronne pour avoir dans leur milieu une chaussée de pavé servant de route; leur hauteur est d'un mètre au-dessus des plus

grandes crues, qui s'élèvent d'environ quatre mètres au-
dessus du sol des campagnes voisines.

La figure 4 présente encore la coupe d'une levée habituellement battue par les eaux. Vu que le cours principal de la rivière longe cètte partie de levée, le perré,
qui en revêt le talus du côté de la rivière, est appuyé
sur un massif de maçonnerie qui forme un empatement
ou crèche horizontale d'un mètre et demi de saillie, qui
est soutenu extérieurement par une file de pieux de
chacun six mètres de longueur et 32 centimètres de
diamètre à la tête, battus, recepés et liernés ainsi qu'il
a été précédemment expliqué; et, comme on a supposé
qu'il se trouvoit environ deux mètres de profondeur d'eau
au pied de ladite crèche, on a placé une file intérieure
de pieux d'attache posés à environ trois mètres de distance de la première file, et espacés entre eux de deux
mètres; ensuite on pose des entre-toises de chacune
quatre mètres de longueur, chevillées d'un bout contre
le pieu d'attache, et de l'autre contre ceux de la file
extérieure, en embrassant la lierne sur une épaisseur de
cinq centimètres. Ces entre-toises sont destinées à empêcher l'écartement de la file extérieure, soit par la poussée
de la crèche, soit par l'effet des affouillemens.

Au surplus, il est confirmé par une longue expérience
que si les perrés sont bien exécutés, et que la crèche qui
en soutient le pied soit solide, il ne peut arriver aucun
accident à ladite levée.

La force de ces levées, par la résistance qu'elles opposent, est de beaucoup supérieure à la pression des eaux

Explication
sur la destruc-
tion des levées
par l'effet des
filtrations.

sur 6 à 7 mètres de hauteur dans les débordemens, ainsi qu'à l'impulsion qui peut naître de la vitesse des eaux courantes.

Pour compléter mes observations sur cette espèce de levée, je considérerai, dans la figure 5, la coupe de la levée ABDE, qui a, comme je viens de le remarquer, plus de force qu'il n'en faut pour résister aux efforts qu'elle peut avoir à soutenir, qui pourroit être ruinée en détail par une succession d'efforts partiels, mais qu'aucune force possible ne peut faire reculer sur sa base, ni renverser en la faisant tourner autour d'un point d'appui, comme quelques géomètres l'ont supposé; mais si pour affoiblir cette levée on en retranchoit du côté du talus extérieur une tranchée ABOP, certainement la force de résistance seroit diminuée, et déja on commenceroit à remarquer les filtrations CBA, *f*ES, et *l i t*, HIF, qui s'augmenteroient avec le temps.

Si ensuite on diminuoit de nouveau l'épaisseur de cette levée en soustrayant la tranche PONQ, par l'effet de ce nouvel affoiblissement non seulement le nombre de filtrations seroit augmenté, mais chacune arriveroit avec une plus grande vitesse; en sortant, elles pousseroient des terres vers le pied de la levée. Si nous supposons encore une diminution de la tranche QM, alors les filtrations deviendront plus multipliées sur toute la hauteur de la levée par l'effet des filets *ba*, *cb*, *fe*, *hg*, *ii* et ER, qui produiront, en sortant, des jets abondans qui feront couler beaucoup de terre vers le pied de la levée, suivant la courbe M*abcegi*QPA. Enfin, tous ces

filets d'eau, en agissant simultanément, deviendront si
abondans, que détrempant une partie des terres de cette
levée, ils en détruiront la consistance, et provoqueront
ainsi l'éboulement d'une grande partie de ladite levée,
que l'impulsion de l'eau achevera de détruire pour s'ouvrir un passage.

Tel est l'effet physique de la destruction des levées,
tel que je l'ai observé. Leur composition est un corps
terreux dont les parties, quoique rapprochées par le tassement, cèdent facilement en détail à une petite impression, et qui sont capables d'une grande résistance à raison
de leur masse et de la stabilité qu'on a procurée à la
somme des parties qui composent le tout.

Pour terminer ce que j'ai à dire concernant les travaux
qui bordent les rivières, telle que la Loire, j'ai joint le
modèle d'un mur de quai fondé sur pilotis et plate-forme
à la profondeur d'un mètre au-dessous de l'étiage; ce
qui exige des batardeaux et épuisemens, moyens nécessairement dispendieux, dont on ne fait usage que dans des
cas indispensables dans l'intérieur des villes; mais ces
mesures sont absolument nécessaires pour la sûreté des
fondations, et pour en mettre là charpente à l'abri de la
pourriture.

Il me reste encore à parler de rivières plus profondes
que la Loire, et plus rapides que la Seine et la Moselle;
telles que le Rhône, qui, vers le milieu de son cours, à
Valence, par exemple, a environ six mètres de profondeur au-dessous de l'étiage, et qui reçoit des crues de six
mètres et demi au-dessus des basses eaux.

Il est manifeste qu'un fleuve comme le Rhône, qui a autant de profondeur et de rapidité, exige des moyens de résistance proportionnés aux efforts qu'il faut surmonter.

La figure 8, même planche, offre la coupe d'un projet de levée à exécuter le long du Rhône, ou telle autre rivière du même genre. La ligne AFGHIO représente le terrain naturel qui borde le Rhône, et ABCDE le remblai qui forme le corps de la levée, laquelle a 12 mètres en couronne avec une chaussée dans le milieu; le talus du côté des eaux est revêtu par un perré dont les pierres de parement sont d'un fort échantillon, ayant 20 à 25 centimètres de face sur 50 à 60 centimètres de queue. Cette maçonnerie de revêtement doit avoir 12 décimètres par le pied, réduite par le haut à six décimètres. Les joints de ladite maçonnerie doivent être, comme aux perrés précédens, perpendiculaires au rampant du talus, et les pierres qui forment le surplus de l'épaisseur au-delà du parement doivent pareillement être posées en coupe, en prolongation des joints des paremens.

Cette maçonnerie, faite avec soin sans aucun vide, doit être assise sur un lit de sable sec de 60 décimètres d'épaisseur, bien battu à mesure de la construction du perré. Cette mesure a pour objet de prévenir l'affaissement des terres, ce qui corromproit la surface lisse que doit avoir le perré.

La grande difficulté consiste à soutenir solidement le pied de ce perré. On peut, pour la vaincre, employer deux moyens : l'un consiste à le soutenir par une crèche solide, soutenue par plusieurs files de pieux, avec liernes et entre-toises; et l'autre à le fonder sur un enrochement formant dans le fond de l'eau un talus qui ait au moins une fois et demi sa hauteur, et qui se termine à environ 3o centimètres au-dessus du niveau de l'étiage, en pratiquant une partie de niveau qui formera un empatement de trois mètres, tel qu'on le voit dans la figure 8. Il faut deux conditions à cet enrochement : l'une d'être composé de blocs assez forts pour être difficilement déplacés et pouvoir résister au cours des eaux, et l'autre d'avoir un talus suffisant et bien réglé; ce qui exige des attentions suivies, et la vérification du travail par des sondes fréquentes pendant la durée de l'exécution : faute de ces précautions, les quartiers pourroient s'entasser irrégulièrement et sans solidité, comme dans la figure 1o.

Au moyen de la largeur qu'on a donnée à l'empatement, s'il venoit à être endommagé par une crue, on auroit le temps de le réparer avant que le perré fondé sur cet enrochement fût attaqué.

Cependant cette construction par jetées à pierre perdue a encore un désavantage; c'est d'écarter l'approche des bateaux, et de les exposer à être avariés s'ils étoient jetés sur le rivage par un fort coup de vent, lorsqu'il n'y a pas suffisamment d'eau au-dessus de l'empatement.

La figure 9 représente un perré de revêtement appuyé sur une crèche soutenue par plusieurs files de pieux; les deux files extérieures forment un coffre rempli de très-fortes pierres et moellons, et en outre une file intérieure.

Tous ces pilotis doivent avoir 12 à 13 mètres de longueur, être armés de forts sabots en fer, et battus d'abord avec un mouton du poids de 600 kilogrammes, et ensuite finis avec un autre du poids de 900 kilogr., pour qu'ils puissent prendre 6 à 7 mètres de fiche dans le terrain du fond du lit. Cette construction, qui est nécessairement très-dispendieuse, ne peut être employée que sur de petites longueurs pour le soutien des talus des levées ou des rampes d'un port dans l'intérieur des villes de commerce, où il est nécessaire de favoriser l'approche des bateaux pour la charge ou la décharge des marchandises.

Il reste encore une difficulté pour la fondation des quais ou rampes de port dans les rivières qui ont 6 à 7 mètres de profondeur à l'étiage. Il seroit trop dispendieux d'entreprendre d'établir une fondation sous l'eau avec batardeaux et épuisemens; ce moyen, dans des eaux aussi profondes, seroit d'une exécution difficile et d'un succès incertain : si, de plus, le fond de cette rivière étoit un roc vif dans lequel on ne pût enfoncer de pilotis, dans ce cas la construction précédente ne pourroit avoir lieu. Mais ce local peut encore offrir différentes circonstances. 1°. Si le fond du lit en roc vif, à 4, 6, 8 mètres de distance du bord de l'eau, avoit été reconnu par les sondes être à peu près de niveau ou sans pente ni inégalité sensible; alors on pourroit fonder un mur de quai de 4, 5 ou 6 mètres d'épaisseur, suivant les cas, dans un caisson dont on enleveroit les bords après la construction; et lorsque la maçonnerie auroit pris corps et qu'on se seroit assuré que les joints sont bien faits, ainsi que le citoyen Decessart l'a fait pratiquer au pont de Saumur, on rempliroit ensuite par des jetées de moellons, jusqu'au niveau de l'étiage, la distance comprise entre le bord de la rivière et le parement intérieur dudit mur de quai.

2°. Si le fond du lit, au lieu d'être parfaitement de niveau, avoit une pente de 3o à 4o centimètres sur la largeur du caisson projeté; alors, après avoir bien constaté cette pente en levant le profil de l'emplacement par des sondes répétées, et faites près à près avec soin en construisant le caisson, on mettroit sous son fond une recharge en bois vers le bord extérieur pour corriger la pente, afin de donner au fond de ce caisson sur le devant l'augmentation d'épaisseur nécessaire pour racheter la pente du lit de la rivière. Par ce moyen, lorsque le caisson échoueroit, la maçonnerie bâtie sur le fond du caisson se trouveroit de niveau et ses paremens à plomb; on auroit seulement l'attention, pendant la construction, de charger un peu plus l'arrière que l'avant pour empêcher le caisson de pencher, et de régler la face du parement d'après la ligne d'aplomb qu'il doit avoir.

Cette construction de murs de quai par encaissement pourroit être faite par parties détachées de chacune 4o mètres de longueur (1), posées d'alignement, et distantes seulement entre elles de 5o à 6o centimètres. Les cinq parties encaissées feroient une longueur d'environ 2o2 mètres; il seroit facile de remplir ensuite les

_____

(1) Le caisson de la culée du pont de Saumur avoit 120 pieds de longueur.

petits intervalles entre chaque partie. Si cela étoit de mon sujet, je pourrois indiquer à cet égard des détails de construction.

Nota. Tout ce qu'on vient de proposer pour le Rhône peut s'appliquer à d'autres rivières du même genre.

Des constructeurs qui n'ont pas suffisamment réfléchi sur la force des levées formées en terre, pourroient penser que pour soutenir les efforts d'une rivière aussi impétueuse que l'est le Rhône, ou toute autre de cette nature, il seroit plus solide et plus convenable, pour former des levées de défense, de les construire totalement en pierre plus ou moins grosse. Je ne parle pas de l'excès de la dépense des constructions de ce genre, qui seroit six fois plus forte en pierre qu'en terre ; mais on pourroit croire que des levées formant un massif totalement en pierre de 5 à 6 mètres de largeur en couronne, avec des talus égaux à leur hauteur, résisteroient mieux contre les eaux que des levées en terre de 12 mètres en couronne, avec des talus de trois de base sur deux de hauteur, dont celui du côté des eaux seroit revêtu par un fort perré solidement construit.

Mais j'observerai, 1°. que des levées faites à pierre sèche, fussent-elles opposées aux vagues de la mer, me paroissent moins propres à résister aux grands coups de mer, parce que les pierres, toutes réunies en masse, ont des points de contact qui servent de conducteur pour transmettre l'effet du moindre choc. Le boulet qui vient frapper et s'amortir contre un rocher de 10,000 pieds

Élémens de la formation des digues, déterminés d'après des causes physiques.

cubes, communique un mouvement sensible à toutes les
parties de ce rocher; et l'effet du choc se fait sur-tout
sentir au même instant dans le point opposé au choc,
par la même raison que la première bille d'une file
étant frappée, c'est la centième qui se détache au même
moment. La voiture lourde qui roule sur un pavé d'échantillon ébranle sensiblement les murs voisins, et fait
résonner les vitres.

Enfin, plus les quartiers de pierre dont seroit formée
une digue seront gros, et plus ils seront propres à transmettre le mouvement : cette succession fréquente de
choc cause, avec le temps, des ébranlemens, des dé-
sunions, et même des déplacemens; et je suis convaincu
que, d'après ce principe, des pierres plus petites doivent
mieux résister aux grands efforts d'un choc violent.

De plus, des digues en pierre sèche, élevées pour contenir un grand fleuve, ont le désavantage de laisser passer
abondamment les eaux à travers leur épaisseur; et plus
les pierres brutes sont grosses, et plus elles laissent de
vide entre elles pour le passage des eaux.

D'autre part, si les paremens de ces levées en pierre
brute sont formés de moellons trop petits, ils sont journellement emmenés en détail, et détruits par les courans
ou l'agitation des flots. D'après ces diverses observations,
j'ai cru préférable de former le noyau des levées, en
leur donnant plus d'épaisseur, avec une terre compacte
bien tassée, d'en revêtir ensuite les talus par des perrés
en pierre de fort échantillon, ayant trois fois plus de
queue que de tête, et formant du côté des eaux un pa-

rement bien lisse, bien dégauchi ; que ce perré, bien
serré, fût assis sur une forme de sable de 60 centimètres
d'épaisseur, bien battue à diverses reprises à mesure de
la construction pour chaque demi-mètre de hauteur :
moyennant cette construction, le noyau de cette levée,
assez solide pour résister en masse, formeroit néanmoins
un corps souple, mauvais conducteur de mouvement, et
propre, par cette cause, à amortir l'effet du choc des
lames d'eau sans se corrompre.

A l'égard des talus au-dessous des eaux, ils seroient,
comme on l'a dit précédemment, revêtus par une jetée
en grosse pierre brute, formant à la hauteur des basses
eaux une crèche horizontale de 2, 3 ou 4 mètres de
largeur, suivant l'importance de l'ouvrage.

Enfin, pour ce qui concerne les digues exposées à la
mer, j'observe qu'il y en a de deux sortes : les unes exposées à être battues extérieurement par la mer, tandis
que le talus intérieur en est préservé ; les autres digues
sont des jetées faites en mer, et dont les deux talus sont
journellement battus par les eaux avec plus ou moins de
violence. Je pense que la construction proposée ci-dessus
peut être applicable au premier cas, où l'on n'a à défendre
que le talus extérieur. Mais, pour le second cas, on croit
qu'il est indispensable d'employer pour le corps de la
digue des matières assez volumineuses pour résister, au
moins pendant la durée des constructions, aux coups de
mer, et qu'il faut ensuite, pour former les talus extérieurs
et les dernières assises de recouvrement, de forts quartiers de pierre brute ou moellon ; et si l'on peut lier ces

matières par des mortiers de Pouzolane, il en doit
résulter des avantages réels.

Des épis.

Nᵒˢ 398, 399 et 400.

On propose, dans ces numéros, de protéger les levées
du bord des rivières en construisant en avant des épis en
terre revêtus de perrés, qui seroient distans entre eux
d'environ 400 toises; mais l'on ne donne point les dimensions de ces épis. Si ces épis étoient placés sur un
cours d'eau, et qu'ils ne dussent pas avoir une grande
saillie, je pense qu'il conviendroit qu'ils fussent construits en pierre.

Bélidor, dans le 4ᵉ tome de son *Architecture hydraulique*, 3ᵉ section, parle de la construction à établir sur
les bords des fleuves pour les empêcher de corroder les
rivages, et de faire des anticipations sur les terrains
voisins.

Il donne à ces épis diverses directions, suivant l'effet
qu'on veut produire ou les dégradations qu'il s'agit de
prévenir, et il en explique les effets; ses principes m'ont
paru bien appliqués : il parle ensuite des épis du Rhin,
construits en fascinage. Les détails qu'il présente lui ont
été fournis par un ingénieur, et ils m'ont paru à peu
près conformes à ce que j'ai vu exécuter sur le Rhin aux
environs de Strasbourg.

Bélidor examine la figure de ces épis, auxquels on
donne le plus souvent la forme d'un parallélipipède, et

qu'on pourroit former en coin, suivant l'effet qu'on desire qu'ils produisent : on leur donne aussi, suivant les cas, une direction inclinée ou perpendiculaire au cours des eaux, et une saillie plus ou moins grande.

Les fascines qu'on emploie, faites en bois verd de cinq à six ans de pousse, ont ordinairement environ quatre mètres de longueur sur huit décimètres de pourtour mesuré près de la tête ; elles sont bien serrées et liées chacune au moins par trois harts, dont l'une posée à 30 centimètres de la tête, la deuxième à un mètre et demi, et la troisième à deux mètres et demi de la tête, de façon qu'il reste à peu près un mètre et demi jusqu'à la queue. Les piquets avec lesquels on les fixe ont environ 1 mètre 60 centimètres de longueur sur 16 centimètres de grosseur ; ils sont ronds et bien effilés, et aussi droits qu'on peut les trouver. Ils sont destinés, après avoir traversé la fascine, à la fixer sur le terrain où on veut la placer ; mais après les avoir enfoncés, il doit rester extérieurement une tête saillante de 12 à 15 centimètres de longueur au-dessus des fascines.

Les lits de fascines se placent plein sur joint dans le même sens ; ils sont fixés par trois rangs de piquets posés parallèlement entre eux, et les têtes de ces piquets sont entrelassées par des clayonnages formés par quatre à cinq perches ou gaulettes d'environ 80 centimètres de pourtour, et bien pliantes.

On pratique trois rangs de tunages sur l'épaisseur des fascines ; et lorsqu'il s'agit de fixer le second lit de fascines sur le lit inférieur, outre les piquets dont on vient de parler qui s'enfoncent à plomb, on en fiche de moins forts que les précédens, que l'on place obliquement, qui n'ont qu'un mètre de longueur, et dont plusieurs portent en tête un crochet. Ces derniers sont presque enfoncés à tête perdue. Lorsque le premier tunage est terminé, on remplit les intervalles par un lit de sable et de gravier d'environ 12 à 15 centimètres d'épaisseur. Ces lits de sable, en remplissant tous les vides de ce corps de fascinage, sont destinés à les faire plonger.

Lorsque le Rhin a 3 à 4 mètres de profondeur, en mettant des lits successifs les uns sur les autres, on les fait plonger et descendre peu à peu jusqu'à ce qu'ils touchent le fond. Quelquefois on croise les lits; mais le travail se fait sur les mêmes principes, et ces épis ont une largeur au moins égale à la longueur d'une fascine. Mais pour que cette masse de fascinage ne soit pas entraînée par les eaux, on l'attache au rivage par un enracinement qui s'étend depuis 10 jusqu'à 20 mètres sur le terrain du rivage; on établit cet enracinement à la hauteur des basses eaux, en faisant, s'il est nécessaire, une fouille pour les y encastrer.

A l'égard de la saillie des épis, il faut ajouter à celle qu'ils doivent avoir à la superficie des basses eaux, la longueur de leur base, qui peut être comptée à raison d'une fois et demie la profondeur de l'eau: ainsi, si l'on veut que les épis aient huit mètres de saillie à fleur d'eau, indépendamment de l'enracinement, et si l'on suppose que la profondeur de l'eau soit de deux mètres, il faudra que l'extrémité du lit inférieur ait à sa base une saillie de 11 mètres, et ensuite on observe à chaque lit une retraite, de façon à les régler d'après le principe ci-dessus.

On préfère dans le Rhin ce genre de construction, parce que c'est celle qui réussit le mieux.

Le Rhin est profond et rapide dans son cours; il coule sur un fond de gravier, et n'éprouve pas de si hautes crues que beaucoup d'autres grandes rivières; mais elles sont fréquentes et de plus longue durée. Il s'ensuit que le fond du lit et les rives sont très-exposés à des changemens. Les jetées de pierre le long des berges ne réussissent point, dit-on, parce que non-seulement ces pierres sont emportées par la force du courant, mais le gravier sur lequel elles reposeroient se dérobant par l'effet de l'impulsion de l'eau, il faut que les matières soutenues par le gravier cèdent et fuient avec lui. D'ailleurs, de Bâle à Mayence, il se trouve beaucoup d'îles qui partagent le Rhin en plusieurs bras, et la plupart de ces îles fournissent abondamment des saules et autres bois blancs propres au fascinage.

Je renvoie, pour de plus amples détails, aux planches de l'ouvrage de Bélidor, que j'ai cru inutile de faire copier.

Cependant on exécute avec succès des épis en forts moellons dans d'autres rivières. On leur donne en général une forme triangulaire dont la base s'appuie sur le rivage; mais quant aux deux autres côtés, ils sont variables suivant l'effet qu'on veut produire, soit dans le lit de rivière, soit sur la rive opposée, et sa saillie doit être aussi réglée suivant la largeur de la rivière.

Il faut encore distinguer dans ces épis plusieurs parties, savoir, leur base qui doit être établie au niveau des basses eaux d'été, et avoir un talus sous les eaux d'au moins une fois et demie leur hauteur. Ils doivent être formés avec des moellons ou blocs dont la grosseur soit proportionnée à la rapidité des eaux de la rivière; ensuite la partie supérieure doit s'élever depuis le niveau des basses eaux jusqu'à la hauteur qu'a la berge au-dessus de l'étiage, c'est-à-dire de deux ou trois mètres, suivant les localités, et il doit présenter un triangle solide ou trièdre qui ait deux faces rampantes exposées au cours des eaux, et la troisième verticale posée du côté du rivage. La partie qui s'élève au-dessus de l'étiage doit avoir un empatement d'environ un mètre de largeur dans son pourtour, qui doit affleurer le niveau des basses eaux; les faces triangulaires apparentes au-dessus de l'étiage doivent former des surfaces unies, dont toutes les pierres de parement auront leurs joints perpendiculaires aux rampans, et au moins 24 à 26 centimètres de queue. La rencontre des deux faces formera une arête rampante; mais il conviendra que chaque épi ait un enracinement sur le rivage d'environ deux mètres de profondeur, pour empêcher, lors des grandes eaux, qu'ils ne soient tournés et isolés de la rive, ce qui opéreroit leur destruction.

La figure 39 de l'ouvrage du citoyen Fabre, et les figures 57, 63 et 64 du Mémoire du citoyen Bossut, présentent des modèles d'épis qui occupent la moitié ou les deux tiers du lit des rivières, et qui m'ont paru inexécutables.

Page 186.   ARTICLE IX.

Résumé général des digues précédentes.

Les nᵒˢ 401, 2, 3, 4, 5, 6, 7, 8, 9, 10, 11, 12 et 413 répètent en peu de mots ce qui a été dit précédemment.

CHAPITRE II.

De la réduction des rivières à fond de gravier, et des torrens-rivières.

Nᵒˢ 414, 15, 16, 17, 18, 19, 20, 21 et 422.

On projette de fixer la largeur du lit d'une rivière, dans les différens points de son cours, depuis sa source jusqu'à son embouchure, de façon que l'espace réservé soit suffisant pour l'évacuation des eaux de cette rivière lors des plus grands débordemens, et que le surplus soit rendu à l'agriculture.

Observations sur la fixation de la largeur à donner au lit des rivières, dans les différens points de leur cours, fondées sur l'expérience, d'après la série de leurs grands débordemens.

Ce projet est exécuté depuis long-temps pour la rivière de Loire. La levée portée sur la rive gauche de cette rivière, entre Sully et Gien, se prolonge, en la côtoyant jusqu'à l'embouchure du Beuvron au-dessus de Blois, sur environ quarante lieues de longueur, et a rendu à l'agriculture une vallée fertile, qui produit abondamment des

grains et des vins estimés : tels sont ceux de Saint-Denis-
en-Val près Orléans. Cette vallée a une lieue et demie à
deux lieues de largeur. Il est très-vraisemblable que la
petite rivière du Loiret a été formée, dans l'origine, par
une irruption de la Loire, qui se sera anciennement
ouvert un passage vis-à-vis de Châteauneuf sur la rive
gauche, et, se jetant dans cette partie de la vallée, se sera
dirigée jusqu'au pied du coteau d'Olivet qu'elle a longé,
pour rentrer ensuite dans la Loire au-dessous du village
de Saint-Mesmin, à environ deux lieues au-dessous d'Orléans. Lorsque le débordement aura été passé, on a non
seulement fermé la brèche à son origine; mais, à force
de travaux, les propriétaires fonciers et les cultivateurs
sont parvenus à effacer les traces de cette irruption. Il
reste cependant encore dans cette direction quelques fonds
marécageux et plusieurs étangs; et malgré les comblemens
qui ont été faits, les eaux se sont ménagé des conduits souterrains qui donnent naissance aux diverses sources de la
petite rivière du Loiret, dont la principale se trouve dans le
parc à peu de distance d'une maison de plaisance, connue
sous le nom de *la Source*. Cette source jette un bouillon
très-fort, qui nourrit les principaux canaux du parc: et
ce produit est encore augmenté par plusieurs sources ou
jets particuliers qui se montrent entre la source et Olivet.

La vallée de Saint-Diez et de Chambor est encore protégée par la même levée régnant sur la rive gauche,
tandis que la rive droite présente des bords escarpés au
pied d'un coteau qui peut avoir environ 15 à 20 mètres
d'élévation, et qui s'abaissent en pente vers la Loire.

L'intérieur de ce coteau renferme des pierres ou roches calcaires, et la superficie en est cultivée en vignes depuis Orléans jusqu'au-dessous de Blois, où ce coteau s'éloigne de la Loire.

En sortant de Blois, on trouve le commencement d'une levée qui continue à régner sur la rive droite depuis la sortie de Blois jusqu'au rivage de Roche-Courbon, une lieue en avant de Tours, où elle rejoint le coteau ; cette partie de levée met à couvert la riche vallée d'Onzain et celle des bords de la Cize.

La levée de la rive gauche, après s'être terminée à l'embouchure du Beuvron, étant interrompue par le coteau de Chaumont et d'Amboise, reprend au-dessous du village de Mont-Louis, et continue jusques et compris la ville de Tours qu'elle enveloppe.

Au-dessous de cette ville, la levée continue encore sur la rive gauche jusqu'à la dernière embouchure du Cher; mais, sur la rive droite, elle s'étend depuis Tours jusqu'à la rivière de Sarthe au-dessous du pont de Sorge, sur environ 27 lieues de longueur ; et cette levée met à couvert la célèbre et fertile vallée dite d'Anjou, vallée que l'on peut comparer à celle des Haut et Bas-Rhin pour la nature du sol et la fertilité (1).

On voit, par les précédens détails, que le lit consacré à la Loire se trouve quelquefois resserré entre deux levées,

_____

(1) Il faut savoir que les grandes crues de la Loire s'élèvent d'environ trois mètres au-dessus du terrain de la vallée.

mais plus souvent entre un coteau et une levée, et que par ce moyen on économise des constructions.

Je ne parle pas des portions de levée qui se trouvent dans les parties supérieures, soit sur la Loire, soit sur l'Allier, ni de celles qui bordent le Cher. L'entretien et la réparation de toutes ces levées, avec les ponts et aqueducs qui les traversent, composent la suite des travaux qui formoient l'ancienne direction des turcies et levées.

Par une opération imitative, après une suite d'observations faites sur la rivière de Moselle, j'ai déterminé la largeur qu'il convenoit de donner à son lit dans les différens points de son cours depuis Epinal jusqu'à Metz, afin de restituer un terrain précieux à l'agriculture. Je renvoie, pour ce détail, à mon ouvrage sur la navigation, imprimé en 1793.

Le citoyen Fabre, pour remplir le même objet de contenir une rivière dans son lit, suppose, suivant la figure 40 de la planche VII, une vallée dont le plan est circulaire, et dans le milieu de laquelle coule une rivière qu'il s'agit de contenir. Cette vallée est bornée par des berges ou petites côtes dont l'élévation est supérieure à la vallée. Il s'agit de diriger le cours de cette rivière de façon qu'elle ne puisse nuire aux propriétaires des terrains de la vallée. Il eût été à desirer qu'on eût présenté un profil de ladite vallée pour l'intelligence du projet. L'auteur a d'ailleurs omis de dire si le lit de rivière tracé indique son étendue dans les hautes ou basses eaux, si c'est son ancien lit ou un lit factice.

Quoi qu'il en soit, il propose de barrer toute la largeur
de la vallée de chaque côté de ladite rivière par des digues
ou levées posées suivant une direction perpendiculaire
au courant. Ces digues aboutissent sur d'autres levées
parallèles au cours des eaux, et il nomme éperons ces
dernières levées destinées à encaisser la rivière. L'auteur
observe ensuite que lorsque l'eau, pendant les grandes
crues, s'introduira sur le terrain contigu à cette levée,
elle n'y jetera pas de gravier, et n'y laissera que des dépôts utiles; et il ajoute que la rivière ainsi contenue sera
forcée de creuser son lit ordinaire : il faut ajouter, s'il en
est susceptible.

Mais si on additionnoit la longueur de toutes les levées
parallèles au courant, qu'il nomme éperons, avec celles
perpendiculaires, on trouveroit, d'après la même figure,
que la longueur de toutes ces levées auroit suffi pour
construire sur chaque bord de rivière un cours de levée
dans toute l'étendue de son cours; et, par ce moyen, les
propriétés de la vallée n'auroient point été exposées dans
aucun cas aux inondations : au lieu que, suivant le projet
proposé, au moyen des intervalles vides, la récolte des
terrains semés en grain seroit perdue par les crues du
mois de juin, et les habitations noyées.

J'ajouterai que la supposition du projet tracé est la plus
désavantageuse, en ce qu'elle place la rivière précisément
au milieu de la vallée, ce qui exige des digues doubles;
au lieu qu'il n'en faudroit qu'une dans le cas où la rivière
couleroit au pied d'un des coteaux. D'ailleurs, dans le
plan, ladite rivière forme à peu près le cinquième de la

largeur de la vallée. Mais je connois telle rivière qui coule sur un terrain aplati où elle s'étend quelquefois sur une largeur de 14 à 1500 mètres lors de ses débordemens, et qui pourroit être contenue dans une largeur de 150 à 200 mètres.

On rempliroit cet objet en jetant les rivières sur un des coteaux, en construisant une levée parallèle à son cours, et l'on restitueroit une largeur de 7 à 800 mètres de terrain à l'agriculture. Que l'on daigne apprécier quel en seroit l'effet, et comparer la dépense de ces deux projets.

Je m'abstiendrai d'en dire davantage,

N° 423. L'auteur propose, lorsque le lit d'une rivière qui a besoin d'être approfondi se trouve couler sur le roc, de faire usage de la poudre pour excaver son lit. Cela est bien rarement praticable; et il faudroit, pour l'exécution de cette excavation, pouvoir dériver les eaux par une autre voie pendant la durée de cette opération, ce qui n'est pas toujours possible.

J'ai fait détruire dans le lit de la Sarre quelques rochers isolés qui nuisoient à la navigation; mais ces travaux dispendieux seroient inexécutables, s'il falloit excaver et approfondir seulement d'un demi-mètre sur une certaine étendue le fond du lit d'une rivière un peu importante.

N° 424. L'auteur, en reprenant la suite de la formation de ses digues, annonce que les travaux qu'il propose peuvent être simplifiés lorsque la rivière coule au pied

d'un coteau; mais suivant sa méthode de barrer perpendiculairement la totalité de la vallée de distance en distance, ces digues de barrage auroient encore en longueur
le double de celle qui seroit nécessaire, et l'on ne
gagneroit que sur l'étendue des prétendus éperons.

Nos 426, 27, 28, 29 et 30. La fig. 41, planch. V,
représente une vallée où coule dans son milieu une rivière
qui se partage en deux bras. On propose de réunir les deux
bras dans un seul qui couleroit dans le milieu de la
vallée; et, pour y parvenir, on projette de construire
deux levées sur une même direction, et perpendiculaires
au cours de la rivière, terminées chacune par une autre
levée en équerre qu'on nomme éperons, en laissant entre
ces éperons la distance nécessaire pour le cours de cette
rivière.

On commence par barrer un des lits, ensuite on construit à sec une des digues, les deux éperons et partie de
l'autre digue; après cette opération, on ouvre le nouveau
canal, on barre le second lit, et on termine la seconde
digue. Il convient de commencer à ouvrir le canal par
la partie d'aval, pour n'être pas incommodé par les eaux
pendant son excavation.

Ce qui manque à ces figures, ce sont des dimensions
ou une échelle pour mettre en état d'apprécier le moyen
proposé, parce que ce sont toujours les dimensions grandes
ou petites qui commandent des changemens dans les
constructions.

La rivière sur laquelle on a à opérer peut avoir 10 à

20 mètres de largeur et 50 à 60 centimètres de profondeur, ou bien avoir 4 à 500 mètres de largeur et 4 à
5 mètres de profondeur. La vallée où elle coule peut être
plus ou moins aplatie, sujette à être inondée dans les
crues moyennes, ou seulement dans les plus grands débordemens; enfin, il faut connoître l'élévation des plus
grandes crues : toutes ces connoissances sont indispensables pour juger un pareil projet, et apprécier les différens moyens d'exécution qu'on se propose d'employer.

Lorsqu'il s'agit d'opérer sur une très-petite rivière,
on peut, sans grande difficulté, la diriger à son gré,
l'assujétir au lit qu'on lui trace, et fermer les bras inutiles.
Plusieurs des travaux de ce genre que j'ai fait exécuter
pour changer le cours de plusieurs rivières médiocres,
pour des constructions de pont ou des directions de canaux, ne méritent pas d'être cités : mais c'est lorsque les
rivières deviennent importantes qu'elles exigent des constructions plus solides, des moyens d'exécution plus
compliqués et médités avec plus de réflexion ; car, dans
un projet, ce n'est pas seulement l'idée générale qu'il faut
juger, mais c'est un plan de moyens bien combinés qui
préparent la bonne exécution, et l'emploi ingénieux de
ces mesures, qui caractérisent l'habileté de l'ingénieur.

Nota. J'ai cru devoir placer ci-après un travail sur le
barrage total des rivières.

Barrage des rivières, et examen de la meilleure direc-
tion à donner aux digues de barrage, et de la forme
la plus avantageuse à suivre pour leur construction.

Toutes les petites rivières des départemens de la Moselle, des Vosges, de la Meuse, de la Meurthe, du Bas-
Rhin et de la plupart des autres départemens, font
tourner des moulins; et pour leur procurer une chute
d'eau convenable, on a établi des barrages dans le lit de
ces rivières. Non seulement ce moyen est nécessaire pour
ménager la chute d'eau qui doit faire tourner les roues;
mais cette retenue a pour objet d'économiser la dépense
des eaux, d'en laisser perdre le moins qu'il est possible,
pour les appliquer utilement et en tirer le plus grand
avantage : car non seulement les eaux de ces rivières sont
utiles aux moulins à farine, à ceux à foulon, aux forges
et aux scieries, mais elles servent pour les irrigations,
pour les canaux de flottage et de navigation. C'est pourquoi c'est un art essentiel de savoir économiser les eaux
pour qu'elles puissent suffire à tous les besoins que les
localités exigent, et devenir utiles aux arts, au commerce
et à l'agriculture.

Il est très-peu de rivières où l'on puisse naviguer à
toutes eaux, et encore moins aux eaux basses; et sans les
barrages de lit formant retenue, les rivières de deuxième
et de troisième ordre manqueroient absolument d'eau
pour la navigation pendant neuf mois des basses et des
moyennes eaux, tandis qu'il y en auroit trop pendant

31

la durée des débordemens. Il a donc fallu établir des barrages qui servissent de déversoir pendant un ou deux mois que peuvent durer les grandes crues, et qui, en soutenant dans les autres temps les eaux à une hauteur convenable, procurassent aux usines une chute nécessaire pour le roulement de leur mécanique ; ce qui donne aussi le moyen de pratiquer des portières pour le passage des flottes ou trains de bois de charpente et de planches, ou des écluses pour le passage desdites flottes ou des bateaux, afin de ne perdre que la moindre quantité d'eau qu'il est possible. Je ne connois aucun barrage total du Rhin au-dessous de Bâle, ni de la Seine au-dessous de Montereau, où elle se réunit à l'Yonne, ni de la Loire au-dessous du Bec-d'Ambès.

La rivière de Moselle a son lit fréquemment barré par des retenues à Remiremont en totalité, partiellement à Epinal, à Charmes et à Pont-à-Mousson, et totalement à Flavigny, à Toul, à Frouard et à Metz. Les digues de retenue de Metz ont pour objet de servir à la défense de cette place de guerre, en soutenant les eaux à une certaine hauteur dans les fossés de cette place, et de procurer une chute convenable pour le service des moulins établis dans l'intérieur de cette ville.

Il existe trente-un barrages pour des moulins dans la rivière de Sarre, depuis sa source jusqu'à Sarrebruck ; mais cette rivière est libre depuis Sarrebruck jusqu'à son confluent dans la Moselle près de Trèves.

La Meurthe a quinze barrages depuis sa source jusqu'à Nancy, dont les principaux sont à Saint-Diez, à Raon, à Baccarat, à Lunéville, à Rozières, à Saint-Nicolas et à Nancy.

Les principaux barrages de la Meuse sont à Vaucouleurs, à Void, à Commercy, à Blussot et à Verdun. Je pourrois citer de même le plus grand nombre des autres rivières.

On voit donc qu'il est important, pour régler l'exécution d'un travail qui est d'un usage aussi fréquent, de rechercher avec soin quelle est la meilleure direction qu'il convient de donner à ces digues de barrage, et quelle peut en être la forme de construction la plus avantageuse relativement à l'objet de leur service et aux localités.

Barrage des rivières ; examen de la meilleure direction qu'il convient de donner aux digues de barrage.

Pour y parvenir, j'ai désigné, planch. VI, fig. 1, 2, 3, 4 et 5, cinq espèces de barrage. La première, destinée pour le moulin GH, a environ quatre fois la largeur du lit de la rivière ; la plupart des ouvriers constructeurs habitant les pays voisins des rivières ci-dessus indiquées, sont généralement décidés pour cette position des digues, par la persuasion où ils sont que leur direction étant presque parallèle au cours principal de la rivière, la vitesse des eaux a moins d'action contre la solidité d'une telle digue, et que cette direction conduit plus naturellement les eaux vers les roues du moulin GH.

Par la figure 2, on voit que s'agissant de fournir de l'eau à deux moulins situés sur les rives de droite et de gauche, d'autres constructeurs, à peu près guidés par les mêmes principes, ont adopté la forme de la digue triangulaire QPM, décidés par la persuasion que cette pointe opposée au courant romproit mieux le fil de l'eau, et, en la partageant, la porteroit plus directement sur les deux moulins.

Par la figure 3, on a cru remplir le même objet, et de plus économiser sur la longueur développée de ce barrage.

La figure 4 représente un barrage provisoire destiné à mettre en activité le moulin S. Cette digue a été dirigée d'après les principes précédens.

La figure 5 présente le barrage le plus directement opposé au cours de la rivière, et le plus court possible; mais s'il est solidement construit, il doit soutenir les eaux à la hauteur nécessaire pour le règlement des diverses usines.

Avant de déterminer sur ces différentes directions quelle est la plus convenable et celle qui mérite la préférence, il est nécessaire de se rappeler que les eaux sont dormantes dans le biez supérieur en avant des empalemens ou vannes des roues de moulin, que la vitesse du cours des rivières vient s'amortir contre les digues de retenue, et qu'il est d'usage de lever les pelles d'environ 32 centimètres pour faire tourner les roues; mais que l'eau sortant par le pertuis destiné à frapper les aubes du moulin, doit sa vitesse à la hauteur de l'eau dans le lit supérieur, depuis sa superficie jusqu'au centre de l'orifice qui fournit l'eau (laquelle vitesse est comme la racine carrée de la hauteur); d'où il suit que ni la vitesse qu'avoit la rivière dans le lit supérieur, ni son étendue en avant de l'empalement, ne concourent en aucune façon à l'activité des moulins, et qu'ils doivent tout à la pression de l'eau, qui seule produit la vitesse proportionnée auxdites racines carrées : de-là on conclura que les soins pris par certains constructeurs pour amener le cours des eaux plus ou moins directement sur les empalemens, n'est d'aucun avantage pour l'amélioration de ces moulins.

2°. Je considérerai les digues ou déversoirs dans deux instans différens ; d'abord dans le moment où les eaux supérieures sont à plein bord sans couler, et ensuite dans celui où elles coulent de superficie.

Lorsque les eaux sont à plein bord sans couler, il est évident qu'alors la vitesse de la rivière dans le lit supérieur est nulle, mais que les eaux pressent la digue dans tous les points qui lui sont opposés, avec une force exprimée par l'excès de la hauteur de l'eau dans le lit supérieur sur celle du lit inférieur.

Ensuite, si les eaux du lit supérieur en s'exhaussant surmontent le niveau du dessus du déversoir ou digue de barrage, alors les eaux coulent en formant une nappe, et avec une vitesse égale à la racine carrée de la hauteur qu'ont les eaux au-dessus du seuil du déversoir; et si cette hauteur moyenne des eaux étoit d'un mètre, d'après l'expérience, cette chute donneroit une vitesse d'environ 4 mètres 28 centimètres par seconde (1) : mais il est important d'observer que la masse des eaux du lit supé-

_____

(1) On fait ici abstraction de l'augmentation de vitesse que cette masse d'eau peut encore recevoir par celle du courant en avant de la retenue.

rieur, en se pressant de fournir à l'évacuation de la nappe d'eau, tend à s'échapper suivant une ligne qui est toujours perpendiculaire à la direction de la digue, parce que c'est la ligne de moindre résistance. En ce point, l'expérience est d'accord avec la théorie; et si l'on daigne observer une nappe d'eau coulant dans ce cas, on se convaincra qu'elle est composée de filets qui ont tous une direction perpendiculaire à celle de la digue de barrage; que l'effet de cette chute d'eau en cascade produit ordinairement un affouillement en aval des digues, et que le lit inférieur s'excave et s'approfondit immédiatement au-dessous des digues sur une étendue de 8, 10 ou 12 mètres plus ou moins.

Il convient encore de faire une observation importante, c'est que les digues de barrage, dans toute leur étendue, ont sans cesse deux obstacles à vaincre; savoir, celui qui vient de la pression de toute la hauteur de l'eau contre chaque portion de la digue, et celui qui provient du frottement des eaux qui surmontent cette digue, causé par la vitesse de leur écoulement pendant leur passage sur ladite digue.

Maintenant, pour appliquer les faits et les précédentes observations à la direction des digues, si je considère la digue de barrage, figure 1.re, je remarque, 1°. qu'elle n'est d'aucun avantage pour le moulin GH par sa direction à peu près parallèle au fil de l'eau de la rivière dans le lit supérieur, parce que, comme on l'a ci-devant observé, la vitesse du cours des eaux dans le lit supérieur est de nul effet pour les moulins, et que la vitesse des eaux qui

sortent par le pertuis de la vanne est uniquement due à
la hauteur qu'a l'eau en avant de l'empalement. 2°. J'observe que cette digue a une longueur égale à près de quatre
fois la largeur du lit de la rivière ; que cependant elle
exige autant de solidité dans toutes ses parties que si sa
direction étoit perpendiculaire au cours de la rivière,
parce que tous les points de cette digue ont à supporter
également les efforts de toute la pression des eaux qui
agit contre toute la surface verticale intérieure, et dont
les filets, en pénétrant l'intérieur, tendent à désunir les
parties de ladite digue ; et que de plus elle souffre encore
également dans toute son étendue par l'effet de la vitesse
des eaux qui coulent de superficie. C'est donc sans aucun
motif fondé qu'on a donné à cette digue une direction
qui la rend quatre fois plus dispendieuse dans sa construction et dans son entretien ; ce qui rend cette direction
vicieuse.

Considérons maintenant la digue Q P M, figure 2,
destinée à porter l'eau sur les deux moulins R, S.

J'observe, 1°. que le prétendu avantage de diviser en
deux parties par cette pointe le lit supérieur de la rivière
n'est d'aucun prix, sur-tout lorsque les eaux ne surmontent pas la digue, puisqu'alors elles sont dormantes,
et ne sont utiles à chacun des deux moulins qu'en vertu
de la hauteur d'eau qui se trouve devant chacun des
empalemens ; mais lorsqu'il survient une crue qui force
les eaux à passer par-dessus ce barrage ou déversoir
pointu, il arrive, comme je l'ai ci-dessus remarqué, que
les filets d'eau qui fournissent la chute sur la première

branche PM s'écoulent en suivant les directions *ac* et *ld*,
et, sur la seconde branche PQ, suivant les directions *ef*
et *gh*. Mais on jugera qu'en ce cas ces filets d'eau doivent
produire des affouillemens au pied de la branche qui lui
est opposée, et accélérer sa ruine. C'est précisément ce
qui est arrivé à une digue de barrage qui avoit cette
forme pointue; les deux branches *pg* et *pd* ont été détruites
par cette cause; et alors on a rétabli cette digue en tron-
quant l'angle, pour lui donner la forme qu'elle a dans
la figure 3, *ombd*, où l'on voit qu'on a seulement
reconstruit la partie *bm*.

Cette seconde digue, moyennant un entretien et
quelques réparations, a subsisté environ quinze années,
jusqu'à l'époque d'un très-grand débordement qui l'a détruite, et dont l'effet a été de faire chômer les moulins
R et S.

Cette crue extraordinaire, retenue dans le lit principal
de cette rivière par le barrage dont il est question dans
la figure 3, après s'être élevée, s'étoit répandue dans la
ville joignante, et y avoit causé beaucoup de dommages
en faisant écrouler douze à quinze maisons, bouleversé
le pavé des rues, et avarié beaucoup de marchandises et
d'effets mobiliers. Ayant été consulté sur cet événement,
je fus d'avis qu'on portât les moulins sur le petit bras de
secours de cette rivière qui étoit parallèle au grand bras,
qu'on transportât le barrage du lit principal de la rivière
au-dessus de la ville vis-à-vis l'origine du petit canal ou
bras, afin que le grand bras étant entièrement libre et
dégagé de tout obstacle vis-à-vis de la ville, les inonda-

tions pussent désormais s'écouler avec plus de facilité sans lui causer de dommage ; et je rédigeai un projet dans ces vues. Ce n'est pas sans de grandes difficultés qu'il a été adopté, parce qu'il falloit combattre les habitudes et les préjugés de plusieurs citoyens, qui dans les momens de péril l'avoient demandé avec instance, et qui avoient été ensuite agités par des intérêts particuliers. Cela exigea de longues discussions, et il a fallu un avis prépondérant des gens de l'art et l'influence ministérielle pour assurer une décision qui devoit opérer le bien.

Cependant cette décision ayant entraîné des longueurs, et la ville paroissant souffrir de l'inactivité des deux moulins R et S, les officiers municipaux, dans la vue d'être utiles à leurs concitoyens en attendant une résolution définitive, crurent devoir embrasser le projet qu'on leur présenta pour rétablir, au moins provisoirement, un des deux moulins : dans cette intention, l'artiste ou l'ouvrier qu'ils employèrent traça le barrage indiqué BM, figure 4. Cette construction n'étant que provisoire, avoit été faite avec plus d'économie que de solidité ; mais l'auteur, guidé par les préjugés ordinaires, avoit pensé que cette digue résisteroit mieux par son obliquité au cours des eaux du lit supérieur, et qu'elle porteroit avec plus d'avantage les eaux sur le moulin qu'il s'agissoit de faire tourner.

Il y avoit peu de momens que cet ouvrage provisoire étoit exécuté lorsqu'il survint une crue moyenne qui surmonta d'environ 8 à 10 décimètres le nouveau déversoir, en faisant cascade suivant l'usage. Je reçus alors un

3 2

avis de l'administration, qui m'annonçoit qu'une moyenne
crue de la même rivière causoit de nouveaux désastres
dans la même cité, et avec invitation de m'y rendre
promptement. Malgré mon étonnement en apprenant ces
accidens causés par une crue si peu importante, je m'y
rendis, et je trouvai qu'en effet l'eau avoit renversé sept
maisons situées sur le bord de la rivière de G en N. Mais,
en visitant les lieux, je ne pus m'empêcher d'observer
au subdélégué et aux municipaux présens que, si j'avois
voulu faire écrouler les maisons en question, j'aurois dirigé la digue de barrage telle qu'elle étoit disposée, et
qu'elle seule étoit cause de la ruine desdites maisons,
parce que la masse d'eau qui forme cascade en passant
par-dessus la digue, sortant avec impétuosité, suivant la
direction des filets ab, cd et ef qui sont perpendiculaires
à celle du barrage, cette nappe d'eau étoit venue frapper
le pied de la fondation des murs de face de ces maisons
qui bordent la rivière, avec une vitesse d'environ 3 à
4 mètres par seconde; que cet effort des eaux avoit dû
occasionner des affouillemens au pied des fondations des
murs desdites maisons, particulièrement vers la partie
qui joint le déversoir, et, en ruinant ces fondations,
causer l'écroulement de ces murs; enfin, que cet effet
n'avoit dû s'arrêter qu'au point où la direction de la chute
des eaux du déversoir s'étoit trouvée trop éloignée pour pouvoir attaquer la fondation des maisons qui restoient; et
qu'on auroit évité ces accidens, si le barrage avoit été
exécuté suivant la section HO de la rivière : qu'au surplus
il n'y avoit plus rien à craindre pour la suite des maisons,
qui se trouvoient hors d'atteinte du flot.

Il s'ensuit des principes que l'on a posés, et de leur application confirmée par des expériences, que la meilleure direction à donner à ces digues de barrage servant de retenue ou de déversoir est celle VM, figure 5, qui est perpendiculaire au lit de la rivière, et que les moyens nécessaires à employer pour établir ces digues avec solidité seront d'autant plus économiques dans leur construction et leur entretien, qu'elles auront moins de longueur : d'ailleurs, en prenant ce parti lorsque les eaux font cascade, elles n'attaquent aucun bord de préférence, et leur effort se dirige suivant le cours des eaux du lit inférieur de la rivière.

De la forme et de la construction des déversoirs.

On construit des déversoirs en charpente ou en maçonnerie ; on les fonde à une profondeur suffisante pour les défendre des affouillemens, et on les établit sur pilotis, sur simple plate-forme ou sur le terrain naturel, suivant les circonstances. Avant de discuter ces diverses constructions, je crois devoir examiner la meilleure forme qu'il convient de leur donner pour être moins exposées à être détériorées par les eaux.

Les déversoirs soutiennent ordinairement une hauteur d'eau d'un mètre et demi ou deux mètres au plus : on peut, en les construisant en charpente, leur donner la forme d'un plan incliné, le long duquel coule l'excédent des eaux nécessaires à la navigation, ou à faire tourner les moulins. (*Voyez* la figure 1re, planche VII.)

Les figures 2 et 3 offrent des coupes de déversoirs en maçonnerie, dont la coupe transversale est triangulaire, excepté que dans la figure 2 le mur d'amont est à plomb avec un foible talus, et que dans la figure 3 il a un talus perpendiculaire à la face rampante du déversoir, et qu'il est terminé en aval par une partie horizontale servant de crèche ou empatement.

La figure 4 représente là coupe d'un déversoir en maçonnerie, qui a à peu près la forme d'un trapèze.

La figure 5 représente la coupe d'un autre déversoi en maçonnerie, qui fait voir, dans sa surface extérieure, un glissoir alternativement convexe et concave que les eaux parcourent en tombant du lit supérieur dans le lit inférieur.

Enfin, la figure 6 offre la coupe d'un déversoir en maçonnerie, dont le mur de chute d'aval, fondé sur pilotis, a son parement presque à plomb, et est couronné par une assise de cordon en pierre de taille. Le parement du mur d'amont a un talus du cinquième de sa hauteur, et le dessus a une contre-pente opposée au cours des eaux.

Les bases de ces déversoirs ont depuis un mètre et demi jusqu'à deux mètres au-dessus de leur fondation, sur une épaisseur qui est d'environ six mètres, et quelquefois de 10 à 11 mètres.

Le déversoir de la figure 1re, de forme triangulaire dans sa coupe, est formé par huit rangs de pilotis dans sa largeur ou épaisseur, espacés entre eux d'un mètre de milieu en milieu ; ce qui lui donne 7 mètres 36 centimètres d'épaisseur. Lesdits pilotis sont encore espacés d'un mètre sur chaque file de longueur. De plus, ce barrage est terminé tant d'amont que d'aval par deux files de palplanches jointives, parallèles à la direction de la digue. Ces pilotis doivent être recepés en pente sur l'épaisseur du déversoir; et, par le moyen de tenons réservés, ils sont coiffés par des chapeaux dont le dessus doit suivre la rampe du déversoir, et qui s'assemblent à mi-bois avec huit cours de longuerines : ce qui forme dans le dessus un grillage qui offre des cases carrées.

Ensuite ce coffre est rempli par de la maçonnerie de moellon et mortier de chaux et sable, ou quelquefois simplement par des graviers et pierrailles arrangés par lits de 20 à 30 centimètres d'épaisseur, et bien battus pour qu'il ne reste pas de vide ; ensuite le tout est recouvert par un lit de pavé fait avec pierres dures posées de champ avec mortier, et qui doit remplir bien exactement toutes les cases : les rangées fortement serrées doivent affleurer le dessus de la charpente.

Il faut supposer environ un mètre de profondeur à la fondation au-dessous du lit inférieur de la rivière, et les pilotis doivent avoir au moins deux mètres de fiche dans le terrain naturel.

Ce genre de déversoir est très-connu ; on en a fait usage à Remiremont dans la Moselle, à Saint-Nicolas dans la Meurthe, à Sarguemine et à Fénestrange dans la Sarre, et dans une infinité d'autres lieux : mais il a le défaut de n'être point étanche et de laisser passer beaucoup d'eau. Bientôt après sa construction, on voit percer de toutes parts des filets d'eau *ab, cd, ef, gh ;* et

ces filets, qui sont petits dans le commencement, en se
faisant jour à travers les matières qui composent le déversoir, s'accroissent journellement, et contribuent beaucoup
à sa détérioration en emportant sans cesse des matières :
il se creuse des cavités intérieures, et le pavé de superficie
s'affaisse.

Lorsque j'étois chargé de la surveillance des bâtimens
et moulins nationaux dépendant de la ci-devant Lorraine,
j'ai observé que ces sortes de déversoirs exigeoient de fréquentes réparations et perdoient beaucoup d'eau.

Ce genre de déversoir a encore un autre inconvénient,
c'est qu'étant entretenu par un grillage en charpente que
les eaux laissent souvent à découvert, sur-tout en été et
en automne, il s'ensuit que cette charpente est exposée
à se pourrir promptement, ainsi que la tête des pieux
qui portent ce grillage ; et il devient ensuite très-difficile
de remplacer des pilotis engagés dans des masses de maçonnerie ou de pierrailles.

Au surplus, il existe dans ces rivières des digues de
retenue encore plus vicieuses, qui consistent seulement
en trois à quatre files de pilotis disposés parallèlement,
et dont l'intervalle est garni de fascinages appliqués contre
les files extérieures de pilotis, et le milieu rempli de
moellons et de graviers.

Ces espèces de digues, dans le temps des basses eaux,
laissent passer la moitié ou le tiers de la rivière à travers
leur épaisseur : on en trouve cependant de pareilles à
Charmes et à Frouard sur la Moselle, dans la Meuse et
dans beaucoup d'autres rivières. Comme toutes les parties

de ces digues sont sans aucune liaison, et que l'eau passe dessus, dessous et à travers, ce sont celles qui sont le plus fréquemment ruinées et les plus faciles à réparer. (*Voyez* figure 7.)

La figure 2 représente une digue en maçonnerie, dont la coupe présente un plan incliné sur lequel coulent les eaux ; on la suppose fondée sur un terrain naturel solide, à un mètre et demi de profondeur au-dessous du fond du lit inférieur, et qu'elle a huit mètres d'épaisseur à la base.

La forme de cette digue a plusieurs désavantages : 1°. d'être facilement pénétrée par des filets d'eau *ab*, *cd*, *ef*, *gh*, *il*, vu son peu d'épaisseur par le sommet ; 2°. les eaux, en coulant à peu près le tiers de l'année sur le plan incliné, parviennent à fouiller et à dégrader les joints de la maçonnerie, à s'insinuer sous les dalles de recouvrement et à les soulever ; 3°. enfin, la vitesse accélérée des eaux, acquise en courant le long du plan incliné, tend à creuser une fosse très-profonde au pied de cette digue : ce qui expose la fondation de la partie d'aval au danger d'être ruinée.

Si les eaux ne devoient jamais surmonter le déversoir et rester au niveau de sa hauteur, on pourroit observer que son épaisseur augmente vers le bas comme la pression causée par les diverses profondeurs d'eau, et que la résistance dont cette digue est capable, qui est plus forte vers sa base, se trouve à zéro par le sommet, où la hauteur d'eau est nulle lorsque le déversoir ne coule pas : mais lorsque les eaux surmontent d'un ou deux mètres le dessus du déversoir de la hauteur d'eau, alors on doit ajouter cette hauteur à celles *Aa*, *Ab*, *Ac*, *Ad*, etc. pour avoir les augmentations de pression contre la digue : or, c'est dans ces momens que les eaux font les plus grands efforts contre la solidité des digues, et qu'elles tendent, en les pénétrant, à se pratiquer des issues. En effet l'expérience confirme ces faits, en laissant à découvert après les crues l'existence de tous ces jets partiels qui traversent l'épaisseur de ces déversoirs en différens points de la surface rampante.

La figure 3 représente la coupe d'un déversoir en maçonnerie qui forme une retenue d'eau de deux mètres de hauteur : il est exécuté à Nancy sur la Meurthe. Ce déversoir, très-important, soutient une masse d'eau capable de tenir en activité neuf roues de moulins à farine au temps des plus basses eaux, et en fait tourner encore huit autres lorsque les eaux ont un ou deux mètres sur l'étiage : il a été fait avec dépense. La partie rampante a neuf mètres de longueur; elle est suivie d'un empatement de deux mètres de largeur : l'angle du sommet est droit; le corps de la maçonnerie est recouvert par des assises de dalles en pierre de taille nature de roche, dont tous les quartiers sont cramponnés entre eux, et les joints faits avec mortier de chaux et ciment; il se trouve en aval un saut d'environ un demi-mètre au plus. Le pied de ce déversoir est soutenu par deux files extérieures de pieux : la première, plus serrée et joignant la maçonnerie, est coiffée par un cours de chapeau dont le dessus affleure le dessus de la maçonnerie; et la seconde

file de pieux, qui sont plus écartés entre eux, est formée
de pieux de garde, recepés à la hauteur du chapeau.

Il y a apparence que ce déversoir a été fondé avec
batardeau et épuisemens, et établi au-dessous du lit inférieur sur le terrain naturel.

J'ai été chargé, vers 1790, de faire faire la réparation de ce déversoir, auquel on n'avoit pas travaillé depuis vingt ans: il s'y trouvoit beaucoup de dalles enlevées,
beaucoup de forts jets d'eau qui passoient à travers la
maçonnerie en cent endroits, beaucoup de crampons
dérangés ou enlevés ; les eaux s'étoient pratiqué des
chambres intérieures; les chapeaux étoient pourris, beaucoup de pieux enlevés, et la tête de la plupart des autres
étoit pourrie. J'ai fait remplir les chambres intérieures
autant qu'il a été possible, rétablir les recouvremens en
dalles de pierre de taille, remplacer tous les crampons
manquans, refaire les joints en ciment, rétablir les pieux
et chapeaux de garde, et fait remplir la fouille au pied
du déversoir par des jetées de forts moellons : ce qui a
suffi pour les réparations du moment, sans rien changer
aux vices de construction.

La figure 4 représente la coupe d'un déversoir en
maçonnerie exécuté à Metz pour le barrage du lit principal de la Moselle, qui présente dans son dessus une
forme d'abord convexe, et concave par le bas ; il m'a paru
qu'il y avoit à l'extrémité d'aval un saut d'environ un
demi-mètre.

Il est certain que les eaux coulent très-naturellement
en suivant cette courbe; elles trouvent, à leur sortie du

33

lit supérieur, une courbe parabolique que la pression des eaux tend à leur faire parcourir; et à mesure que leur poids les rapproche de la rampe, la concavité de la courbe leur donne une direction qui doit les éloigner du pied du déversoir; et si elles creusent encore en aval, la fouille doit être moins considérable : mais cette forme ne préserve pas de l'effet des filtrations abondantes qui traversent l'épaisseur de cette maçonnerie; et quoique la maçonnerie de la superficie courbe de ce déversoir soit bien exé·cutée en pierre de taille, il est difficile, lorsque les eaux y coulent nuit et jour pendant plusieurs mois avec une forte vitesse, qu'elles n'y causent pas des dégradations.

M. Péronnet a adopté cette forme pour un déversoir du canal de Bourgogne; mais pour qu'il ne se forme pas d'affouillement en aval, il place plusieurs lits de fascinage très-prolongés, et dont le dessus affleure le pied de son déversoir.

La figure 6 représente la coupe d'une digue de barrage ou déversoir en maçonnerie, qui a 3 mètres 50 centimètres de hauteur en aval, et 3 mètres 10 centimètres en amont, compris un mètre et demi de fondation. Son épaisseur par le haut est de cinq mètres, et celle sur la fondation est de six mètres; son mur de chute a son parement en pierre de taille qui est couronné par un cordon; le dessus, qui est recouvert en dalles, a une contre-pente de quatre décimètres sur son épaisseur; le parement intérieur, du côté d'amont, est en maçonnerie ordinaire, avec un talus et empatement : le tout est établi sur grillage et plate-forme, sur un terrain solide, battu et bien régalé. Les entrevoux du grillage sont remplis en conroi battu. On a pratiqué dans le milieu de l'épaisseur du corps du déversoir une maçonnerie de brique de l'épaisseur réduite d'un mètre, mais inégale, liée avec le reste de la maçonnerie, et construite en même temps ; le cordon qui couronne le mur de chute est formé de forts quartiers encastrés les uns dans les autres, et liés par des crampons avec des dalles de recouvrement joignantes.

En aval au pied du mur de chute, on a ménagé trois lits d'épaisseur de fascinage, les deux premiers retenus par des piquets et tunages remplis de gravier, et le lit supérieur seulement cloué sur les deux autres avec de forts piquets, les uns fichés à plomb, et d'autres obliquement.

Ce fascinage doit être habituellement recouvert par les eaux du lit inférieur, sur une épaisseur d'au moins 30 centimètres.

Maintenant, si l'on examine l'effet de ce déversoir, on verra, 1°. qu'il est disposé pour résister de toute son épaisseur à la poussée de l'eau ; que la maçonnerie de brique, plus serrée de sa nature, laisse moins de moyens à l'eau de pénétrer à travers cette digue, et qu'elle a autant d'épaisseur qu'il convient pour résister à l'effort de l'eau, quelle que soit sa hauteur.

2°. Si on considère ce déversoir dans le moment où il est surmonté par les eaux, on reconnoîtra qu'une partie des eaux sont dormantes en amont de la digue, et qu'elles ne frottent en s'évacuant que contre le cordon ; que pendant leur chute la nappe d'eau décrivant une courbe parabolique, se meut dans le vide ; c'est-à-dire qu'elle n'éprouve que la résistance de l'atmosphère, tombe presque verticalement sur l'eau du lit inférieur, dont le mouvement, au moyen du lit inférieur de fascinage, ne peut creuser aucune fouille : d'ailleurs, ces fascinages étant toujours couverts d'eau, peuvent se conserver long-temps.

D'après toutes les observations que j'ai faites sur les différentes formes de déversoir, je pense que l'on n'hésitera pas à préférer cette dernière forme de déversoir, sur-tout lorsqu'on pourra se procurer les matériaux nécessaires à ce genre de construction : j'en ai fait exécuter plusieurs sur ce modèle depuis 1780.

J'ai reçu, depuis 1790, du citoyen Bertrand, inspecteur-général des ponts et chaussées, un modèle gravé d'un sas d'écluse, auquel étoit joint, sans discours, une coupe de déversoir projeté dans les mêmes principes. On trouvera, figure 5, la coupe de ce déversoir. Etant assuré de ne nous être pas communiqué nos vues, j'ai été flatté de voir qu'elles concordoient avec les miennes.

Pour prévenir les affouillemens que la chute des eaux peut produire en aval des déversoirs, il y a des constructeurs qui établissent sous les eaux un plancher de madriers par des cadres de charpente posés sur pilotis. Ce moyen est dispendieux, et il a un désavantage en ce que les fers et clous qui retiennent le plancher sont sujets à se rouiller et à s'altérer promptement, parce que l'eau et l'air oxident le fer, et que l'expérience prouve que le choc des eaux fait détacher plusieurs planches au bout de peu de temps.

D'autres constructeurs font en aval un radier de maçonnerie ordinaire d'environ 60 centimètres d'épaisseur, posé sur le terrain naturel ; mais il convient, pour empêcher les moellons de la superficie de se détacher, de les recouvrir par une assise de dalles ou de pierres de taille ; et même, si ce radier d'aval n'étoit pas ordinairement couvert d'eau, et que l'eau tombât dessus directement, il faudroit une double épaisseur de ces dalles posées plein sur joint, et les joints faits avec de bon ciment.

Je crois devoir ajouter ici une observation sur la construction des déversoirs en maçonnerie ; c'est qu'il est très-important de se procurer de la chaux qui ait assez de force pour que la maçonnerie puisse subsister dans l'eau. J'avois vu bien des fois de la maçonnerie parfaitement résister à l'eau dans plusieurs constructions établies sur la Loire, à Orléans, à Tours et à Saumur. Lors de la fondation des piles du pont de cette dernière ville, on les arrasoit chaque année à la hauteur d'environ deux mètres et demi au-dessus des basses eaux, en les couvrant d'une chappe de maçonnerie de moellon ; elles étoient couvertes trois ou quatre fois par les crues de l'hiver et du printemps, de façon qu'on étoit quelquefois plusieurs mois sans les voir, et jamais on ne trouvoit aucune pierre de quelque importance dérangée. Cependant il se trouve beaucoup de pays où la chaux, moins bonne, paroît suffire pour les constructions en plein air, et perd toute sa force dans l'eau. Je l'ai éprouvé en faisant construire dans les Vosges un déversoir en maçonnerie dont l'effet paroissoit devoir remplir mes vues, lorsqu'il survint une crue avant que la maçonnerie eût pris assez de consistance, environ un mois après sa construction. Cette crue délaya assez promptement les mortiers des joints de la pierre de taille, et aussitôt que la première pierre eut été enlevée, tout le reste de l'assise fut détruit.

A un autre ouvrage de même nature construit dans une autre ville, le corps de la maçonnerie ne fut point endommagé par les eaux, parce que la maçonnerie avoit acquis de la solidité, et que les joints en ciment avoient été durcis et faits avec soin ; mais le radier au-dessous du mur de chute fut attaqué par les eaux, et ne l'eût pas été si la chaux eût été meilleure.

Ces faits doivent convaincre de la nécessité de connoître la qualité de la chaux dont on peut disposer, de faire en sorte de constater sa force par des expériences, et de s'assurer si elle résiste dans l'eau.

Il seroit à desirer qu'on eût fait un certain nombre de bonnes expériences sur les diverses qualités de la chaux, en désignant les différentes natures de pierres qui y sont employées, par leur grain, leur couleur et leur poids : au défaut de bonnes expériences dans ce genre, on est réduit à des tâtonnemens de pratique, ou à être trompé par de faux renseignemens.

De la vitesse des rivières.

On a fait beaucoup d'expériences isolées ou peu authentiques sur la vitesse des rivières, mais on n'en peut rien conclure. Au défaut de ces expériences, la

théorie a essayé de s'emparer de la matière ; et, pour suppléer aux bases certaines qui lui manquoient, elle s'est
créé des hypothèses. Elle a supposé que la nature marchoit régulièrement d'après ses principes et suivant des
progressions quelconques : il en est résulté des calculs
savamment combinés, dont tous les cas résolus sont hy-
pothétiques, et dont on peut rarement faire un usage
utile.

Pour y suppléer, et en attendant la possibilité d'exécuter un cours de nouvelles expériences que j'indiquerai
ci-après, je voudrois provisoirement obtenir, pour chaque
grande rivière connue, une collection d'expériences sur
leur vitesse, qu'il est possible de se procurer à peu de
frais.

On a fait anciennement des expériences sur la vitesse
de la Seine à Paris, au Pont national, au moment des
basses eaux ; on a trouvé que la vitesse de cette rivière
étoit de 1 pied 10 pouces par seconde : $=$ o mètre
60 centimètres.

Projet utile d'expériences à faire sur la vitesse des principales rivières de France, au temps des hautes, moyennes ou basses eaux.

M. Mariote, en supposant que le lit de la Seine touchoit
les deux rives au même pont, et avoit 5 pieds de profondeur réduite, avoit trouvé que la vitesse moyenne étoit
de 2 pieds 6 pouces par seconde : $=$ o mètre 81 centimètres.

Et lorsque la Seine étoit à peu près à 18 pieds de
hauteur, la vitesse étoit de 4 pieds 2 pouces : $=$ 1 mètre
35 centimètres.

Voilà à quoi se réduisent toutes les expériences faites
ou connues dans la rivière de Seine ; mais j'aurois desiré

que, depuis le terme des basses eaux jusqu'à celui des plus hautes, on en eût fait de mètre en mètre, c'est-à-dire à des hauteurs d'eau d'un, deux, trois, quatre, cinq et six mètres sur l'étiage, et qu'on eût répété ces mêmes expériences en différens points du cours de la Seine, tels qu'à Montreau, à Melun, à Paris et à Rouen.

M. Mariote pense que la vitesse est plus forte à la superficie et dans le milieu du courant, mais qu'elle est ralentie par les frottemens du lit et des rives.

En faisant plonger les corps flottans qui servent aux expériences, on peut se procurer une vitesse moyenne, et en partageant un lit de rivière, par exemple, à peu près en six parties égales, et mettant au même instant aux divers points cinq corps flottans en immersion, on pourroit se procurer des vitesses comparatives qui feroient juger de la différence des vitesses de l'eau dans le milieu du cours principal et près des rivages.

J'ai fait quelques expériences à Tours sur les vitesses de la Loire, prises à différentes hauteurs d'eau : mais comme je ne les ai pas toutes suivies moi-même avec les soins convenables, je les ai citées ci-dessus pour exemple, sans y avoir une grande confiance.

Cependant je desirerois que les expériences que je viens d'indiquer pour la Seine fussent de même répétées pour la Loire, à Gien, à Orléans, à Blois, à Tours et à Saumur ; qu'on fît encore les mêmes opérations dans la Garonne, la Saone, le Rhône, et enfin dans les principales rivières de France.

Le gouvernement, qui salarie des ingénieurs en résidence dans les villes principales, situées sur les grandes rivières, pourroit les charger de ce travail, dont ils rendroient compte à un point central, pour en réunir la collection.

Le P. Frisi qui a recueilli beaucoup d'observations sur les rivières d'Italie, d'après plusieurs savans célèbres qui ont écrit sur cette matière, laisse encore beaucoup à desirer pour l'avantage de la science et de l'expérience.

Après avoir cité des expériences isolées sur les vitesses de quelques rivières, il présente un calcul de la quantité d'eau fournie par neuf rivières différentes, dont toutes les dimensions se trouvent portées sur une table qu'on trouve page 138 de cet ouvrage.

En examinant les expériences comprises dans cette table, elles ne m'ont pas paru propres à inspirer confiance. Sur neuf rivières qui ont fourni à l'auteur treize expériences faites en des temps différens, il n'a trouvé que deux vitesse différentes : de sorte que les cinq rivières du Lavino, de la Sammoggie, du Centonara, de la Quaderna et du Sillaro, lui ont toutes donné précisément la même vitesse de 4 pieds 2 pouces par seconde, quoique les hauteurs ou profondeurs de ces rivières soient toutes inégales entre elles, et qu'elles varient depuis 4 jusqu'à 18 pieds mesure de Bologne (1). Ensuite, les trois autres rivières, qui sont le Reno en deux sections, la Savena et l'Idice, ont aussi précisément toutes la même vitesse, qui est

_____

(1) Le pied de Bologne est égal à 1 pied deux pouces $\frac{1}{10}$ du pied de France.

34

de 4 pieds 10 pouces par seconde, quoique ces rivières aient des hauteurs d'eau qui diffèrent entre elles depuis 12 jusqu'à 17 pieds.

Il ne paroît nullement vraisemblable que des sections différentes de la même rivière, avec inégalité de profondeur, ou que dans cinq rivières différentes, dont les profondeurs sont sensiblement inégales, les pentes différentes et qui ont été observées dans des instans nécessairement différens aient toutes précisément donné la même vitesse de 4 pieds 2 pouces par seconde. Ces invraisemblances expliqueroient les erreurs de calcul qui se sont glissées dans cette table.

Il auroit d'ailleurs été nécessaire de dire si ces expériences exprimoient la vitesse de ces rivières dans le temps des basses, moyennes ou hautes eaux, ou si c'étoient des vitesses moyennes. Mais, sans étendre davantage ces remarques, j'en conclurai qu'on manque absolument de bonnes expériences dans ce genre.

Nouvelles expériences à faire sur la vitesse des eaux courantes, applicables aux rivières, relativement à la pente de leur lit, à la direction de leur cours et à leur profondeur; avec des observations sur les modifications que ces vitesses peuvent recevoir par le frottement du fond et des bords, et par le changement de pente, de direction, ou l'inégalité de largeur dans le lit d'écoulement.

Il existe des principes généraux, incontestables,

admis par la théorie, dont les effets seroient prévus et calculés, si les expériences étoient aussi simples que les lois de la théorie.

On ne peut révoquer en doute, 1°. que les eaux des rivières coulent d'autant plus vite que la pente de leur lit est plus rapide, que les eaux ont de profondeur au-dessus du fond de ce lit, et qu'elles éprouvent moins d'obstacles par le frottement du fond ou des bords. Mais quelle est l'influence relative de toutes ces causes pour augmenter ou diminuer la vitesse des eaux, et dans quelle proportion chacune d'elles agit-elle ?

Projet d'une série de nouvelles expériences sur la vitesse des eaux courantes, par le moyen d'une rivière factice.

On sait, 2°. que les eaux qui coulent dans une direction indiquée et suivant une pente quelconque doivent accélérer leur vitesse, si elles ne rencontrent dans leur cours aucun obstacle, et que l'accélération est d'autant plus forte, que le plan sur lequel elles coulent est incliné à l'horizon ; que c'est la cause des effets redoutables qui résultent de la chute des eaux qui forment les torrens ; et que si le fond de toutes les rivières étoit réglé sur une seule et même pente, leur vitesse s'accéléreroit depuis la source jusqu'à son embouchure. Ces principes et leurs conséquences théoriques sont incontestables.

On sait encore, 3°. d'après l'expérience, que dans toutes les rivières la vitesse des eaux éprouve des obstacles par les détours nombreux que fait leur lit, par les îles qui rompent le fil de l'eau, par les inégalités du fond de ces rivières, enfin par les changemens de pente, par la profondeur variable des eaux et par l'inégalité de largeur de leur lit.

On a aussi observé que la plupart de ces obstacles agissent diversement, les uns directement, les autres par réflexion, et presque tous opposent des frottemens diversement combinés ; enfin c'est par une suite de la combinaison de toutes ces causes locales que la vitesse première est mille fois détruite et régénérée, suivant les circonstances. Mais il est sans contredit beaucoup plus aisé d'indiquer toutes les causes qui détruisent ou modifient la vitesse des rivières, que de les apprécier.

On croit cependant qu'il seroit utile de se procurer quelques bonnes expériences dans ce genre, et qu'elles pourroient fournir des bases à la théorie, dont les arts ensuite pourroient tirer avantage.

Je pense qu'il conviendroit, dans cette vue, d'exécuter un plan d'expériences, ou plutôt une collection dans laquelle on passeroit successivement des plus simples à d'autres graduellement plus composées.

Ce projet a été ci-devant tenté par Geneté, qui fit en Hollande plusieurs expériences dans une rivière factice, mais si en petit, si mal décrites, et avec des résultats si peu vraisemblables, qu'on peut les regarder comme nulles (1).

Je desirerois donc qu'on formât une rivière factice dont la prise d'eau seroit établie au bord d'un lac, pour en pouvoir tirer à volonté la même quantité d'eau pendant la durée de chaque expérience, sans crainte de

---

(1) Expériences faites à Leyden en 1756, et imprimées à Paris en 1764.

voir baisser le niveau de la source ; mais les expériences dont je vais indiquer les détails ne pourroient être faites qu'aux frais du gouvernement.

Je desirerois donner environ 1 0 0 0 mètres d'étendue à mes expériences, et pouvoir me procurer sur cette étendue, pour toutes les expériences à faire, une pente d'environ cinq à six mètres, et me débarrasser ensuite des eaux au bout de ce terme. Cela n'est pas aussi difficile qu'on pourroit le croire, vu que presque tous les lacs ont une issue par où coule le trop plein qui alimente une rivière, et cette rivière a une pente quelconque en sortant du lac. Il ne s'agit donc que de prolonger, s'il est besoin, du côté de cette issue un canal de niveau d'environ un mètre et demi de profondeur jusqu'au point où l'on auroit gagné la pente nécessaire ; et ce canal, qui seroit de niveau avec le lac, serviroit à la prise d'eau de mes rivières factices.

Toutes mes expériences se feroient sur des rivières factices de diverses largeurs et auxquelles on donneroit successivement un, deux, trois, quatre et cinq mètres de largeur, avec des profondeurs de deux, quatre, six, huit et dix décimètres.

Ces expériences se feroient sur une longueur de 9 6 0 mètres, et les derniers 4 0 mètres serviroient à diriger l'évacuation des eaux. Je partagerois les 9 6 0 mètres en quatre distances ou sections de chacune 2 4 0 mètres, et je poserois à chaque point un observateur avec un pendule battant les secondes : de sorte qu'en faisant flotter un corps depuis la prise d'eau, on noteroit le nombre de secondes écoulées au bout de chacune des distances parcourues.

Dans les premières expériences, les canaux seroient posés en ligne droite, dans les secondes avec des angles, avec des îles, et enfin avec des dérivations.

Le fond du lit seroit uniforme et les bords verticaux porteroient des échelles graduées, placées au bout de chaque section, et dont les divisions marquées en centimètres indiqueroient la profondeur de l'eau.

Les pentes seroient réglées depuis un centimètre pour 100 mètres de longueur jusqu'à 50 centimètres inclusivement, disposées successivement sur les pentes de 1, 5, 10, 20, 30, 40 et 50 centimètres. Lorsque le lit de chaque rivière seroit dressé sur une seule pente de la longueur de 960 mètres depuis la prise d'eau, on pourroit alors faire des expériences sur l'accélération de la vitesse des eaux relativement à chacune des pentes, en comparant le temps qu'elles mettroient à parcourir chacune des parties de 240 mètres.

Après avoir fait plusieurs expériences sur des hauteurs d'eau successivement différentes ; savoir, de 2, 4, 6, 8 et 10 décimètres, on sera en état de juger jusqu'à que point ces différentes hauteurs d'eau peuvent influer sur les vitesses qui en résultent, de comparer les espaces parcourus par des corps flottans ; et en notant les hauteurs d'eau qui se trouvent à chaque section pendant la durée de l'écoulement, on jugera si la hauteur se maintient la même, ou si elle s'abaisse dans la partie où elle est la plus accélérée.

En comparant les surfaces frottées par les eaux , dans les cas où chaque largeur de rivière est double', triple ou quadruple , toutes les autres circonstances étant égales , ou bien en supposant la même largeur lorsque la profondeur de l'eau double ou triple , on pourra juger jusqu'à quel point les frottemens altèrent les vitesses.

De même , en comparant ensemble les vitesses que les eaux acquièrent en parcourant des pentes différentes , on pourra juger jusqu'à quel point ces pentes influent sur les vitesses.

Enfin , après avoir observé que si les fortes pentes représentent les vitesses qu'ont les rivières vers leur source , les plus foibles pentes désignent celles qu'elles ont vers leur embouchure dans la mer ; on pourra imiter cette dernière condition , en donnant à la première section de la rivière factice une pente qui seroit réglée à raison d'un centimètre pour 100 mètres , faire la troisième section de niveau , et donner à la quatrième section une contre-pente d'un quart de centimètre pour 100 mètres , pour imiter les contre-pentes des rivières aux approches de leur embouchure dans la mer.

On pratiqueroit à la fin desdites sections une pente variable , que l'on accéléreroit de cinq en cinq mètres pour faciliter l'évacuation des eaux desdites rivières.

Toutes ces dispositions présenteroient une image approximatrice de la vitesse des rivières aux approches de leur embouchure.

Pour l'exécution de toutes ces expériences , mon projet n'est point de faire couler ces diverses rivières sur le terrain naturel, parce qu'en vain on prendroit des soins pour niveler le terrain suivant chacune des pentes ci-dessus indiquées, et pour préparer les terrasses en conséquence ; la vitesse des eaux, sur-tout dans les fortes pentes, y auroit bientôt creusé des fouilles, et bouleversé le fond du lit préparé, principalement à cause de la qualité des différentes veines de terre. C'est pourquoi mon projet consisteroit, après avoir préparé le terrain, à faire couler ces rivières sur un lit de planches de sapin, qui seroient appliquées sur le terrain, posées bien jointivement, et clouées par leurs extrémités sur des traverses formant des chevalets, dont les montans soutiendroient les bordages posés verticalement, et qui seroient chacun formés de quatre planches de hauteur, contre lesquelles on appliqueroit une petite levée en terre, pour ne point perdre d'eau ni par le fond, ni par les côtés. *Figure* PC, *planche VI.*

Il faut observer qu'un des bords de cette rivière seroit fixe ; qu'à cet effet le poteau du chevalet qui porteroit ce bordage seroit arrêté à demeure sur les traverses hautes et basses, et que le poteau destiné à porter l'autre rive seroit mobile, pour pouvoir s'écarter à volonté, suivant la largeur qu'on desireroit donner à la rivière pour chaque série d'expériences.

Il est facile encore de juger que les traverses hautes et basses de chaque chevalet porteroient des tenons espacés entr'eux à la distance d'un mètre, pour y fixer au besoin le poteau de la rive mobile.

On jugera que, dans les expériences qu'on a ci-dessus

indiquées, le frottement de l'eau coulante contre le fond et les bords de cette rivière ne sera pas exactement le même qu'il le seroit contre le terrain ordinaire, parce que d'une part les terres et graviers présentent plus d'aspérités, et que de l'autre, comme je l'ai ci-devant observé, tous les vides qui séparent les particules terreuses sont bientôt remplis d'eau, et le fond du lit saturé sur plusieurs décimètres de profondeur; de façon que l'eau coulante, après avoir nivelé le fond, doit encore vaincre en coulant l'agrégation des parties similaires du fond, au lieu que le même effet n'aura pas lieu sur le bois.

On pourroit peut-être penser que l'appareil proposé seroit très-dispendieux ; j'ai cru utile par ce motif d'en présenter un aperçu.

Il consisteroit dans la fourniture de 7,500 planches, qui, près des forêts, coûteroient . . . . . 3,750 fr.

Dans la fourniture des bois pour la construction de 3,000 chevalets, estimée. 2,400

Dans la main-d'œuvre, estimée . . . 1,500

Pour les terrasses à faire pour la disposition des canaux. 4,000

$\overline{}$

11,650 fr.

Plus, pour l'exécution des expériences, estimée 3,000

$\overline{}$

TOTAL . . . . 14,650 fr.

On jugera encore qu'avec les moyens que je viens de

35

détailler on peut combiner diversement des lits de rivière : par exemple, après avoir fait couler les eaux dans un canal de 3 mètres de largeur avec une hauteur de 6 décimètres, dans l'étendue d'une section de 240 mètres, sur une pente déterminée, on peut, au bout de cet espace, ouvrir une dérivation d'un mètre de largeur, qui auroit la même pente que la continuation du canal principal, en observant de noter de combien l'eau baisse dans chacun des deux bras, ou si elle se soutient à même hauteur; ensuite, après que l'eau auroit coulé parallèlement dans ces deux bras sur une longueur de 360 mètres, formant une section et demie, on pourroit faire rentrer le second bras dans le premier pour les réunir en un seul, avec l'attention de noter de nouveau si la hauteur de l'eau augmente dans le canal inférieur après cette réunion, et de combien.

Il seroit même utile de répéter la précédente expérience, d'abord avec une foible pente d'un centimètre pour 100 mètres, et ensuite avec d'autres de 5 et de 10 centimètres; on reconnoîtroit que les dérivations produisent d'autant moins d'effet, que la pente du lit et la vitesse sont plus foibles, et *vice versâ*.

Dans une autre expérience, après avoir fait couler une rivière de trois mètres de largeur, sur une longueur de 240 mètres, avec une pente de 10 centimètres pour 100 mètres, tout-à-coup je lui procurerois un élargissement de deux mètres; ce qui lui donneroit une largeur uniforme de cinq mètres sur l'étendue de la seconde section, et ensuite je rétablirois la première largeur de trois mètres, qui subsisteroit sur l'étendue des deux dernières sections.

Je répéterois la même expérience avec des pentes de 5, de 10 et de 20 centimètres pour 100 mètres, et des hauteurs d'eau de 20, de 40 et de 60 centimètres, en marquant toujours dans chacune de ces expériences, pendant la durée de l'écoulement, les différentes hauteurs ou abaissemens de l'eau à chaque changement de largeur et à des points intermédiaires.

On pourroit encore considérer une rivière de 5 mètres de largeur, sur une profondeur de 20 centimètres, comme représentant une autre rivière de 100 mètres de largeur et 4 mètres de profondeur réduite sur une échelle de 20 pour 1. Dans cette supposition, on pourroit y placer un pont proportionnel, composé de cinq arches, chacune de 85 centimètres d'ouverture, et le surplus pour les piles ; et l'on jugeroit de l'effet des eaux à la rencontre des ponts. On pourroit de même pratiquer dans ces lits de rivières des îles factices plus ou moins étendues.

Dans tout le cours d'expériences que je viens de proposer, qui peut présenter une combinaison de deux cents expériences, et que j'aurois pu étendre davantage, on a dû remarquer que l'on peut à volonté simplifier les circonstances ou les combiner, et en observer séparément les effets ; qu'il devient alors facile de les apprécier et de les calculer d'après les principes, ou de comparer les différences des résultats de l'expérience avec la théorie.

Mais il s'ensuit qu'une collection étendue de ces expériences, faites avec soin et bien constatées, fourniroit à la théorie des bases certaines ; et c'est en combinant ensuite les principes avec des expériences sûres qu'on pourra former des hypothèses vraisemblables, qui seront le fondement des problèmes d'hydraulique ; et par ce moyen on sera assuré que les calculs qui en résulteront se trouveront d'accord avec l'expérience.

Des dérivations des rivières.

Observation importante sur l'effet des dérivations pratiquées sur le cours principal des rivières.

On entend par canal de dérivation la formation d'un nouveau lit de rivière, qui seroit la moitié, le tiers ou le quart de la rivière principale, et que l'on ouvriroit en certains cas, ou habituellement, pour y faire passer, dans le temps des grandes inondations, une portion de la rivière principale, dans la vue de soulager les levées de défense en faisant baisser les eaux de la rivière principale, et de préserver un pays des funestes effets des débordemens.

Le P. *Frisi* rapporte que, pour soulager la ville de Florence contre les débordemens de l'Arno, on avoit projeté de faire au-dessus de cette ville un grand déversoir par où couleroit une partie des eaux de la rivière dans un canal de dérivation qui y seroit pratiqué, et d'où elles rentreroient ensuite, au-dessous de la ville, dans l'ancien lit ; mais il ajoute qu'on avoit prétendu que toutes les dérivations que l'on pouvoit faire à une rivière ne pouvoient contribuer à la faire diminuer dans les grandes crues : ce qui avoit fait renoncer à ce projet. Comme il n'a point été exécuté, on n'en peut rien conclure : mais on cite que le grand Rhin se divise, à environ deux lieues

au-dessous d'Emerik, en deux branches ; savoir, le
Vahal et le Rhin, et que le lit de chacune de ces deux
branches n'est pas de beaucoup inférieur, pour la largeur, à celui de la rivière entière, avant sa division, et
que, quand les eaux du Rhin grossissent, elles sont
également hautes dans l'un et l'autre bras.

Ensuite la seconde branche du Rhin se divise de nouveau vers Arnheim pour former l'Issel, et cette section
de l'Issel n'est pas fort différente de celle du Rhin.

Nota. Je doute très-fort de l'exactitude de ces observations, parce qu'il eût fallu, pour établir ces faits, présenter des largeurs et des profondeurs bien exactes de ces
rivières, avec leurs sections moyennes sur plusieurs points;
de plus, faire constater exactement la plus grande élévation de plusieurs crues comparées, et prises quelques
lieues au-dessus de la division des bras et quelques
lieues au-dessous; ce qui ne paroît pas avoir été fait.

Au reste, comme le Rhin, dans ces cantons, n'est
pas fort éloigné de son embouchure ; que son embouchure
vers la mer se perd au milieu des sables sans cesse amenés
par cette rivière ; que cette rivière finit par perdre sa
direction première : une branche à droite, formant un
coude, va se jeter dans le Zuyderzée, et celle à gauche
dans la Meuse. Il s'ensuit de-là que les sables doivent
exhausser le fond du lit dans cette partie, et contribuer
à ralentir la vitesse du cours du tronc principal et de ses
branches; que ces effets deviennent plus sensibles aux
approches de la mer, et se font sentir jusqu'à 7 à 8 myriamètres de son embouchure : de façon que, dans le

temps des basses eaux, la vitesse devient presque nulle
vers la mer, et que les crues qui surviennent ne peuvent
plus couler que de superficie; ce qui est cause que leur
évacuation est plus longue et plus difficile.

Pour parer à ces inconvéniens, on avoit projeté, en
1754, de faire dans le Leck une coupure de seize
écluses, par le moyen desquelles on déchargeroit une
partie des eaux du Rhin dans la Méruve, qui est une
branche d'union de la Meuse avec le Vahal. Les magis-
trats du pays consultèrent à ce sujet le nommé *Genneté*,
qui prétendit que toutes les dérivations faites, en quelque
nombre que ce fût, ne pouvoient faire baisser les eaux
de la rivière principale; et, à l'appui de cette assertion,
il fit des expériences en 1755, en présence de ces ma-
gistrats, avec de très-petits canaux, dont les largeurs
étoient exprimées en pouces et lignes : il y branchoit des
dérivations, et prétendoit que l'eau se soutenoit à même
hauteur dans lesdits canaux, malgré les dérivations. Mais
ses expériences, qui ont été faites beaucoup trop en petit,
n'ont point été circonstanciées convenablement, et les
variations y étoient trop peu sensibles; le rapport qu'il
en a fait imprimer en 1764 contient des obscurités, et
n'est nullement satisfaisant : d'ailleurs, les conséquences
en seroient absurdes. C'est à peu près comme si l'on annonçoit que, pour l'évacuation des eaux du débordement
d'une grande rivière, il est indifférent de donner 200
ou 400 mètres de largeur à la section de cette rivière.

Genneté établit dans cet ouvrage, page 5, « que dans
» un grand fleuve accru de six rivières, chacune aussi

» forte que lui, si on fait une saignée ou décharge à ce
» fleuve, pour y prendre la moitié des eaux qui y coulent,
» la saignée ne produira aucune diminution dans la hau-
» teur des eaux du fleuve. »

Il est vrai qu'il convient plus bas que lorsqu'un fleuve
reçoit une crue qui double son volume, la vitesse de ses
eaux en est augmentée : mais j'ajouterai que si ce fleuve
contenu par des levées n'a pas la facilité de s'étendre en
largeur, il augmente nécessairement en hauteur ou profondeur et en vitesse ; de façon que l'écoulement du
nouveau fleuve est composé d'une augmentation de hauteur et de vitesse qui fournit un volume d'eau proportionnel à celui reçu.

Le même auteur dit encore, page 3o :

« Que sept fleuves égaux peuvent être confondus suc-
» cessivement en un seul, qui absorberoit les six autres
» (sans élargissement), en faisant seulement hausser les
» eaux d'un sixième dans le fleuve absorbant ; mais alors
» il augmente en même temps, dit-il, six fois la vitesse
» de son écoulement. »

Ce qui se passe journellement dans toutes les rivières
est absolument contraire à la prétendue expérience de
Genneté, et l'on remarque constamment que dans la
plupart des crues de rivières leur lit s'exhausse dans une
proportion beaucoup plus grande que la vitesse n'augmente : de sorte qu'il y a telle rivière qui, n'ayant qu'un
mètre de profondeur à l'étiage, coule avec une vitesse
connue et constante, et qui monte ensuite par des crues
successives jusqu'à 6 à 7 mètres, en acquérant ainsi six

à sept fois sa première hauteur, sans que la vitesse devienne même quadruple de ce qu'elle étoit avant la crue.

Le même effet s'observe dans les crues moyennes : les eaux s'élèvent dans une proportion beaucoup plus forte que leur vitesse n'augmente ; cependant l'auteur cite, à l'appui de ses assertions, plusieurs grands fleuves avec leurs rivières affluentes, tels que le Danube et le Rhin : mais ses citations sont des aperçus pris à vue d'œil, qui ne sont point accompagnés d'aucune section de ces rivières, prises au-dessus et au-dessous des confluens, ni d'aucune expérience sur des vitesses comparatives.

D'ailleurs, les expériences de sa rivière factice, décrites, comme on l'a dit, d'une manière imparfaite, n'indiquent ni la largeur de son lit, qui étoit uniforme, ni la première profondeur de l'eau. Il dit qu'elle étoit divisée sur sa hauteur en vingt-quatre parties ; il indique la pente, mais il se tait sur la vitesse de l'eau dans l'origine ; il ne dit pas si le réservoir d'eau qui entretenoit sa rivière artificielle, avoit, ou non, une charge d'eau à son entrée, ni comment, en faisant ses expériences, il exécutoit les diverses variations de cette rivière.

Il est vraisemblable qu'il a opéré dans des canaux très-petits : or, si dans ce cas la vitesse première étoit due à une hauteur ou charge d'eau considérable., et qu'elle ait coulé sur une pente accélératrice, alors les affluens auront pu n'y produire que des effets très-peu sensibles.

Au reste, toutes ses expériences, faites sans précision,

présentant des résultats contraires à tous les principes,
ne peuvent être admises dans aucun cas.

Il est cependant certain qu'aux approches de l'em-
-bouchure d'un grand fleuve, les dérivations sont moins
utiles qu'ailleurs; parce qu'à cause du défaut de vitesse,
dans le temps des basses eaux qu'ont les fleuves dans
ces parties basses, les nouveaux canaux que l'on ouvriroit pourroient avoir des effets un peu marquans au
premier moment de leur ouverture; mais une fois remplis,
leur effet deviendroit bien moins sensible. C'est pourquoi,
si l'on veut considérer les effets au temps des grandes
crues, il faut commencer par remarquer qu'il y a des
crues de certaines rivières qui durent douze à quinze
jours avec une hauteur réduite de deux à trois mètres.
Or, si ces crues parcourent seulement quinze lieues en
vingt-quatre heures avec une vitesse moyenne, il s'ensuit qu'une de ces grandes crues est égale à une masse
d'eau, par exemple, de 180 lieues d'étendue sur la
section moyenne de la rivière, sur une hauteur d'environ
2 à 3 mètres : d'où l'on peut se faire une idée de la
difficulté et de la longueur de l'écoulement de ces crues
aux approches de l'embouchure des rivières, où les crues
ne coulent que de superficie.

J'ajouterai encore que la mer s'oppose à l'évacuation
de ces crues par sa masse et par le jeu alternatif des
marées de l'Océan, dont l'effet se fait sentir à la distance
de 5, 6 ou 7 myriamètres, suivant les localités : il
n'est donc pas étonnant que les dérivations du Rhin citées ci-dessus ne puissent procurer la prompte évacuation

des crues, vu que le Vahal tombe dans la Meuse, dont les embouchures s'approchent très-près par le Biezbos, près de Vorcum, et que la Meuse a d'ailleurs ses propres crues à évacuer : d'autre part, l'autre branche du Rhin, l'Issel, tombe à peu de distance dans le Zuyderzée, et il est manifeste que le fond du lit de tous ces bras manque de pente.

Mais si l'on considère les fleuves vers le milieu de leur cours, et dans toutes les parties où la vitesse des eaux est d'au moins 50 centimètres par seconde, et où la pente du lit est d'au moins 2 centimètres par 100 mètres, les dérivations et toutes les augmentations de largeur de lit un peu sensibles influeront alors manifestement sur l'évacuation des crues. Ainsi, lorsque dans la Loire la levée rompit au-dessous du faubourg d'Amboise, en 1755, comme je l'ai dit plus haut ; au moment où elle fit brèche, elle menaçoit en même temps ce faubourg en plusieurs points ; mais aussitôt que l'irruption eut lieu, l'eau baissa de plusieurs pieds dans la Loire, et le faubourg fut délivré de ses craintes.

Au reste, cet objet fait partie des nouvelles expériences qui ont été proposées ci-dessus, concernant la vitesse des eaux dans les rivières, et ces expériences doivent donner, sur les dérivations, une solution claire et définitive.

SUITE de l'examen de l'ouvrage sur les torrens et les rivières.

Page 196. **SECTION III.**

Usage des principes précédens dans la construction des ponts sur les rivières à fond de gravier.

Nota. Ce titre ne répond pas à tout ce qu'il annonce.

N° 431. La figure 41, planche VI, représente une vallée où le cours de la rivière se trouve près d'une rive : on projette de faire traverser la vallée par une grande route coupée par un pont sous lequel doit passer cette rivière.

Pour simplifier la construction de ce pont, l'auteur propose de le fonder dans un terre-plein au milieu de la vallée, pour diminuer les frais de fondation, en supposant toutefois que les circonstances locales permettent d'ouvrir un nouveau canal pour amener la rivière sous le nouveau pont.

Ce parti peut en effet faire épargner des constructions de batardeaux; mais il ne dispense pas de fonder les piles et culées à une profondeur suffisante au-dessous du niveau des basses eaux, et de prendre pour l'assiette de ces fondations les mêmes précautions de sûreté que si l'on fondoit en pleine rivière. Après avoir fait l'excavation des terres nécessaires pour ces ouvrages, on doit s'attendre le plus souvent que les filtrations souterraines fourniront beaucoup d'eau, et qu'on sera obligé de faire des épuisemens; mais ils seroient vraisemblablement moins dispendieux.

La figure 42 a été répétée pour offrir le même projet avec quelques changemens.

Page 200. TROISIÈME PARTIE.

De la navigation, du halage et de la flottaison des rivières.

N°s 435 et 436. L'auteur dit *qu'une rivière est dite navigable lorsqu'elle peut être remontée à la voile.*

Dans mon opinion, une rivière est censée navigable toutes les fois qu'elle peut être parcourue sans de grandes difficultés, soit en montant, soit en descendant, par des bateaux chargés de marchandises; car il y a beaucoup de rivières qu'on ne peut remonter à la voile, quoiqu'elles aient une profondeur suffisante : telle est la Seine, malgré son peu de pente. Ses détours et retours très-multipliés forceroient à hausser ou baisser trop fréquemment les voiles, et suspendroient la marche des bateaux. C'est autre cause pour le Rhône, dont le cours est assez direct. On prétend que les vents violens de la vallée du Rhône ne permettroient pas d'y employer de grandes voiles; d'ailleurs la force des voiles est insuffisante pour faire vaincre aux bateaux remontans la rapidité du Rhône, dont la pente est, dit-on, de 16 centimètres pour 100 mètres à Valence, de 10 centimètres de même pour 100 mètres à Avignon, et de 5 centimètres à Beaucaire.

La navigation de chaque rivière a ses pratiques d'usage que les bateliers qui la fréquentent suivent très-servilement ; mais il s'en trouve qui sont véritablement fondées sur les localités, c'est-à-dire sur la nature de la rivière, sa profondeur, la direction de son cours, la pente de son lit et la vitesse de ses eaux. Toutes ces circonstances ont sans doute fait adopter avec raison plusieurs pratiques différentes ; mais aussi l'empire d'une routine aveugle a fait souvent rejeter sans examen des moyens de perfection.

Observations sur les usages pratiqués pour la navigation des rivières de la Saone et du Rhône, comparés à ceux de plusieurs autres rivières.

Nous avons vu que dans la Loire on fait usage de voiles, de bâtons ferrés et d'ancres, parce qu'elles peuvent mordre par-tout, mais presque jamais de rames, si ce n'est pour de petits batelets descendans ; et ces rames sont plates et légères.

Dans le Rhône, on n'emploie ni ancres ni bâtons ferrés ; mais on emploie en descendant de fortes rames de 8 à 10 mètres de longueur, manœuvrées chacune par plusieurs hommes. On pourroit faire usage des ancres en mille circonstances ; mais parce qu'il s'y trouve des cantons où le fond du lit étant un roc pur, l'ancre n'y prendroit pas, on les a proscrites : d'ailleurs le Rhône est trop profond pour pouvoir faire usage habituellement du bâton ferré.

Dans la Loire et dans quelques autres rivières, pour passer les ponts on laisse filer les bateaux sur un cable, ou bien on les remorque à la faveur d'un treuil qui est toujours monté dans les bateaux de cette rivière à la poupe près du pont où est amaré le gouvernail. Dans d'autres rivières où ce moyen seroit très-utile, on n'en fait aucun usage, faute de le connoître.

Dans la Loire, les trains de bateaux montant à la voile sont composés de 6, 7 et 8 bateaux à la file. Le plus fort en avant, le premier bateau, porte une voile de 20 mètres de hauteur sur environ 8 à 9 de largeur; le second, une voile de 18 mètres sur 7 de largeur; le troisième, une de 16 mètres de hauteur sur 7 de largeur : lorsqu'il y a une quatrième voile, elle porte environ 13 mètres sur 6. Les bateliers qui conduisent ces trains de bateaux les font passer dans le fil principal de l'eau sur des parties de rivière qui ont très-peu de largeur. Il est vrai que le bâton ferré leur est souvent fort utile; mais ce même bâton ferré, qui n'est d'aucun usage dans le Rhône lorsque les bateaux sont en pleine rivière, pourroit être de quelque avantage lorsque les bateaux bordent les rivages. Dans le Rhône comme dans la Seine, on fait usage de chemins de halage pour manœuvrer les bateaux, soit en descendant, soit en montant, et l'entretien de ces chemins de halage et leur bon état sont un objet important. Dans la Loire, il ne peut exister de chemin de halage pour les chevaux, et l'on n'en fait aucun usage. Les bateaux sont toujours un peu moins chargés pour monter que pour descendre.

La Saone coule beaucoup moins rapidement que le Rhône et sa pente est moins forte; on y voyage avec des chevaux en montant, et avec des rames en descendant : cependant on fait usage de chevaux de halage pour la diligence tant en montant qu'en descendant, et ils trottent toujours en descendant; de façon qu'un bateau chargé qui descend, n'a quelquefois que 20 à 25 centim. de bord, et celui qui monte en a au moins 40.

Les bateaux ne remontent la Saone que jusqu'à Châlons, où la rivière est traversée par un pont en pierre. Dans le Rhône en général les bateaux montent avec des chevaux et descendent avec des rames.

Les trains de bateaux sont ordinairement composés de trois à quatre, placés à la file les uns des autres. On emploie dans le Rhône depuis 20 jusqu'à 28 chevaux pour faire remonter un train de quatre bateaux, et ils ne font pas plus de 3 à 4 lieues par jour.

Mais ces bateaux descendent à la rame, et font jusqu'à quarante lieues par jour en descendant. Les grands bateaux ont communément neuf hommes pour gouverner ; savoir, pour faire manœuvrer deux rames de chacune 8 à 10 mètres de longueur, trois hommes pour chacune, deux pour la rame de la proue, et un appliqué au gouvernail. Ces rames, arrondies par un bout et plates par l'autre, sont assujéties sur un des bords du bateau dans une position telle, que la partie plate est à peu près verticale.

La diligence ou coche d'eau va également à rames en descendant. Personne ne fait usage de ces coches ou diligences pour remonter le Rhône, parce que leur marche est trop lente; mais, en remontant, elles sont chargées de marchandises, et on emploie pour les remonter 10 à 12 chevaux, qui font au plus 3 à 4 lieues par jour.

On peut remonter le Rhône avec de moyennes crues jusqu'à 4 mètres de hauteur : au-dessus, cela n'est plus praticable ; mais on descend cette rivière par des crues qui ont jusqu'à cinq mètres de hauteur, et au-dessus il ne se fait plus aucune navigation.

On fait quelquefois usage d'une petite voile pour faire remonter les bateaux ; mais cette voile, qui n'a pas ordinairement plus de 6 mètres de hauteur sur 4 à 5 de large, produit peu d'effet.

Il faut aux bateaux du Rhône un vent de sud pour faire usage de voiles ; et comme ce vent est très-impétueux, sur-tout dans la vallée du Rhône, les bateliers n'osent risquer de naviguer avec de grandes voiles pareilles à celles dont on fait usage sur la Loire par des vents d'ouest ou de nord-ouest : cependant on est persuadé qu'un train de quatre bateaux pourroit porter sans risques des voiles de 10 et 12 mètres de hauteur sur 6 à 7 de largeur, posées sur les deux bateaux de l'avant ; et moyennant l'attention que l'on observeroit de faire baisser les voiles en cas qu'il survînt des ouragans violens, et à l'aide d'une ancre qui seroit jetée dans le lit, ou portée sur la rive par un petit bateau, le train pourroit s'amarrer. On pense que l'emploi de ces voiles diminueroit beaucoup le nombre de chevaux de halage et conséquemment les frais de transport. Au défaut de pont sur le Rhône, on a établi de grands bacs, et l'on passe d'un bord à l'autre par le moyen d'un cable fixé sur les deux rives, le long duquel on fait filer le bac par le moyen d'une poulie et à l'aide du gouvernail.

SECTION PREMIÈRE.

Observations relatives à la navigation des rivières.

Nota. Plusieurs des observations qui suivent sont des répétitions sur lesquelles je ferai en sorte de faire des réponses courtes et variées.

N° 439. *La forme des carènes des navires qui naviguent sur les rivières dépend de la profondeur d'eau que prennent les navires.*

Les petits navires qui ont une carène convexe avec une quille peuvent entrer dans les rivières et les remonter à la voile jusqu'à une certaine distance, c'est-à-dire dans la Loire jusqu'à Nantes, à douze lieues de son embouchure, et dans la Seine jusqu'à Rouen ; mais les bateaux destinés à voguer dans les parties supérieures ont un fond aplati, afin de prendre moins de profondeur d'eau. Quoique les bateaux de la Loire aient tous le fond très-plat, cela ne les empêche pas de remonter à la voile suivant le cours de cette rivière, jusqu'à plus de cent lieues au-dessus de Nantes, et de porter, comme on l'a dit ci-dessus, des voiles d'une grande étendue.

N°s 440, 441 et 442. *La navigation à la voile en remontant a un terme au-delà duquel la force du vent devient égale ou inférieure à la rapidité des eaux.*

On observe qu'il est incontestable qu'un bateau qui remonte une rivière à la voile doit recevoir du vent une

37

force capable de lui faire surmonter à chaque instant l'action que les eaux de la rivière exercent sur sa proue par leur vitesse. Si l'eau étoit dormante, telle que celle d'un canal de niveau, le vent auroit seulement à vaincre la résistance du fluide que doit déplacer le bateau, qui seroit le produit de l'impulsion de l'eau contre le bateau, laquelle impulsion seroit d'autant plus grande, que le bateau auroit plus de vitesse : mais, dans un fleuve rapide, l'impulsion contre le bateau est encore augmentée par la vitesse du courant qui lui est opposé ; et comme en remontant une rivière la vitesse de ses eaux augmente avec la pente de son lit, il doit en effet arriver un terme où toute la force que le bateau peut recevoir du vent pour remonter, d'après la capacité donnée des voiles, deviendra en équilibre avec l'impulsion des eaux produite par leur vitesse contre le bateau ; et dès ce moment il ne sera plus possible audit bateau de remonter cette rivière avec le seul secours des voiles.

Page 203, N° 443. L'auteur suppose qu'il est impraticable de faire aucun usage de voiles en remontant, lorsque la pente du lit d'une rivière est de plus de trois pouces et demi pour 100 toises, quelle que soit la profondeur de la rivière. Je suis cependant convaincu qu'on peut remonter une rivière par le moyen des voiles, jusqu'à quatre pouces de pente, en combinant la force des voiles avec le halage par le moyen de chevaux, dans la vue d'en diminuer le nombre.

Il s'ensuit, comme le remarque l'auteur, qu'en di-

minuant la pente du lit d'une rivière, on en faciliteroit
la navigation à la voile.

N° 444. Lorsque la pente d'une rivière est trop forte
pour qu'on la puisse remonter à la voile, ou pour y
établir aucune espèce de navigation, l'auteur propose
deux moyens : l'un, de faire de distance en distance des
barrages dans le lit de cette rivière pour en diminuer la
pente ; et l'autre, de faire un canal parallèle à son cours,
dont la pente, au moyen des chutes plus ou moins fréquentes, pourroit être réglée sur une pente qui n'auroit
pas plus de trois pouces et demi pour chaque cent toises.

Il est évident que dans ces deux cas il faudroit des
portières ou écluses avec sas et doubles portes.

A l'égard des barrages de la totalité du lit, ils sont
praticables dans les petites rivières et très-difficiles dans
les fleuves importans, c'est-à-dire très-dispendieux dans
leur construction et leur entretien : d'ailleurs les écluses
que l'on y construiroit exigeroient encore une si forte
dépense, soit pour leur fondation, soit pour les défendre
contre les débordemens, qu'il seroit imprudent d'admettre
un pareil projet avant d'avoir combiné la dépense avec
les ressources.

Quant aux nouveaux canaux à construire parallèlement au lit d'une rivière, il y a quelques cas où ils sont
praticables, et d'autres où les circonstances locales ne le
permettent pas.

N°s 445 et 446. L'auteur observe avec raison que
les mariniers hollandais faisant usage de la voile dans

des canaux assez étroits, il doit être plus facile de voguer à la voile dans nos grandes rivières qui ont beaucoup plus de largeur, lorsqu'il se trouve de grandes distances à peu près en ligne directe ; mais lorsque les détours et les sinuosités sont fréquens, ce genre de navigation n'est plus praticable, parce qu'il est impossible de trouver des vents aussi fréquens, par exemple, que les changemens de direction de la Seine dans la partie de Paris à Rouen.

Page 204, n° 447. Les dépôts aux embouchures nuisent plus à la navigation sur la Méditerranée que sur l'Océan.

Parce que les dépôts ou les barres diminuent la profondeur des eaux, et que dans l'Océan les hautes marées, en couvrant ces barres, donnent aux vaisseaux la facilité de les franchir, au lieu que le défaut de marée dans la Méditerranée laisse subsister les mêmes obstacles.

N° 448. L'auteur observe que les îles répandues sur le cours des rivières y gênent la navigation.

Je me suis précédemment expliqué sur l'existence des îles dans les rivières, et je pourrois ajouter sur la difficulté de les détruire.

J'ai eu occasion de voir supprimer plusieurs grandes îles dans la Loire, et je les ai presque toutes vues se régénérer avec le temps, soit dans la même place, soit un peu plus loin ; j'en dirai autant de plusieurs que j'avois fait détruire totalement dans la Moselle, et qui se sont ensuite reformées de nouveau. Cette formation des îles dépend d'un grand nombre de causes qui y concourent : telles que la figure des rivages, les diverses pentes du lit, la succession des diverses crues, leur durée, la manière dont les courans se dirigent ou se réfléchissent, et la nature du sable ou du gravier qui se trouve à proximité. Toutes ces circonstances y influent plus ou moins. Quoi qu'il en soit, malgré la multiplicité de ces îles et leurs diverses formes dans le lit de la Loire, la navigation va son train, parce que les bateliers savent s'en défendre.

Page 205, n° 449. La trop grande largeur des rivières est un obstacle à la navigation. Parce qu'en effet une rivière en étendant la largeur de son lit, perd ordinairement de sa profondeur, et qu'il peut n'en pas rester assez en rivière pour celle qu'exige la tenue des bateaux chargés.

C'est d'après ce motif que lorsque le cours d'une rivière est trop étendu et trop aplati, lorsque les circonstances le permettent, on fait en sorte de le resserrer par des travaux divers, afin de lui rendre de la profondeur ; mais ces travaux doivent affleurer à peu près le niveau des basses eaux, afin que les eaux moyennes puissent passer pardessus sans obstacle ; vu que l'objet de ces ouvrages est de contribuer à faire exhausser le fond du lit dans la partie barrée, sans nuire à l'évacuation des moyennes et des hautes eaux.

Nos 450, 451 et 452. Il est constant, comme on l'observe par ces numéros, qu'il paroît impraticable d'empêcher les fleuves de former des dépôts à leur embouchure dans la mer, et il est évident que le temps contribue à les augmenter.

On ne voit pas d'autre moyen pour remédier aux atterrissemens des embouchures, que de faire en sorte d'ouvrir un canal de navigation parallèle au cours ordinaire, et qui auroit sa prise d'eau dans la même rivière au-dessus des atterrissemens, et déboucheroit sur la mer dans un point qui seroit à l'abri de l'encombrement des sables, graviers et autres dépôts; mais ce moyen exige des circonstances locales favorables à son exécution.

On assure que *Marius*, du temps des Romains, avoit construit un canal à l'embouchure du Rhône, qui partoit d'Arles et passoit à Foz. L'auteur assure que depuis peu un ingénieur occupé de cet objet a retrouvé des traces de canal qui pourroient aboutir au port de Bouc, et il pense qu'en effet il n'y a pas d'autre moyen de pouvoir rétablir la navigation avec sûreté dans cette partie, et qu'il conviendroit *que ce canal fût alimenté ou par celui des Alpines, ou par le Vigneirolles et le canal de Vuidanges; que, dans tous les cas, il doit communiquer avec le Rhône, pris à Arles, et aboutir au pied de la colline de la Lèque, pour arriver de là au port de Bouc.* Il pense qu'on ne peut tourner la colline de la Lèque, ni la couper; mais qu'on peut rassembler des eaux au point de partage, pour y faire passer un canal.

Faute de plans et de renseignemens locaux, on ne peut rien dire sur ce projet. Il a été fait, depuis, deux autres projets de dérivation, pour faire éviter aux bateaux

les difficultés de la navigation de l'embouchure du Rhône.
Un de ces projets fait sa prise d'eau sur la rive gauche du
Rhône, près de Tarascon, et se rend au port de Bouc;
l'autre fait sa prise d'eau sur la rive droite du Rhône,
près de Beaucaire.

N° 453. On a déja remarqué que les barres qui se
forment à l'embouchure des rivières qui se jettent dans
l'Océan, de même que les atterrissemens de celles de
la Méditerranée, nuisent également à la navigation.
J'ajouterai que les dépôts amenés par les rivières contribuent encore fréquemment à combler les ports et les rades
dans le voisinage de ces rivières.

Page 208, n° 454. Souvent la grande quantité de
ces dépôts de matières force les rivières à se diviser
en plusieurs bras, dont la plupart ne sont pas navigables.
L'auteur desireroit que, pour y remédier, on pût barrer
plusieurs des bras pour en rendre un principal navigable :
mais ces suppressions de bras ou rétrécissemens de lits,
qui sont praticables dans des rivières de moyenne largeur, ne le sont pas à l'embouchure des grands fleuves ;
ou si l'on fait la dépense de ces travaux, ils subsistent trop
peu de temps pour en être indemnisé, parce qu'ils sont
sans cesse encombrés par de nouveaux dépôts amenés à
chaque crue, ou bien les eaux se pratiquent de nouvelles
issues à travers les bancs, qui affoiblissent le cours principal.

La plupart des propriétaires qui possèdent à tel titre
que ce soit, dans les grandes rivières, des îles plantées

en arbres ou arbustes, n'ignorent pas l'art d'accroître
leurs propriétés et de provoquer de nouvelles alluvions
par des plantations de saules sur les rivages, par des
fascinages formant des épis, par des barrages avec piquets et clayonnages; et en employant à propos ceux de
ces divers moyens qui paroissent le mieux convenir aux
localités, ils parviennent souvent, en étendant ainsi
leurs domaines, à dépouiller les propriétaires des îles
opposées qui n'ont pas l'activité nécessaire pour s'en
défendre : car il faut, de façon ou d'autre, qu'un fleuve
dont l'embouchure a plusieurs bras gagne sur l'un ce qu'il
perd sur les autres, et qu'une île qui s'accroît ne s'augmente que par la diminution des îles voisines.

N° 456. Ce sont des répétitions de ce qui a été dit
précédemment.

N°s 457 et 458. Lorsqu'il est question de rétrécir
quelques bras de rivière et de les approfondir, l'auteur
établit qu'on doit prendre pour principe, que la profondeur à donner aux eaux du nouveau lit doit être à leur
profondeur actuelle, comme la largeur actuelle du lit
est à celle à donner au rétrécissement.

Mais, 1°. On suppose la vitesse la même dans les
deux cas. 2°. On suppose que la corrosion ou approfondissement du lit est d'une exécution facile; car si le fond de
la rivière étoit un roc qui eût une certaine étendue, cette
circonstance seroit un obstacle la plupart du temps in-
surmontable. On convient au reste que les rétrécissemens

à opérer sur les lits de rivière, sont accidentels et très-rares.

N° 460. On établit que les ouvrages qu'il convient d'exécuter dans les lits de rivière pour opérer des rétrécissemens doivent être faits plutôt en bois qu'en pierre. Il paroît en effet plus convenable d'y employer des pilotis et des clayonnages; mais la grosseur et la longueur des pieux doivent être proportionnées à l'importance de l'ouvrage, et à la résistance qu'il aura à vaincre. Il y a des cas où l'on n'emploie que des piquets de deux à trois mètres au plus, dont on prépare l'enfoncement avec un faux pieux en fer, et que l'on bat ensuite au maillet à deux queues, et d'autres où il faut des pilotis de cinq à six mètres de longueur, armés d'un sabot en fer et battus au mouton suffisamment, afin de leur donner un enfoncement et une fiche assez profonde pour qu'ils puissent résister à l'effort des eaux. C'est aux ingénieurs expérimentés qu'il appartient de faire choix des moyens les plus convenables aux circonstances locales.

N° 461. La figure 43 présente le plan d'un projet de rétrécissement de rivière; mais cette figure ne présentant ni échelle, ni dimensions, on ne peut connoître ni la largeur, ni la profondeur de la rivière en question, ni les dimensions des digues, ni la nature de leurs constructions : c'est pourquoi on se dispensera de faire aucune observation sur ce projet.

Nos 462, 463 et 464. Ces numéros proposent des

moyens pour faire vaincre aux bateaux qui montent à la
voile l'obstacle produit par les ponts. Les moyens qu'indique l'auteur seroient rarement praticables; mais j'ai ci-
devant expliqué comment les bateaux de la Loire, qui
portent des mâts de 26 à 27 mètres de hauteur, passent
sous des arches de pont qui n'ont pas sept mètres de
hauteur sous clef, au-dessus des eaux.

SECTION II.

Du halage des rivières.

Nota. Ce qu'on va lire est un supplément à ce qui a
été dit précédemment sur le halage.

Page 213, n° 465. Le halage a lieu dans toutes les
rivières qui ne sont pas disposées pour que l'on puisse
faire usage de voiles, soit parce que la pente en est trop
forte, ou que le lit forme des détours trop fréquens. C'est
pourquoi dans celles même dont la direction du cours
et la profondeur des eaux sont favorables à la navigation
à la voile et où elle est pratiquée, elle cesse au point
où, comme on l'a dit précédemment, la force du vent
appliquée aux voiles cesse d'être supérieure à l'effort
de la vitesse du courant combinée avec la pente du lit.

Mais on a pu voir dans les détails précédens sur la navigation de la Loire, que la navigation à la voile n'exige
pas une grande profondeur d'eau, et qu'un mètre et demi
sont suffisans. A l'égard de ce qu'observe l'auteur, que
la forme aplatie du dessous des bateaux de la Seine ne

les rend pas propres à porter des voiles, cela n'est nullement fondé, vu que tous les bateaux de la Loire sont plats par-dessous comme ceux de la Seine, et ont un peu moins de profondeur et de largeur : ce qui ne les empêche pas de porter des voiles, bien que la pente de la Loire soit presque le double de celle de la Seine dans son cours moyen.

N°s 466 et 467. Dans les rivières où le halage est en activité, il existe sur l'une ou l'autre rive, et quelquefois sur les deux, des chemins de halage pour la traite des chevaux qui traînent les bateaux : ces chemins doivent être libres et dégagés d'arbres et de tout obstacle qui pourroit nuire au halage. Il est même avantageux de continuer les chemins de halage au pied des culées des ponts, comme on l'a pratiqué au pont de la Révolution, au pont Ste.-Maxence, et ailleurs.

Comme on fait dans plusieurs rivières un fréquent usage du halage des bateaux, soit en montant, soit en descendant, il est alors fort avantageux de pratiquer et entretenir un chemin de halage sur chaque rive, lorsque cela est praticable.

N° 468. L'auteur détermine une équation générale applicable au halage des bateaux qui montent ou descendent les rivières. Les données de cette équation ont pour base une expérience relatée dans la *Mécanique* de Bezout, dont le principe est que l'impulsion de l'eau sur un corps de figure quelconque est égale à celle qui auroit lieu sur la projection de la surface choquée, multi-

pliée par le carré du sinus de l'angle d'incidence du
cours du fluide sur cette même surface, et sur d'autres
expériences de l'*Hydrodynamique* de Bossut, qui distingue
les cas où les bateaux se meuvent dans des fluides finis
et indéfinis : ce qui donne pour le premier cas où le
fluide est fini, tel que seroit un canal très-rétréci,
$m = \frac{7}{3} \, lb$; et, dans le second cas où les bateaux sont mis
dans une masse d'eau libre et étendue, $m = \frac{7}{6} \, lb$.

Je ne répéterai point son opération, dont les calculs
m'ont paru exacts ; mais j'ai remarqué qu'ayant consi-
sidéré la navigation d'une rivière comme faite dans un
fluide qui tient un moyen terme entre le fini et l'indéfini,
il a pris pour proportion moyenne $u = \frac{7}{4} \, lb$. Cependant,
j'observerai que des bateaux voguant largement dans une
rivière un peu forte m'ont paru être dans un fluide à
peu près indéfini. Quoi qu'il en soit, c'est d'après ces
hypothèses qu'on a déterminé des formules pour le halage
des bateaux tant en montant qu'en descendant.

N°s 473 et 474. En appliquant les formules précédentes à la navigation des rivières qui coulent dans les
pays de montagnes, dont la pente est très-rapide et la
vitesse proportionnée, on trouveroit que la force d'impulsion résultant de cet excès de vitesse va en croissant à
mesure que la pente est plus rapide, et exige pour l'équilibre une augmentation de chevaux de halage, jusqu'au
point où les frais de navigation par halage finiroient
par être supérieurs à ceux que coûtent les transports par
charrois.

J'ajouterai de plus que lorsque la pente devient excessive, la force nécessaire pour la vaincre, en faisant monter l'eau en avant du bateau et baisser sa proue, tend à le submerger; d'où il s'ensuit que lorsque la pente des rivières est trop forte, le halage cesse d'être possible en montant. L'auteur observe que c'est par cette raison que l'on ne remonte aucun bateau dans la rivière de Durance.

N° 475. Par une raison contraire le halage devient facile et moins coûteux dans les rivières qui coulent dans un pays de plaine.

N° 476. Il seroit à desirer, comme l'observe l'auteur, que dans les parties de rivière où les pentes sont trop rapides on pût leur substituer des canaux latéraux avec écluses, que l'on conduiroit à peu près parallèlement au cours de ces portions de rivière. Ces canaux seroient sans contredit très-utiles; mais malheureusement, dans bien des circonstances, ils ne sont pas exécutables.

N°s 477, 478, 479 et 480. Il en est de même du barrage du lit des rivières à établir de distance en distance pour diminuer la pente de leur lit, et où l'on pourroit pratiquer des écluses pour faciliter la navigation, et des déversoirs pour l'évacuation des crues. Ces moyens, comme nous l'avons précédemment observé, ne sont praticables que dans les moyennes ou petites rivières.

On croit inutile de répéter ce qui a été dit précédemment au sujet du rétrécissement du lit des rivières.

SECTION III.

De la flottaison des rivières.

Nᵒˢ 481 et 482. Une rivière peut n'avoir pas assez de profondeur pour les bateaux, et en avoir assez pour flotter des bois à sa superficie ; d'ailleurs, telle rivière qui a trop de pente pour être remontée avec le secours du halage, est néanmoins très-propre au flottage en descendant, en faisant usage de l'action du courant.

Nᵒˢ 483 et 484. On fait flotter à pièces perdues le bois à brûler, particulièrement sur les rivières médiocres qui n'ont pas un lit bien étendu et où le courant est réuni en un seul bras. Si la rivière n'a pas ordinairement assez d'eau pour le succès de cette opération, alors on attend une crue favorable pour faire jeter les bois à l'eau ; ensuite des hommes postés sur le rivage surveillent le flottage avec des bâtons armés de piques, pour remettre à flot les pièces qui s'arrêtent sur les grèves ou le long des rivages.

On fait aussi des trains ou radeaux de planches ou de pièces de charpente. Ces bois sont reliés ensemble par des perches et par de fortes harts ; leur longueur est de 25 à 30 mètres, sur une largeur proportionnée à celle des portières de moulin par où ces trains ou flottes doivent passer.

On suspend alors le travail des moulins pendant le

passage des flottes; il y a toujours une chute d'eau à la sortie des portières, parce qu'il s'y trouve un glissoir qui suit la pente assez rapide du coursier des moulins. Ces flottes passent par ces portières avec une hauteur de 50 à 60 centimètres d'eau. Il y a ordinairement un homme sur chaque train pour le diriger, lequel en se baissant passe ordinairement sous le chapeau de la portière avec les flottes.

On fait communément passer plusieurs flottes à la suite les unes des autres, et on paie aux meuniers un droit pour les dédommager du chômage des moulins. Ce droit devroit être fixé d'après des principes justes, et il est souvent exigé arbitrairement et très-inégalement.

Cette pratique du flottage par le moyen de simples portières présente de très-grands inconvéniens, parce qu'en tenant les portières ouvertes pendant quatre à cinq heures que dure quelquefois le passage des flottes ou trains, la rivière baisse beaucoup; et il faut souvent plus de six à sept heures pour recouvrer la quantité d'eau perdue et mettre les moulins en état de tourner.

On remédieroit à cet inconvénient, en construisant des sas avec de doubles portes, qui feroient éviter les chutes qui se trouvent à la sortie des portières actuelles, où l'on voit souvent des trains se briser; et d'ailleurs ces doubles portes ne dépenseroient pas en eau le quart de ce qui s'écoule par les portières ordinaires, et par ce moyen les moulins en éprouveroient moins de dommage.

Au reste, le flottage par train en bois de charpente se fait également dans les grandes rivières, telles que la

Seine, la Loire ou autres. On donne alors à ces trains plus de longueur et de largeur qu'à ceux qui flottent dans les petites; et pour leur donner une plus grande épaisseur et diminuer leur prise d'eau, on renferme aux angles de ces trains de petits tonneaux vides qui soulèvent lesdits trains et diminuent leur immersion.

N° 484. Il est évident que tout corps ou système de corps flottant ne doit jamais toucher le fond.

Quoique les bois soient en général plus légers que l'eau, néanmoins il y a des bois verds plus pesans que l'eau, qui plongeroient et resteroient à fond s'ils n'étoient pas liés avec d'autres bois plus légers. En effet, lorsque les bois sont à peu près secs, leur pesanteur spécifique est à celle de l'eau à peu près comme 60 à 70; mais lorsqu'ils sont verds et fraîchement abattus ils pèsent beaucoup plus.

Nota. Comme la plupart des numéros suivans présentent des répétitions de ce qui a été dit précédemment, on se bornera à en offrir un précis très-succinct; ainsi je dirai avec l'auteur :

N° 485. Qu'il est nécessaire qu'une rivière flottable ait une profondeur d'eau suffisante.

N° 486. Que son lit n'ait point trop d'étendue en largeur.

N° 487. Qu'elle ne se divise point en plusieurs branches.

N°s 488 et 489. Qu'il ne se rencontre dans sont lit

ni pierres, ni roches nuisibles et capables d'arrêter le flottage, et que cette rivière ne soit pas sujette à des diminutions subites d'eau qui puissent nuire au flottage.

J'ajouterai qu'au défaut d'une rivière qui ait ces conditions, on construit, en plusieurs circonstances, des canaux destinés au flottage des bois à brûler à pièces perdues, qui sont ordinairement à sec; leur pente est réglée, et leur largeur uniforme est proportionnée au volume d'eau dont on peut disposer: ils ont communément leur origine à une tête d'eau accumulée, tel que seroit un étang un peu étendu. Ces canaux faits par l'art pour des services particuliers ont le fond bien dressé sur une pente régulière, ainsi que sa largeur et ses rives. Les bois, rangés en dépôt sur le rivage près de la tête d'eau, sont prêts pour le moment fixé du flottage; et à l'instant où on lâche les eaux dans le canal, on y jette les bois. On a soin de ménager la dépense de l'eau, pour qu'elle puisse suffire à opérer le transport de la quantité de bois convenue, jusqu'au terme où elle doit parvenir.

Tel est le service d'un canal qui a été construit pour le transport des bois destinés pour la saline nationale de Moyenvic, département de la Meurthe. La longueur de ce canal est de 5 à 6 lieues en deux parties.

Page 224, les nos 491, 492 et 493 indiquent qu'il faut rétrécir les canaux trop larges, et détruire, s'il est possible, les roches nuisibles.

Enfin, dans les nos 494 et 495 on relate les grands avantages du flottage, combien ils sont nécessaires pour l'extraction des bois des forêts, et qu'il est important de les multiplier.

CHAPITRE *N.*

Concernant l'état actuel de la navigation de plusieurs des principales rivières de France.

La situation où se trouve la navigation de plusieurs rivières importantes ; l'indication des obstacles à surmonter pour l'établir ou la perfectionner ; les divers moyens actuellement pratiqués ou proposés pour chacune de ces rivières ; la forme, la capacité et l'espèce de bateaux qui y sont employés ; l'utilité qu'on en retire, etc. : toutes ces connoissances ayant des rapports très-intimes avec les matières qui sont traitées dans les divers chapitres de cet ouvrage, on a pensé qu'il pouvoit être utile à la perfection de l'art, de multiplier ces renseignemens pour différens cantons de la France, parce que c'est par la comparaison des faits et de leur application raisonnée qu'on parviendra à corriger des usages vicieux, à faire adopter les meilleures pratiques, et à rectifier ce qui en est susceptible. En conséquence, pour remplir cet objet, l'auteur s'est aidé du secours de plusieurs mémoires qui lui ont été communiqués par quelques ingénieurs. S'il eût trouvé les occasions d'en faire un usage plus fréquent, ce chapitre seroit beaucoup plus complet qu'il ne l'est, et il en seroit devenu plus utile au gouvernement comme aux ingénieurs.

SECTION IV.

De la navigation intérieure de la France.

Nota. La suite de l'examen de plusieurs des articles de l'ouvrage du C. *Fabre* va nous fournir l'occasion de placer des détails sur la navigation de plusieurs rivières, et des observations sur plusieurs communications de rivières projetées en différens cantons de la France.

Page 226. Dans les nᵒˢ depuis 497 jusqu'à 500, l'auteur annonce que pour la navigation intérieure de la France on doit se borner, sur-tout dans les commencemens, à *n'exécuter que les travaux d'absolue nécessité, et à employer les moyens les plus simples et les moins coûteux ;* ce qui est très-sage. Il rappelle ce qui a été dit précédemment, que les rivières se divisent ordinairement en trois parties, eu égard à leur pente, qui va en croissant depuis leur embouchure jusqu'à leur source, dont la première, vers l'embouchure, est souvent susceptible de navigation à la voile ; la seconde, que l'on ne peut parcourir en remontant qu'avec le secours du halage ; et la troisième, qui n'est que flottable, ou qui ne l'est qu'accidentellement pour des bateaux descendans.

Page 228. Dans les nᵒˢ 500, 501, 502 et 503, l'auteur rappelle encore ce qui a été observé plusieurs fois ci-dessus sur l'origine, la direction et la position des rivières de France.

Dans les n° 504 et suivans, l'auteur présente des vues politiques sur la navigation générale de la France ; il observe combien la perfection de cette navigation intéresse la prospérité de l'État. Il pense que c'est au gouvernement à se charger de la construction des canaux, parce qu'il recueille le bénéfice des avantages qu'il procure au commerce et à l'agriculture, et qu'au contraire les compagnies financières qui offriroient de se charger de ces entreprises, n'ayant qu'une durée éphémère, malgré le faux prétexte du bien public dont elles se parent, ne sont point propres à consolider de grands établissemens, parce que, trop occupées de leur intérêt particulier, elles ne travaillent que pour le temps de leur existence.

En adoptant ces vues, on pense, comme lui, que le gouvernement a un intérêt puissant à s'occuper fortement de ce qui est relatif à la navigation intérieure, tant pour protéger celle qui existe, que pour la perfectionner, pour en créer de nouvelles branches, et multiplier autant qu'il est possible la circulation par eau.

Quoi qu'il en soit, le gouvernement paroît en effet aujourd'hui pénétré de ces vérités, et montrer le desir de s'en occuper aussi efficacement que les circonstances le permettront.

Dans les numéros depuis 511 jusqu'à 527, l'auteur passe en revue les principales rivières et canaux navigables de la France, et fait une énumération de tous les canaux existans ou projetés.

Parmi ces derniers, il embrasse non seulement les

projets qui ont été examinés, travaillés et approfondis, dont on a reconnu la possibilité, déterminé les moyens d'exécution, et apprécié la dépense ; mais encore ceux qui n'ont été que proposés et conçus d'après des indications peu certaines.

J'aurois desiré que, dans ces détails indicatifs de diverses navigations, on eût désigné d'une manière précise pour les différentes rivières les parties où la navigation est en activité, le point où elle s'arrête ; et que l'on distinguât les portions qu'il est possible de rendre navigables, de celles qui paroissent offrir de très-grands obstacles ; ainsi que les nouvelles jonctions de rivières, faciles à exécuter, d'avec un grand nombre d'autres qui ne sont qu'imaginaires, quoique tracées sur la plupart des cartes.

Mais aucun des auteurs qui ont écrit sur ce sujet n'ont rempli ces conditions avec exactitude ; ni les citoyens *Lalmand*, *Lalande*, *Fabre*, ni même la carte de navigation de *Dupaintriel*. La carte de ce dernier peut servir pour des indications ministérielles, lorsqu'il ne s'agit que d'aperçus ; mais cette carte auroit été beaucoup plus utile, si elle eût pu être faite sur une échelle au moins double pour les longueurs, c'est-à-dire quadruple en superficie : alors elle eût exigé huit feuilles au lieu de deux ; mais les chaînes de montagnes et les vallons qui donnent naissance aux rivières auroient pu y être tracés plus distinctement, et les canaux existans ou projetés, exprimés avec plus de clarté et d'exactitude.

Je ne ferai point de reproches au C. Fabre d'avoir

compris dans la nomenclature de la navigation de la
France quelques canaux à peu près impossibles dans
leur exécution, ou des parties de rivières désignées
comme navigables, et qui ne le sont pas, parce que
c'est un défaut commun, je le répète, à tous ceux qui ont
écrit sur la navigation générale. En effet, pour avoir une
connoissance exacte de ces rivières et canaux, il faudroit
qu'un homme de l'art, instruit dans cette partie, eût
visité lui-même toutes les localités, eût examiné les différens projets, calculé les divers obstacles d'exécution ;
et cela n'a point encore été fait.

Je pourrois, parmi les canaux incertains ou les jonctions imaginaires, citer un prétendu canal de Jonvelle,
que l'auteur indique pour établir la communication de
la Saone à la Moselle, en traversant la chaîne des Vosges,
qu'il considère comme d'une exécution facile.

A l'égard de la rivière de la Moselle, j'ai eu occasion
d'observer, dans un mémoire imprimé sur la navigation,
que le lit de cette rivière n'est susceptible d'aucune espèce de navigation dans son état actuel, depuis sa source
près de Bussang jusqu'à l'embouchure de la Meurthe, vis-
à-vis le village de Frouart; c'est-à-dire qu'il ne s'y fait
ni halage, ni flottage de quelque importance. J'ai cependant annoncé la possibilité et les moyens de construire
dans la même vallée, depuis Épinal jusqu'à Frouart, un
canal de navigation parallèle au cours de cette rivière ;
et son exécution présenteroit encore de grands obstacles
à vaincre. J'ai aussi essayé de faire connoître en quoi
consistoit la difficulté qui existe pour la jonction de la

Saone à la Moselle ; j'ai pareillement fait part des notions que j'ai acquises sur la communication de la Moselle à la Meuse entre Toul et Pagni. Enfin, je crois avoir également démontré que la Meuse n'a point assez d'eau au-dessus de Verdun pour que des bateaux puissent jamais naviguer dans son lit ordinaire, et qu'il faut nécessairement, pour y établir une navigation, construire dans la même vallée un canal séparé, qui ait des écluses, et soit tracé parallèlement à son cours.

2°. J'ai de fortes raisons pour douter de la possibilité d'exécution du canal du Versoir, pris au lac de Genève, et conduit jusqu'à Sessel sur le Rhône, et sur-tout de la portion qui se trouveroit sur un fond de roc, dans la longueur qui correspond à celle où le Rhône se perd.

Ce projet de canal a été successivement examiné par plusieurs ingénieurs qui en ont évalué, par aperçu, la dépense à 4, 6 et 7 millions, sans en avoir démontré le succès, ni des avantages proportionnés à cette dépense, qui seroit nécessairement énorme, par la raison qu'on seroit forcé d'établir ce canal sur des terrains rocailleux, qui présentent des ravins effrayans et de fortes crevasses. D'ailleurs, on a reconnu, par les nivellemens qui ont été faits, que la pente du terrain depuis le lac de Genève jusqu'au fort l'Ecluse étoit de 166 pieds, sur une étendue de six lieues et demie ; que depuis le fort l'Ecluse jusqu'au pont de Lucci, au-dessus de la perte du Rhône, il se trouvoit 68 pieds de pente ; et enfin, depuis le pont de Lucci jusqu'au ravin de Rhinge, 126 pieds, sur une lieue et demie de longueur : ce qui forme une pente totale de 360 pieds, sur la longueur de cinq myriamètres.

Le ravin de Rhinge, où coule le Rhône, a ses bords escarpés à pic, sur une profondeur de 2, 3, 4 et 500 pieds; le Rhône s'y enfouit à diverses reprises, paroît et disparoît suivant les circonstances. L'extrémité de ce ravin de Rhinge présente un trou effrayant, au fond duquel les eaux s'échappent jusqu'à Génissiat, à 600 toises plus bas, entre des rochers peu distans.

Or, indépendamment de l'impossibilité qu'il y auroit à tracer, établir et faire subsister un canal dans cette étendue, sans qu'il perdît ses eaux, on doit encore ajouter qu'il se trouve dans cet intervalle plusieurs ravins difficiles à traverser, et sur-tout le ravin de Valserin, où coule un torrent impétueux, qui roule ses eaux entre des roches escarpées, et qui se précipite dans le Rhône un peu au-dessous de sa perte (1).

On jugera, d'après ces faits, combien il est abusif de donner quelque confiance à des projets de canaux tracés par des citoyens qui ne connoissent les lieux que d'après la carte de France.

Je pourrois encore faire des observations pareilles aux précédentes sur la difficulté de faire communiquer la Charente à la Vienne, ainsi que sur le projet de faire communiquer la Meurthe ou la Sarre avec le Rhin, avec le secours de la petite rivière de la Zorn, comme plusieurs auteurs l'ont indiqué.

-----

(1) On doit plusieurs détails de cet article au citoyen Montrocher, inspecteur général des ponts et chaussées.

Il n'y a rien de si facile sur des plans que de faire passer des canaux par-dessus des montagnes très-escarpées ; mais les localités, mieux examinées, présentent très-fréquemment des difficultés insurmontables.

A l'égard des canaux parallèles que le citoyen Fabre propose de faire construire suivant le cours des rivières principales, il se trouve des cas où l'escarpement des rivages ne permet pas cette construction, d'autres portions où ce parti seroit peu utile, certaines où ces dérivations exigeroient d'énormes dépenses, et d'autres où ces canaux pourroient être utilement établis.

Dérivations.

Je connois trois cantons de la rivière de Loire où je pense que l'on pourroit construire avec succès des portions de canaux, et beaucoup d'autres parties très-étendues où ces ouvrages ne sont pas praticables.

1°. On ne peut rien faire de ce genre sur la Loire depuis l'embouchure du canal de Briare jusqu'à Blois, sur environ trente lieues de longueur, soit à cause des côtes qui bordent une des rives, soit parce que la ville d'Orléans qui se trouve sur cette étendue doit être un point *central* de navigation dont on ne peut s'écarter ; mais au-dessous de la ville de Blois, on pourroit ouvrir à droite un canal qui longeroit la petite rivière de Cize. Ce canal, après avoir tiré ses eaux de la Loire, y rentreroit douze lieues plus bas, près le pont de la Cize, à environ une lieue et demie au-dessus de la ville de Tours ; vu qu'ensuite le coteau de Roche-Courbon, qui touche la Loire dans cette position, s'oppose à ce que ce canal soit prolongé au-delà du point qu'on vient d'indiquer.

On pourroit encore ouvrir une autre portion de canal parallèle, qui prendroit de même son origine sur la droite de la Loire, à environ une lieue et demie au-dessous de la petite ville de Langetz, un peu au-dessous du coteau de Planchoury ; il prendroit également ses eaux dans la Loire, et seroit conduit parallèlement à la petite rivière de l'Aution, qu'on laisseroit à droite du côté du coteau. Ce canal iroit ensuite tomber dans la Sarthe près de son embouchure, après 19 à 20 lieues de cours.

Il seroit utile de pouvoir placer un troisième canal qui fût établi sur la rive gauche, au-dessous de Nantes, pour aller aboutir à Portnic entre l'embouchure de la Loire et Bourg-Neuf, afin d'éviter la barre de la Loire ; mais ce projet présente de grandes difficultés.

J'observerai que les deux premiers canaux s'étendant dans des vallées très-aplanies, et dont le sol n'a environ qu'un ou deux mètres d'élévation au-dessus du niveau des petites rivières qui y coulent, il en résulteroit que ces canaux seroient faciles et peu dispendieux à cons-truire ; mais ils seroient d'un grand avantage pour les ba-teaux qui remonteroient la Loire, en ce qu'ils abrége-roient beaucoup le temps de leur navigation ; parce que, comme on l'a précédemment remarqué, il faut différens aires de vent pour remonter la Loire à la voile, et qu'en venant de Nantes à Orléans on en change à l'embou-

chure de la Sarthe, à Saumur et à la Courbe près
Monsoreau. Or ces changemens de vent qu'il faut
attendre, ou leur cessation, retiennent les bateaux dans
l'inaction et leur font souvent perdre plusieurs mois : ce
que l'on éviteroit par des canaux où l'on pût naviguer en tout temps, excepté celui des glaces.

On a aussi pensé à faire plusieurs dérivations sur
le Rhône, non seulement à cause de la rapidité de
ce fleuve, qui rend sa navigation ascendante coûteuse
et difficile, mais parce que la formation accidentelle
de plusieurs îles, en faisant changer la direction principale du fil de l'eau, rend les chemins de halage
plus ou moins accessibles et difficiles à pratiquer.

L'auteur de la *Statistique du département de la
Drôme* propose, pour éviter ces obstacles, d'ouvrir un
canal de navigation parallèlement à ce fleuve, sur la
rive gauche, qui seroit divisé en plusieurs parties. Cet
auteur convient qu'à cause du rapprochement des côtes
en quelques points où le lit du Rhône se trouve resserré, on seroit forcé dans ces passages de rentrer
dans le lit de cette rivière; mais il estime que ces
portions de canal auroient ensemble 11 à 12 myriamètres d'étendue dans la traverse de ce département;
savoir, neuf myriamètres de longueur sur la rive gauche,
environ deux tiers de myriamètre en reprenant le cours
du fleuve, et deux myriamètres de canal sur la rive
droite.

Personne n'ignore que les divers débordemens du
Rhône, en roulant des graviers vers son embouchure,

en ont, avec le temps, repoussé les limites dans la Méditerranée, et qu'en s'étendant ces matières ont accumulé des atterrissemens qui ont successivement formé des îles qui divisent cette embouchure en plusieurs bras, et que ces divers bras du Rhône varient sans cesse dans leur largeur et profondeur en eau, de façon qu'aucun de ces bras ne peut être assigné comme un lit constant et praticable pour la navigation.

Or cet état de choses a fait depuis long-temps rechercher les moyens d'y remédier, en formant des canaux de dérivation propres à faire éviter les obstacles qu'offre l'embouchure de ce fleuve.

Entre plusieurs projets qui ont été tentés à diverses époques, on doit citer de préférence le canal de Bouc, dont le projet a été adopté en l'an 10 par l'assemblée des ponts et chaussées.

Ce canal doit faire sa prise d'eau dans le Rhône sur la rive gauche près de Tarascon, côtoyer ensuite le Rhône près d'Arles, passer au-dessus de l'étang de Mexane et au-dessous du débouché du Gruau; de là il doit passer le long de l'étang de l'Estomach, pour ensuite arriver au port de Bouc, entre deux jetées d'environ deux cents toises de longueur.

Jonction des rivières.

A l'égard des jonctions de rivières, celle pour la réunion de la Saone au Rhin a été proposée à diverses époques par plusieurs ingénieurs; mais aucun d'eux n'a rempli cette tâche avec autant de succès que le citoyen Bertrand, ancien inspecteur général des ponts et chaussées, qui a réuni à l'étude des localités

une suite d'opérations bien méditées, et particulièrement appliquées à la rivière d'Ill, et de là au Rhin
par Strasbourg.

Ce canal a son embouchure sur la Saone au-dessus
du pont de Saint-Jean-de-Lône : il est même construit sur environ 7000 toises de longueur depuis la
Saone jusqu'à Dôle, où il fait sa prise d'eau dans
le Doubs.

Ensuite, pour la continuation de ce projet, on fait
usage du lit même du Doubs, que l'on suit, en remontant, jusqu'au point de partage de Valdieu ; et ce
point de partage procure une communication avec la
rivière d'Ill, et produit une assez grande quantité d'eau
pour fournir à une navigation de 40 bateaux en montant ou en descendant.

Nota. Les bateaux ont chacun 90 pieds de longueur, sur 14 à 15 pieds de largeur ; et, suivant
ce projet, la chute des écluses est réglée entre deux
mètres cinq centimètres à trois mètres de hauteur.

On présume que la plus grande difficulté d'exécution se trouvera pour l'établissement de la navigation
depuis le point de partage jusqu'au Rhin, passant par
Mulhausen, Colmar, Schlestat et Strasbourg ; parce
que la rivière d'Ill coule sur un terrain plat, où elle
se divise en beaucoup de bras fort embarrassés par
dix-sept barrages établis pour le roulement d'un grand
nombre d'usines ; parce que le lit actuellement désigné
pour la navigation présente beaucoup d'atterrissemens ;

parce que les vallées nombreuses qui coupent la chaîne des Vosges produisent fréquemment des torrens qui amènent une quantité immense de graviers, qui sont portés sur plusieurs directions vers la rivière d'Ill, et dont il est difficile de se débarrasser.

On sera vraisembablement forcé, pour cette navigation, d'ouvrir un canal parallèlement au cours de l'Ill, entre le Rhin et cette rivière.

Parmi les jonctions de rivières projetées, on a pu remarquer que plusieurs ouvrages imprimés citent une prétendue communication de la Loire avec la Charente par la Vienne.

Dans la vue de fixer les idées qu'on doit avoir de cette communication, nous observerons que la Charente est navigable à cours libre depuis son embouchure dans la mer près de Rochefort jusqu'à Cognac; qu'ensuite de Cognac à Angoulême, sur une distance d'environ 40,000 mètres, la navigation se fait par le moyen d'écluses avec sas à doubles portes. Ces écluses ont été construites sur des principes économiques; elles n'ont de maçonnerie qu'à la jonction et pour le soutien des portes; mais, dans l'intérieur des sas, les bajoyers entre les deux portes sont faits en terre avec talus revêtus en perrés. Les écluses du canal de la Bruch dans le département du Bas-Rhin sont de la même construction; et c'est avec raison qu'on emploie ces moyens économiques toutes les fois que les circonstances le permettent. Il y a malheureusement des ingénieurs qui ne savent construire que des écluses à grands frais, tandis qu'on en peut faire quatre à cinq pour une, avec la même somme, par la méthode précédente, et qui sont aussi utiles pour les localités où elles sont appliquées.

On remonte encore la Charente avec le même moyen jusqu'à quatre lieues au-dessus d'Angoulême ; et, moyennant des travaux bien entendus, cette navigation pourroit être continuée en remontant jusque vers Civrai.

Quelques personnes ont cru possible de joindre la Charente, soit avec la rivière du Clin, soit directement avec la Vienne ; cependant on n'a pas connoissance que les opérations et nivellemens nécessaires pour juger de la possibilité de ces jonctions aient jamais été faits ; et il paroît, d'après quelques renseignemens locaux, que cela exigeroit beaucoup d'excavations et de percemens de rocs. Mais les partisans de ce travail allèguent que les coteaux qui séparent ces rivières renferment des roches calcaires beaucoup plus faciles à excaver que les roches graniteuses. Tel est l'état des choses.

On a encore beaucoup projeté de jonctions de rivières dans le territoire de l'ancienne Bretagne, et l'on s'en est occupé à différentes époques. On a publié plusieurs mémoires qui démontrent les avantages qu'on retireroit, de l'établissement des communications entre Nantes et Lorient, entre Nantes et Brest, et entre Nantes, Rennes et Saint-Malo. Pour cela on proposoit de faire usage de la petite rivière d'Erdre, qui se jette dans la Loire près de Nantes, de la faire communiquer à la

Vilaine, soit par la petite rivière d'Isac, qui tombe dans la Vilaine au-dessous de Redon, soit par la rivière du Don; de remonter ensuite la Vilaine vers Rennes, pour la faire communiquer avec Saint-Malo par Dinant; et même de lier la Vilaine avec la rivière de Blavet, qui descend à Lorient, et avec celle d'Hier, qui descend à Brest. Mais tous ces projets n'ont jamais été perfectionnés. La nature oppose à plusieurs de ces jonctions des obstacles qu'on n'a pas su vaincre, et dont on n'a pu jusqu'ici calculer exactement les dépenses. Il s'est à la vérité présenté plusieurs compagnies qui ont proposé d'opérer quelques-unes de ces jonctions; mais ces compagnies, sans base et absolument privées d'instructions sur les moyens d'exécution, ont prouvé, par les conditions onéreuses qu'elles proposoient, qu'elles étoient plutôt dirigées par leur intérêt particulier que par celui de l'État.

Observations et détails sur la navigation du Rhin, et autres rivières affluentes aux abords de Strasbourg.

Le commerce de la ville de Strasbourg tire ses principaux avantages de sa communication avec le Rhin par le moyen de la rivière d'Ill. On va entrer ici dans quelques détails, pour donner une idée de cette navigation. On ne peut ignorer que les bras de la rivière d'Ill, situés au-dessous de Strasbourg, qui conduisent au

Rhin, présentent une navigation embarrassée, qui ne se fait qu'à demi-charge et offre encore beaucoup d'obstacles à vaincre, et qu'enfin cette navigation exige des travaux fréquens, pour protéger son embouchure dans le Rhin.

La navigation de la partie supérieure de l'Ill, au-dessus de Strasbourg, est encore plus difficile, quoiqu'elle se fasse avec des bateaux d'une construction particulière, et sur-tout très-étroits.

Pour donner une idée de ces diverses navigations, l'auteur a cru utile de faire connoître les dimensions des bateaux dont on fait usage dans ces rivières.

Dimension des bateaux qui, naviguant dans le Rhin, abordent à Strasbourg, et de leur port.

N.º 1.er Petit bateau de 70 pieds de longueur, portant 300 quintaux.

N.º 2. Bateau strasbourgeois de 80 pieds de longueur et de 4 pieds de hauteur de bord, portant 600 quintaux; leur tirant d'eau est de trois pieds et demi lorsque la charge est complète.

N.º 3. Autre bateau de 90 pieds, portant 800 quintaux.

N.º 4. Bateaux hollandais: les plus grands ont 120 pieds de longueur, 12 pieds de largeur par le haut et 8 pieds de bord; ils sont carénés; ils prennent jusqu'à 6 pieds d'eau lorsqu'ils sont dans le Rhin, et portent alors 3000 quintaux ou 1500 myriagrammes; mais ils portent beaucoup moins en remontant de Neubourg à Strasbourg ; ils prennent seulement quatre pieds d'eau, et ne portent dans cette étendue que 1500 quintaux.

.N° 5. Il y a encore une autre qualité de bateaux fabriqués à Strasbourg, qui ont 90 pieds de longueur, 9 pieds de largeur par le haut, et 4 pieds dans le fond. Ils chargent 1000 quintaux lorsqu'ils descendent depuis Strasbourg jusqu'à Neubourg et 1500 quintaux au-dessous.

On est dans l'usage, en partant de Strasbourg, d'aller jusqu'à la Vantzeneau pour faire la charge complète, suivant la saison et la profondeur de l'eau. On emploie ordinairement une journée pour se rendre de Strasbourg à la Vantzeneau, et un second jour pour se rendre de là jusqu'à Neubourg.

A Neubourg, on décharge ce qui est dans le bateau d'allége n° 5, pour le faire passer dans le grand bateau n° 4, pour compléter la charge.

La navigation se fait à la rame en descendant, et au halage en montant.

Pour remonter un des grands bateaux n° 4, on emploie 8 chevaux, 4 conducteurs et 6 bateliers.

Pour un moyen bateau du port de 1500 quintaux, 4 chevaux et 4 bateliers.

Pour un petit bateau de 1000 quintaux et au-dessous, on emploie 2 chevaux et 4 bateliers.

Pour gouverner un grand bateau en descendant, on emploie 9 bateliers et 3 pilotes, et pour les petits 6 bateliers et un pilote.

Navigation de Strasbourg à Mayence.

Pour descendre le Rhin, après être arrivé de Strasbourg à Neubourg à charge faite, on fait le trajet jusqu'à
Mayence en trois ou quatre jours, suivant le vent et la
saison : mais on emploie ordinairement huit jours pour remonter de Mayence jusqu'à Neubourg; savoir, la première
journée on se rend de Mayence à Oppeinheim, la seconde
journée d'Oppeinheim à Guerbesheim, la troisième on
arrive à Worms, la quatrième on se rend à Manheim,
la cinquième à Spire, la sixième à Germesheim, la septième
de Germesheim à Schelts, et la huitième on arrive à
Neubourg.

On paie pour le transport du quintal ou de cinq myriagrammes de marchandises, de Strasbourg à Mayence,
2 francs 40 centimes en descendant; et, en remontant, le
même quintal se paie 4 francs.

Il descend beaucoup de bateaux chargés de Bâle à
Strasbourg ; mais ils remontent rarement au-dessus de
cette ville. Ce n'est qu'avec peine que le halage se pratique jusqu'à Rhinau, six lieues au-dessus de Strasbourg,
non seulement à cause de la rapidité du fleuve, mais
faute de chemin de halage sur l'une ou l'autre rive : de
sorte que le peu de bateaux qui tentent de remonter au-
dessus sont obligés de courir d'île en île pour la possibilité du halage.

Le Rhin reçoit, auprès de Rastadt, des flottes et radeaux de charpente qui y arrivent de la rivière de Murg.

On tire par cette rivière beaucoup de chênes provenant des forêts de la rive droite du Rhin.

Le Neker, qui se jette dans le Rhin près de Manheim, est navigable sur une grande partie de son cours, ainsi que le Mein, qui a son confluent au-dessus de Mayence. Leurs bateaux, qui viennent quelquefois à Strasbourg, ressemblent beaucoup à ceux de la rivière d'Ill ; ils sont longs et très-étroits, comme ceux désignés ci-dessus n° 2, parce que ces rivières ont dans leur cours plusieurs passages très-étroits.

Pour terminer ce qui reste à dire sur la navigation du Rhin, on a observé qu'on ne fait usage de voiles en remontant cette rivière, que jusqu'aux environs de Spire et rarement au-dessus ; les mâts qui portent les voiles ont environ 50 pieds.

Navigation de l'Ill, de Colmar à Strasbourg.

Les bateaux de la rivière d'Ill ont 50 pieds de longueur, 3 pieds de largeur dans le fond et 4 pieds par le haut ; ils prennent deux pieds et demi d'eau. Le corps de ces bateaux est fait en sapin et les semelles et courbes sont en chêne ; ils portent jusqu'à 180 quintaux, mais plus communément 100 quintaux, et ne tirent alors que deux pieds d'eau.

La navigation actuelle ne peut remonter jusqu'à Colmar, mais un peu au-dessous ; les bateaux depuis ce point mettent deux jours pour descendre à Strasbourg, à l'aide du croc ou bâton ferré, et quatre jours pour remonter avec le même moyen. Ces bateaux sont manœuvrés par deux hommes en descendant ; mais il en faut quatre pour remonter jusqu'à Schlestat, et six jusqu'à Colmar.

Le transport du quintal de marchandises se paie 1 fr. 75 centimes pour remonter de Strasbourg à Colmar, et 1 franc 50 centimes en descendant.

Canal de Seltz.

Il avoit été construit, au commencement du siècle dernier, un canal de navigation parallèle au cours du Rhin depuis Strasbourg en descendant jusqu'à Seltz ; c'étoit, dit-on, un des projets de Vauban : mais ce canal, fait précipitamment, et pour lequel on avoit employé à la formation des écluses beaucoup de charpente, a été détruit assez promptement.

Cependant, à différentes époques les ingénieurs de Regemorte et Charpentier ont fait des projets pour son rétablissement. Les projets de ce dernier comprenoient une longueur d'environ 32,000 mètres depuis Strasbourg en descendant, dont la moitié de la longueur devoit être reconstruite à neuf. Il falloit pour ce canal construire six écluses à sas et à doubles portes, plusieurs ponts, des levées, et se défendre contre les débordemens des rivières de Zorn et de Motter, dont les directions coupent ce nouveau canal. L'objet de ce canal, qui pourroit, avec de la dépense, être encore prolongé jusqu'à la Lauter, étoit de favoriser le transport des munitions en temps de guerre, sans avoir besoin du Rhin, et d'établir une communication facile entre Strasbourg et Landau.

Observations sur les crues du Rhin.

Je terminerai ce que j'ai à dire sur le Rhin par des observations sur les crues de ce fleuve, qui m'ont paru dignes de remarque. On peut être étonné de ce que les crues de ce fleuve, un des plus importans par sa masse d'eau, s'élèvent moins que celles de beaucoup de rivières moins considérables.

On assure que les plus hautes crues du Rhin ne s'élèvent qu'à environ 3 mètres 25 centimètres au-dessus de l'étiage au pont de Bâle, et seulement de 2 mètres 50 centimètres vis-à-vis de Strasbourg. Ce fleuve, en passant sous le pont de Bâle, se trouve contenu entre les deux villes sans pouvoir s'étendre, et sa section, au temps des basses eaux, est de 195 mètres de longueur sur environ 3 mètres de profondeur réduite; au lieu que vis-à-vis la citadelle de Strasbourg il présente un lit beaucoup plus étendu, et dont il augmente la largeur dans le temps des débordemens, en submergeant les îles qui divisent son lit en plusieurs bras.

Mais si l'on daigne se rappeler que les grandes crues de la Loire et celles de la Seine s'élèvent de 6 à 7 mètres vers le milieu de leur cours, c'est-à-dire à Orléans et à Paris; que celles de la Creuze au pont du port de Pile sont de 8 mètres, celles de la Vienne à l'île Bouchart de 6 à 7 mètres, celles de la Moselle à Pont-à-Mousson de 5 à

6 mètres, celles de la Saone de 7 à 8 mètres, et celles du Rhône à Valence de 6 à 7 mètres, etc. : on doit être surpris de ce que les crues du Rhin, qui est un fleuve majeur, ne montent pas à plus de 2 ou 3 mètres dans les parties qui longent les départemens des Haut et Bas-Rhin (1).

Mais, pour trouver l'explication de ces effets particuliers au Rhin, il faut observer que les autres rivières citées ci-dessus, ainsi que leurs affluens, ont leur source à peu près au nord ou au sud des mêmes montagnes ; de sorte que la même cause, c'est-à-dire la même température, qui amène des pluies abondantes et des fontes de neige aux sources de ces principales rivières, produit en même temps un effet semblable sur la plupart des affluens de ces rivières : il en doit donc résulter des crues très-élevées, qui montent, comme on l'a dit plus haut, depuis 4 jusqu'à 9 mètres. Mais il n'en est pas de même du Rhin. Ce fleuve est formé à Bâle par la réunion de plusieurs rivières qui prennent leur source sous des aspects très-différens et à des distances très-éloignées entre elles. En effet, la première source du Rhin sort du pied du mont St.-Gothard vers l'Italie, et va passer à Coire pour se jeter ensuite, après 35 à 40 lieues de cours,

---

(1) Il y a des parties où le Rhin, après avoir reçu les rivières de la Murg, du Neker et du Mein, se trouve ensuite resserré entre deux montagnes qui rétrécissent son lit, et le réduisent à une largeur de 2, 3 ou 400 mètres au plus ; ce qui force alors cette rivière de s'élever : de façon que depuis Bingen jusqu'à Bonn ses crues s'élèvent de 4 à cinq mètres.

dans le lac de Constance, qui a environ 12 lieues de
longueur sur une assez grande largeur. Ensuite, environ
18 lieues au-dessous de ce lac, le Rhin est grossi à
Walshut par la rivière d'Ar, qui est elle-même composée
de la Limath qui a traversé le lac de Zurich et du
Sarra, qui a traversé celui de Bienne. Enfin, cette même
rivière d'Ar prend sa source au-delà des lacs de Thun et
de Briens. Or ces rivières, qui sont déja fortes soit à
Soleure, soit à Zurich, ont leur source à d'assez grandes
distances entre elles, et sous des aspects et des aires de
vent différens. C'est pourquoi lorsqu'il arrive que des
nuages poussés par des vents forts et soutenus vont se
choquer ou se briser contre le sommet des montagnes
qui leur sont opposées, et se résoudre en pluie pour
inonder les vallées où coulent les ruisseaux dont la réunion produit l'Ar et le Sarra ; ces effets météorologiques
sont étrangers à ceux qui se passent sur des sommets
très-éloignés et à des aspects diamétralement opposés,
qui donnent naissance aux vallées d'où sortent les première et seconde sources du Rhin. Et réciproquement,
lorsque ces sources et leurs vallées sont inondées par
l'irruption des nuages venant du sud-est, on présumera
facilement que l'aspect opposé des premières vallées
éprouvera fréquemment une autre température : d'où il
suit que les causes du débordement de chacune de ces
rivières nourricières doivent agir dans des momens différens dans les vallées où coulent leurs sources : ainsi
leurs crues diverses ne doivent pas ordinairement arriver
dans les mêmes instans.

2°. Les principales sources du Rhin, après avoir été grossies par des pluies ou des fontes de neige en entrant dans le lac de Constance, perdent sensiblement de leur hauteur, en s'étendant sur la superficie de ce lac. Il est manifeste que chaque crue sortant du lac pour continuer son cours, doit avoir notablement diminué de la hauteur qu'elle avoit à son entrée dans le lac, et que d'ailleurs la durée de son écoulement doit être augmentée dans la même proportion. Il en est de même des autres rivières affluentes au Rhin dans cette partie: les crues fréquentes qu'elles éprouvent à leur origine vont se répandre dans les lacs de Thun, de Zurich, de Bienne, etc., et perdent une partie de leur hauteur en traversant ces lacs; ce qui prolonge ensuite pareillement la durée de leur écoulement.

Il résulte de tous ces détails que chacune de ces rivières qui alimentent le Rhin fournit des crues dans des instans différens, et que chacune de ces crues a une durée d'écoulement d'autant plus longue, qu'elle occupe plus de superficie dans les lacs qu'elle traverse.

En conséquence, et d'après tous ces faits, il est facile d'expliquer pourquoi le Rhin a des crues plus fréquentes et de plus longue durée, mais qui s'élèvent moins que celles de la plupart des autres grandes rivières.

Au surplus, nous rappellerons ici ce que nous avons précédemment observé, que ce sont principalement les moyennes crues qui attaquent les berges des rivières, et que c'est une des principales causes de ce que le Rhin corrode le plus ses rivages, et qu'ils sont d'autant plus

42

difficiles à défendre, qu'ils sont composés de matières graveleuses et légères, et qu'enfin la plupart de ses rives sont baignées par une assez grande profondeur d'eau.

Nous venons de rappeler ci-d̊ ̊us que la hauteur des grands débordemens avoit à peu près ses limites pour chaque rivière vers le milieu de leur cours, et nous avons cité à cet égard la hauteur à laquelle s'élevoient les plus grands débordemens de la Seine, du Rhône, de la Loire et du Rhin : mais, avant de quitter cette matière, on a plusieurs remarques à faire sur les effets des glaces, combinés avec ceux des débordemens.

On remarque 1°. que la température descendant progressivement au-dessous du terme de la glace par la continuité de plusieurs jours de gelée, les rivières ne charrient des glaces que lorsque le froid a acquis une certaine intensité; 2°. que lorsque les rivières sont hautes, leur vitesse empêche qu'elles ne prennent; de sorte qu'elles ont rarement plus d'un mètre au-dessus de l'étiage lorsque les glaçons s'arrêtent et font corps, et elles commencent à s'arrêter de préférence dans les parties où la section de leur cours a moins de largeur; 3°. que la gelée faisant tarir une partie des sources quelques jours après que les rivières sont prises, on les voit s'abaisser assez promptement : de sorte que la glace des bords gelés de fond prend une pente sensible vers la partie qui est supportée par les eaux. 4°. Il est demontré par l'expérience que les canaux ou étangs prennent d'une pièce, mais que les rivières gelées sont un assemblage de glaçons qui se forment sur les bords et à la superficie, qui se grossissent et s'arrondissent en circulant; que lorsque très-pressés entre eux ils sont forcés de couler plus lentement, ils finissent par s'arrêter par l'effet d'une forte gelée: ensuite, la continuité des gelées accumule au-dessous de la première croûte de nouveaux glaçons qui augmentent l'épaisseur de la première glace. Dans un des hivers les plus âpres et les plus longs, celui de 1768 à 69, en sondant la glace à Saumur, vers le milieu du lit de la Loire, j'ai trouvé qu'elle avoit environ 9 pieds d'épaisseur, et que, formée de plusieurs glaçons, la partie supérieure étoit la plus dure et l'inférieure beaucoup plus tendre.

Lorsque le dégel arrive par un temps doux, prolongé sans pluie ni orage, l'évacuation des glaces s'opère partiellement et sans accident. Mais si des pluies abondantes accélèrent le dégel, et qu'elles produisent des crues qui en soulevant les glaces les rompent précipitamment; si au moment de la débâcle il survient un fort débordement qui pousse et accumule des glaces déja détachées: alors la débâcle devient périlleuse pour les ponts de pierre mal fondés, pour les digues mal construites, et pour les palées en charpente mal établies.

J'ai été témoin, dans le même hiver, des effets d'une très-forte débâcle dans la Loire à Saumur. Pour se faire une idée de ce phénomène, il faut se figurer une masse fluide composée de gros quartiers de pierre de taille blanche, qui en marchant lentement feroit rouler tous ces quartiers en les bouleversant; puis, le froissement continuel de ces énormes monceaux de glace occasionnant un brisement des parties saillantes qui feroit voler une épaisse poussière de glace au-dessus de son cours, sans laisser apercevoir l'eau du fleuve qui en étoit le moteur. Les moulins et bateaux étoient jetés sur le rivage ou détruits sans résistance ; enfin cette masse de glace, en attaquant les palées d'un grand pont de charpente, en renversa deux. La plupart des pieux furent coupés ou arrachés, et les autres avoient cédé à l'effort des glaces en pliant ou s'abaissant par l'effet du choc. Dans l'instant, trois travées furent détruites avec éclat et précipitées dans le fleuve avec grand fracas ; on vit alors surnager des parties de charpente encore assemblées. Nulle force humaine ne peut en ce cas arrêter ces désastres. Tout corps flottant qui étoit amarré au rivage étoit entraîné par l'irruption des glaces, parce que les cables cassoient, les ancres rompoient ou sillonnoient le rivage : aucun point d'attache ne résistoit.

Cependant beaucoup de débâcles ne sont point aussi dangereuses ; il ne faut souvent qu'une crue moyenne pour détacher et faire partir les glaces : mais les plus à craindre sont celles qui résultent de fortes et longues gelées qui ont donné une grande épaisseur à la glace, qu'un prompt dégel ébranle et met en mouvement, et qui sont suivies d'un grand débordement avant que les glaces aient eu le temps de s'écouler. Dans ces circonstances, les glaces, pressées entre elles par la vitesse extraordinaire des eaux poussées par le débordement, s'accumulent ; celles des parties supérieures d'une rivière venant à se réunir à celles des parties inférieures, alors elles s'entassent, et, s'élevant jusqu'au niveau du débor-

dement, elles forment alors des barrages en plusieurs
parties, qui arrêtent momentanément le cours du fleuve,
et forcent quelquefois les eaux à monter de 3 à 4 mètres
au-dessus de ce qu'elles auroient monté sans la débâcle.

Mais il ne faut pas se persuader que ces barrages arrivent de préférence à la rencontre des ponts, ou dans
les parties de rivière les plus étroites. Au contraire, les
rivières ayant plus de vitesse sous les arches des ponts
et dans les sections étroites, les barrages de glace se font
toujours plus bas dans les sections plus larges, parce
qu'alors les rivières, après avoir perdu une partie de la
vitesse acquise au passage des sections plus étroites,
n'ayant plus assez de force pour faire marcher les montagnes de glaces accumulées, y forment des dépôts qui font
un barrage total. Je citerai, à ce sujet, que, dans la Loire,
dans une des plus périlleuses débâcles, il ne s'est point
formé de barre à la rencontre des ponts d'Orléans, de
Beaugency et de Blois; mais qu'un de ces barrages s'est
formé au-dessous du pont de Blois, dans une section
plus large entre Blois et Amboise, où les glaces ont surmonté les levées; qu'en outre au-dessus d'Orléans,
dans une section assez large vers l'embouchure du canal
d'Orléans, il s'est formé un autre barrage qui a forcé la
rivière à surmonter les levées et à se répandre au loin
dans la campagne du côté du village de Chécy.

Que de même dans le Rhin les glaces ne se sont
point arrêtées entre Bingen et Bonn, sur environ 25 lieues
de longueur, où le cours du Rhin est le plus étroit; mais
que les barrages se sont formés dans des parties où le

Rhin a plus de largeur, nommément vers Cologne, où les glaces se sont élevées, dit-on, jusqu'à environ 10 mètres au-dessus de l'étiage, et plus bas de même vers Wesel au-dessus des digues.

Cependant, comme ces effets désastreux sont rares et ne peuvent arriver que dans quelques points, on ne peut, sur ce seul motif, entreprendre d'exhausser les digues de défense jusqu'à ces hauteurs extraordinaires. On se précautionne en général contre les débâcles par des établissemens de gare, que l'on place ordinairement en aval des ponts, tels qu'à Mayence, à Coblentz et à Cologne, où l'on met à couvert des glaces les ponts flottans et les ponts volans dont on fait usage vis-à-vis de ces villes.

Pour faire usage de quelques matériaux utiles qui m'ont été remis, je vais faire mention ci-après de quelques vues et détails pratiques concernant la navigation de plusieurs branches de rivières ;

Savoir,

Sur la Haute-Seine, sur la Moselle et sur la Meurthe.

Haute-Seine.

La navigation de la rivière de Seine par bateaux remonte depuis Paris par Corbeil et Montereau, et passe à Nogent, où il se trouve un arche de 33 mètres d'ouverture, construite par M. Péronnet, jusqu'à Méri, situé à environ trois myriamètres au-dessous de Troyes. Autrefois cette navigation se prolongeoit jusqu'à Troyes; et l'on assure qu'il a existé un coche d'eau de Troyes à Paris.

On a même plusieurs fois médité le projet de rendre cette rivière navigable en remontant jusqu'à Polysi, qui est situé à environ cinq myriamètres au-dessus de Troyes; mais l'exécution de ce projet, qui a ses difficultés, a été différée jusqu'à des temps plus convenables.

Les principaux affluens de la Seine dans cette partie supérieure sont l'Ource et l'Aube.

L'Aube se jette dans la Seine près de Marsilly, et, en perdant son nom, elle double au moins le volume des eaux de la Seine.

La navigation de l'Aube se prolonge en remontant jusqu'à Arcis avec de grands bateaux marnois; mais il se trouve aux moulins d'Anglure un passage difficile pour les bateaux, dont on ne peut lever efficacement les obstacles qu'en y construisant une écluse régulière avec sas et doubles portes on s'en occupe actuellement.

Le projet en a été rédigé par l'ingénieur en chef du département de l'Aube, et approuvé en l'an 10 par le Gouvernement.

Quoique les bateaux ne remontent pas au-dessus d'Arcis, néanmoins il y a un port à Brienne, où l'on en construit, et qui descendent à vide. On se croit même fondé à penser qu'avec des travaux bien entendus on pourroit remonter la navigation de cette rivière jusqu'à Bar-sur-Aube , c'est-à-dire sept à huit myriamètres au-dessus d'Arcis.

La rivière d'Ource est un des affluens de la Seine les plus considérables après l'Aube. On a pensé qu'elle pouvoit être réunie à la Tille, qui coule dans le département de la Côte-d'Or , et qui se jette dans la Saone entre Auxonne et Saint-Jean-de-Lône. On a imaginé que pour opérer cette jonction il conviendroit de construire un canal d'environ trois myriamètres de longueur, dans la vue d'établir une communication de la Saone à la Seine : mais tant que l'on n'aura pas fait toutes les opérations nécessaires pour en pouvoir calculer la possibilité , ce projet restera au nombre des rêves nombreux qu'on a faits dans ce genre dans tous les coins de la France.

Nota. Je ne ferai pas mention dans cet ouvrage des canaux exécutés , dont le détail se trouve dans plusieurs écrits , et qui sont suffisamment connus : tels que le canal du midi , établi pour la jonction de l'Océan à la Méditerranée ; de celui du centre, de la Loire à la Saone , par l'étang de Long-pendu ; et de ceux de Briare , de Loin et d'Orléans , pour la communication de la Loire à la Seine.

Détails sur la navigation des rivières de Moselle et de Meurthe.

Les bateaux venant du Rhin depuis l'embouchure de la Moselle à Coblentz remontent cette rivière à cours libre jusque dans le port de Metz, et ce n'est pas sans éprouver de grands obstacles.

Les plus grands bateaux parmi ceux qui font le trajet ont cent deux pieds de longueur par le haut, réduits dans le fond à 84 pieds, sur environ 16 pieds 6 pouces de largeur par le haut, portant des bords d'environ cinq pieds six pouces de hauteur à six pieds.

Ils sont forts de bois et ont un ventre courbé. Ces bateaux sont fortifiés intérieurement par de doubles courbes très-rapprochées. Ils sont recouverts par un pont très-solide, dont le dessus se partage en deux pentes, pour faciliter l'égout des eaux vers l'extérieur. Ils sont bien calfatés, goudronnés et peints tant en dedans qu'en dehors, et sont ordinairement très-étanches.

Ces bateaux portent en descendant à charge complète 2800 quintaux, avec un tirant d'eau d'environ quatre pieds huit pouces; mais en remontant ils ne portent que 1000 à 2000 quintaux, et prennent alors trois pieds six pouces d'eau.

En été, lorsque les eaux sont basses, ces mêmes bateaux ne chargent que 3, 4 et 500 quintaux, et

43

ne prennent que depuis 25 jusqu'à 28 pouces d'eau ;
encore sont-ils quelquefois arrêtés dans le temps des
grandes sécheresses. Ils descendent ordinairement à la
rame, et ne se servent du bâton ferré que dans le
temps des basses eaux.

On emploie ordinairement huit chevaux pour remonter les trains de bateaux, et dans les tournans difficiles on en emploie jusqu'à quinze ; pour descendre,
on emploie trois, quatre et cinq personnes tant pilotes
que rameurs.

On fait ordinairement voyager deux bateaux acou-
plés ; le second est plus petit d'un tiers que le premier.
Ils ont en outre une nacelle, qui porte depuis 100 jusqu'à 200 quintaux, et de plus un petit batelet pour
le service des grands bateaux.

Le transport des marchandises, tant en montant
qu'en descendant, se paie un franc cinquante centimes
le quintal de Metz à Trèves, et pareille somme de
Trèves à Coblentz.

La Moselle est encore navigable au-dessus de Metz,
passant par Pont-à-Mousson, jusque vis-à-vis le village
de Frouart, où elle reçoit la rivière de Meurthe ; mais
il n'y a point de navigation dans la Moselle au-dessus
de Frouart, et il faudroit des travaux considérables
pour établir une navigation depuis Frouart jusqu'à
Toul.

Rivière de Meurthe.

Par défaut d'une écluse qu'il seroit très-utile d'établir à Metz, les bateaux venant de Trèves et de Coblentz ne peuvent remonter au-delà de cette ville ; on est forcé de décharger et de mettre les marchandises en dépôt pour les recharger dans d'autres bateaux destinés pour la navigation supérieure de la Moselle et de la Meurthe.

Pour cette dernière navigation, qui remonte jusqu'à Nancy, on fait usage de bateaux de trois grandeurs différentes. Les plus grands ont 80 pieds de longueur sur quinze pieds de largeur par le haut, réduits à 12 pieds dans le fond, avec quatre pieds de bord ; ils portent 400 quintaux lorsque la rivière est marchande ; ils remontent au halage, avec le secours de quatre à cinq chevaux, depuis Metz jusqu'à Pont-à-Mousson, et de cinq à six de Pont-à-Mousson à Nancy. On descend à la rame et au bâton ferré ; les bateaux prennent depuis deux pieds six pouces jusqu'à trois pieds quatre pouces d'eau.

Les seconds bateaux ont 40 pieds de longueur sur six pieds de largeur par le haut et quatre pieds six pouces dans le fond, et chargent depuis 100 jusqu'à 200 quintaux.

Les trains de bateaux qui voyagent sont ordinairement formés de deux grands bateaux et de deux moyens, accompagnés de nacelles. Ces bateaux prennent charge complète lorsque les eaux sont à plein chantier, demi-charge dans les eaux moyennes, et quart de charge lors des basses eaux.

Pour compléter ce qui me reste à dire sur les navigations comparées, je crois devoir rappeler qu'il a été dit précédemment qu'il y avoit très-peu de rivières où l'on pût établir une navigation à cours libre, et que même dans la plupart des grands fleuves la navigation éprouvoit encore de fréquens obstacles. Cela a été établi d'après une suite d'observations faites sur le cours de plusieurs rivières. En effet, on navigue dans la Loire à cours libre sans aucun barrage ; mais il faut au moins un à deux mètres au-dessus des basses eaux pour surmonter les premières grèves, et pouvoir naviguer en montant et en descendant.

Navigation dans les rivières à cours libre.

Il en est de même de la Seine. Cette rivière est une de celles qui ont le plus de profondeur en eau, dont le sol est le plus souvent encaissé, et qui offre des chemins de halage assez coulans ; cependant sa navigation éprouve encore de fréquens obstacles dans plusieurs parties de son cours, sur-tout entre Paris et Rouen. On citera à cet égard quelques détails pris sur la partie de la Seine qui traverse le département de l'Eure, sur une longueur de 66,194 mètres. La pente générale dans ces parages a été trouvée de 13 millimètres pour 100 mètres : mais cette pente, loin d'être distribuée uniformément, offre en plusieurs

Extrait de la Statistique du département de l'Eure.

lieux des ressauts et des obstacles majeurs, particulièrement au pont de Vernon et au pont de l'Arche. On trouve dans le lit de la Seine, vis-à-vis Saint-Aubin,

une roche dangereuse dans le temps des basses eaux :
vis-à-vis Marlot on rencontre le roc de Joulins et des
courans très-rapides ; vis-à-vis Quatre-Age, le cours de
la navigation est forcé de traverser la rivière en suivant le canal appelé le *Pertuis de Martel*, où il faut
plus de dix à douze chevaux pour traverser ce pertuis
difficile.

Le passage du Pont - de - l'Arche présente encore plus
d'obstacles ; on y emploie jusqu'à 50 chevaux ou 4 à
500 hommes pour le franchir.

De Pole à Port-Joie la navigation est dangereuse et
difficile, tant à cause de la rapidité de l'eau que par
le grand nombre de roches qui se trouvent dans cet
espace.

Le pertuis du Pole paroît un de ceux qui présentent
le plus de difficulté : on est forcé, avant de le franchir, d'amarrer les bateaux à six gros pieux, dans la vue
de préparer les dispositions convenables pour franchir
ce passage. Celui des Andelys, qui se trouve à la suite,
est incommode ; mais le passage du pont de Vernon l'est
encore davantage : il présente à peu près les mêmes
difficultés que celui du Pont-de-l'Arche.

On a fait beaucoup de projets pour remédier à tous
les obstacles que l'on vient d'indiquer. Les uns consistoient à ouvrir des dérivations parallèlement à la Seine,
dans la vue d'éviter les passages les plus dangereux ;
d'autres à ouvrir de nouveaux canaux suivant des directions différentes ou plus courtes, et avec des prises
d'eau faites dans des rivières étrangères à la Seine ; et

d'autres enfin consistoient à former dans le lit même
de la Seine des pertuis avec des retenues, des sas et des
doubles portes, pour faciliter aux bateaux les passages
difficiles et dispendieux, en leur faisant éviter les ressauts
dangereux, et en excavant plusieurs des roches les plus
nuisibles à la navigation.

Dans ces circonstances, on pense qu'il convient de
préférer aux projets brillans ceux qui paroissent d'une
exécution plus facile, et qui promettent une jouissance
prompte et assurée.

Le Rhin éprouve aussi des obstacles dans sa navigation. On rencontre entre Mayence et Coblentz le
Trou Bingen. Dans ce point, situé au-dessous de la
petite ville de Bingen, le Rhin est traversé par un banc
de roches qui se montre presque à fleur d'eau dans la
saison des basses eaux, et qui ne laisse vers le milieu
du lit de cette rivière qu'une ouverture de huit à dix
mètres pour le passage des bateaux, et qui forme cataracte.
Ce passage, qui est alors dangereux, cesse de l'être
lorsqu'il survient en rivière une crue de plusieurs
mètres.

Tels sont les effets de la navigation à cours libre.

Navigation
dans les lits de
rivières, à l'aide
de barrages.
Le second genre de navigation dont nous avons
parlé, est celui qui, en se faisant comme dessus dans
le lit même des rivières, a besoin du secours des barrages et des portières ou écluses placées de distance en
distance. Ces barrages sont, comme on l'a observé ci-
dessus, nécessaires à la navigation pour racheter les
pentes, et aux usines pour leur procurer la chute d'eau

nécessaire pour mettre en mouvement leurs rouages.
Sans ces barrages, les eaux, trop rapidement écoulées,
ne laisseroient point une profondeur suffisante pour
aucune espèce de navigation ; mais dans ces rivières
tous les débordemens surmontent les barrages et noient
souvent les bois d'eau et les roues des moulins.

C'est d'après cet état de choses que l'inspecteur général Bertrand a imaginé de construire des écluses submersibles avec sas et doubles portes busquées, en proposant en même temps de perfectionner les barrages. Il
a senti qu'il se trouvoit beaucoup de circonstances où
les dérivations ne pouvant avoir lieu, il falloit que la
navigation se fît dans le lit ordinaire de la rivière, et
que dans ce cas ne pouvant défendre ses écluses des
débordemens, il convenoit de les disposer pour pouvoir
être surmontées par les grandes eaux sans courir les
risques d'être détruites. Les écluses à sas de cet inspecteur général sont bien conçues, et il est en état de
leur procurer dans l'exécution toute la solidité desirable.
Cependant on ne doit pas dissimuler qu'il ne faut employer à leur maçonnerie qu'une chaux forte, et qui
résiste à l'eau ; que, sans cette précaution, malgré la
grande quantité de crampons en fer qui lient les pierres
de taille, la maçonnerie des bajoyers ne résisteroit pas
sous les eaux à l'impétuosité des débordemens. Il fait
tenir alors avec raison les portes de ses écluses ouvertes
pendant la durée des débordemens ; et peut-être arrivera-
t-il encore souvent aux portes inférieures de se trouver
envasées après les crues.

Il a encore observé que les canaux de dérivation, ainsi que le lit des rivières où l'on navigue, ont également besoin d'être curés de temps en temps, et que les canaux le sont même tous les ans. Cela est vrai; et on croit utile et même avantageux de faire vaquer chaque année les canaux pendant un des mois de sécheresse, pour procéder à leur curement et à la réparation des portes pendant cet intervalle. Mais on doit convenir que le curement d'un canal mis à sec se fait d'une manière plus économique et plus complète que celui qui se fait avec des dragues ou par d'autres moyens dans une rivière restant en eau.

Navigation suivant un canal de dérivation parallèle aux rivières.

Le troisième genre de navigation, c'est lorsqu'une rivière qui coule sur un lit d'une largeur moyenne assez uniforme, n'ayant pas d'eau pour suffire à aucune espèce de navigation, en a cependant assez pour fournir à la dépense d'un canal de navigation. Dans ce cas, au lieu de laisser disséminer cette eau sur une trop grande largeur que présente le lit ordinaire, sur un fond rocailleux et avec une trop forte pente, qui ne pourroit procurer aux bateaux aucun tirant d'eau, on est forcé alors d'établir un canal parallèle à ce lit de rivière, avec des écluses à doubles portes qui ne dépensent que la quantité d'eau absolument nécessaire à la navigation.

OBSERVATIONS

Sur un ouvrage de ROBERT FULTON sur les Canaux et les Ecluses, imprimé à Paris en l'an VII.

DANS un de mes ouvrages imprimé en l'an III, qui concernoit la navigation de quatre départemens coupés par un grand nombre de rivières, j'ai distingué deux navigations, comme je le fais dans celui-ci : l'une, de première classe, pour les grands bateaux qui devoient naviguer sur les rivières principales, ou sur des canaux construits régulièrement, composés de portions de niveau, et de sas et écluses pour racheter les pentes.

La seconde classe de navigation comprenoit celle des petites rivières et canaux, où l'on ne peut faire usage que de bateaux plus petits, ou faire voguer des trains de charpente et de planches; et j'ai singulièrement insisté sur le parti avantageux qu'on pouvoit tirer de toutes les petites rivières ou ruisseaux qui prennent leur source sur le penchant de diverses montagnes.

Mais l'ouvrage de Robert Fulton vante par excellence l'usage de cette seconde navigation, qu'il semble préférer à la première par la raison qu'elle est infiniment moins dispendieuse dans la construction première et dans son entretien.

44

Pour son projet, il suppose de petites rivières ou canaux où l'on peut faire monter ou descendre à volonté de petits bateaux par le moyen du halage, et que chaque portion de rivière ou canal est séparée par une chute que l'auteur fait monter à sec avec le secours de diverses machines. La très-grande chute, loin de l'embarrasser, est avantageuse à son projet. Par exemple, une chute de 48 à 60 pieds de hauteur ou d'environ 16 à 20 mètres exigeroit 7 à 8 écluses dans l'ordre ordinaire ; mais, dans son système, il enlève du lit inférieur le bateau tout chargé pour le faire monter dans le lit supérieur, et réciproquement il fait la manœuvre contraire pour descendre. La machine qui doit le transporter emploie sa force pendant un temps plus long ou plus court, suivant la hauteur de la chute, sans éprouver plus de difficulté. Il enlève les bateaux en question par deux moyens ; ou bien verticalement, comme les fardeaux qu'on enlève par le moyen d'une grue ; ou bien il leur fait parcourir un plan incliné, ce qui exige alors moins de force.

Pour faire monter les bateaux, il fait usage d'un treuil horizontal, posé perpendiculairement au plan incliné que doivent suivre ces bateaux en montant ou en descendant. La corde ou la chaîne qui tire le bateau lorsqu'il s'agit de le faire monter, s'enveloppe autour de l'arbre de ce treuil, qui est placé vers le sommet dudit plan incliné à une hauteur suffisante, et la même chaîne se développe pour la descente des bateaux.

On fait mouvoir le treuil par le moyen d'une grande roue et de plusieurs rouages avec pignons et engrènement; et la puissance, dans le cas d'équilibre, est à la résistance comme le moteur appliqué aux rayons des roues de la puissance est au poids relatif du bateau, multiplié par le rayon du treuil, et par ceux des rouages de la résistance. Il faut ensuite ajouter à la puissance la force nécessaire pour vaincre les frottemens de diverses espèces provenant du poids de la machine, et ceux causés par les différens engrènemens des dents avec les pignons ou lanternes, et enfin ajouter une force suffisante au-dessus de l'équilibre pour faire marcher la machine d'un mouvement réglé.

Il est manifeste qu'en multipliant les rouages et en augmentant les leviers de la puissance on gagne de l'avantage sur la résistance, abstraction faite des frottemens; mais qu'aussi on perd dans les mêmes proportions sur la vitesse du mouvement : ce qui a peu d'inconvénient pour le cas dont il s'agit, parce que l'espace à parcourir ne pouvant être bien long, on peut faire des sacrifices du côté du temps.

Robert Fulton, pour économiser les hommes et les chevaux qu'il seroit nécessaire d'appliquer à ces machines pour les mettre en mouvement, a proposé de faire usage d'un puits de trois à quatre mètres de diamètre, et dont la profondeur seroit égale à la différence du niveau du lit supérieur sur le lit inférieur. Ainsi, par exemple, si la différence du niveau des deux lits ou la chute de l'eau étoit d'environ 16 à 20 mètres, il donne la même profondeur audit puits en y pratiquant une issue dans le fond, qui communique avec l'eau du lit inférieur.

Cela posé, l'auteur emploie pour moteur une cuve qui a un diamètre presque égal à celui du puits, et d'environ un ou deux mètres de profondeur. Cette cuve est ensuite remplie d'eau par le moyen d'un conduit provenant du canal supérieur. Lorsque la cuve est chargée et remplie d'eau, par son poids elle met en mouvement le treuil et la chaîne qui doit remonter le bateau. Ensuite, arrivée au fond du puits, la cuve, à l'aide d'une soupape, se vide par le fond, et l'eau passe du fond du puits dans le lit du canal inférieur : alors la cuve, devenue très-légère, remonte promptement par le moyen d'un contre-poids; elle se remplit de nouveau et continue ainsi son travail.

Si ce moyen n'est pas souvent applicable, il est au moins fort ingénieux. On ne peut cependant ignorer que dans la plupart des petites rivières les chutes sont fréquentes, mais que chacune d'elles excède rarement un ou deux mètres; ce qui ne permettroit pas l'usage de ces puits.

Quoi qu'il en soit, les bateaux qu'il se propose de faire monter ainsi doivent avoir, suivant ses indications, 20 pieds de longueur, 4 pieds de largeur, et 2 pieds 10 pouces de hauteur de bord. Le fond est plat et les bords sont posés verticalement; mais le fond porte en dessous quatre petites roulettes en fer qui y sont fixées; et lorsque le bateau monte en suivant un plan incliné, ces roulettes sont reçues et contenues dans des coulisses en fer de fonte, attachées sur la longueur de la rampe que les bateaux doivent parcourir en montant ou en descendant : ces plans inclinés sont assez larges pour le passage de deux bateaux, dont l'un monteroit tandis que l'autre descendroit.

Les bateaux dont il s'agit sont destinés à porter quatre tonneaux pesant de marchandises : c'est à peu près un poids de 8 milliers de livres, ou d'environ 400 myriagrammes.

Pour l'exécution de cette navigation, Robert Fulton construit exprès de petits canaux qu'il projette de tracer et de faire régner à côté du cours des petites rivières, ou de les alimenter par de grands réservoirs d'eau. Il donne à ces canaux 20 pieds de largeur à la surface de l'eau, deux pieds de rives au-dessus de l'eau, cinq pieds de profondeur en eau, et dix pieds de largeur dans le fond, parce que, d'après le profil qu'il en donne, les talus du côté de l'eau sont réglés à raison d'un pied de base pour chaque pied de hauteur.

Telles sont en général les vues comprises dans le projet de Robert Fulton : il en vante les avantages sur les grands canaux ordinaires, particulièrement à cause de l'économie qu'il y trouve sur les constructions ; et il fournit en preuve des estimations comparatives des deux genres de construction, en faisant usage des mesures et des monnoies anglaises, et d'après les prix locaux des ouvrages.

Comme les bateaux employés à la grande navigation portent assez ordinairement 200 milliers, c'est 25 fois plus que les petits bateaux dont il fait usage par le canal en question. Il est bien vrai que s'il s'agissoit d'une chute de 20 mètres de hauteur qui pût être franchie à l'aide d'un plan incliné et d'une mécanique, ou par le moyen d'un puits vertical de même hauteur, on conviendra qu'il seroit impraticable de s'élever à cette hauteur par une seule écluse de la forme ordinaire, et qu'il en faudroit sept à huit séparées entre elles par des sas ; ce qui seroit infiniment dispendieux. On conviendra encore que dans la montagne, où la pente des rivières est très-rapide, il faut nécessairement pour rendre la navigation possible que les écluses, chacune de deux à trois mètres de hauteur, soient très-rapprochées, et que si l'on faisoit de larges canaux, et qu'on construisît pour chaque écluse des sas et des bajoyers avec une maçonnerie revêtue en pierre de taille, l'excessive dépense qui en résulteroit détruiroit la possibilité de leur exécution.

Il est donc incontestable qu'il convient mieux pour ces circonstances locales d'employer de petits canaux, et de simplifier autant qu'il est possible les moyens de franchir les chutes inévitables.

On prétend que les Chinois, qui font un usage si étendu des canaux, ne connoissent pas l'invention utile des sas et des écluses à doubles portes, et que pour passer, en montant ou en descendant, du lit d'un canal inférieur à celui qui est supérieur, ils font faire ce trajet à sec par les bateaux en les forçant, avec le secours de chevaux ou de machines, à s'élever, en parcourant un plan incliné, jusqu'au sommet d'une contre-pente qui les conduit par la même manœuvre dans le lit supérieur. Au contraire, les bateaux descendans, après s'être un peu élevés jusqu'au sommet commun qui partage les deux pentes établies

entre les deux canaux, redescendent en suivant le premier plan incliné : et, pour faciliter la translation de ces
bateaux sur ces plans inclinés, on place, transversalement
auxdits plans et dans leur étendue, plusieurs rouleaux
fixes, qui sont assez rapprochés pour que les bateaux puissent dans leur marche porter sur plusieurs de ces rouleaux.
Or il est manifeste que la rotation desdits rouleaux sur
des tourillons diminue le frottement des bateaux sur les
plans inclinés et facilite leur transport.

Il faut présumer que les bateaux destinés à subir ce
transport ont une forme de construction appropriée à ce
service; car la plupart de nos bateaux de Seine et de
Loire, qui ont 20 à 30 mètres de longueur sur 3 à 4 de
largeur, qui sont faits avec de simples planches en chêne
ou en sapin soutenues et assemblées sur des courbes légères, avec des joints garnis de lattes et palastres, forment
un corps flexible qui se plie sous la secousse des vagues
sans en être endommagé sensiblement. Mais si, lorsqu'ils
sont chargés d'un poids de plusieurs centaines de myriagrammes, il falloit les faire passer du plan horizontal
qu'ils conservent sur l'eau à une direction inclinée de
15 à 20 degrés avec l'horizon; si les points principaux
qui soutiennent le fond n'étoient pas soutenus solidement
pendant ce premier changement de direction, il est vraisemblable que ces bateaux se romproient sous la charge,
et qu'ils souffriroient encore plus en passant de la première pente à la contre-pente. C'est pourquoi, pour
être en état d'y résister, il faudroit des bateaux dont le
fond fût formé d'une charpente solide, et que le passage

de l'un à l'autre lit se fît en suivant une série de plans
différens, formant une courbe très-allongée, pour que lesdits bateaux eussent moins à souffrir du changement de
position.

Après avoir examiné les différens détails du projet de
Robert Fulton, j'ai cru utile de développer mon opinion
sur plusieurs des vues qu'il contient.

1°. Je pense que les bateaux qu'il propose et auxquels il donne 4 pieds de largeur sur 20 pieds de longueur, en les destinant à porter seulement quatre tonneaux ou huit milliers pesant, sont trop petits pour
mériter les frais de l'établissement d'une navigation. Je
sais que l'auteur a pu être déterminé en faveur de ces
petites dimensions par la raison qu'en certains cas il
se réserve la faculté de traîner ses bateaux à sec sur des
plans inclinés, ou de les enlever verticalement, comme
on le fait, avec le secours de fortes grues qui enlèvent
journellement des poids de 7 à 8 milliers. Mais j'observerai qu'un des principaux avantages de la navigation
est de pouvoir transporter avec économie des charges
de beaucoup supérieures à celles qui se font par le
moyen du roulage par terre. Or la charge des petits
bateaux proposés leur seroit au contraire inférieure, vu que
la plupart des forts rouliers transportent, avec huit chevaux sur une seule voiture, souvent plus de 12 milliers ou
600 myriagrammes, et même pour de longues routes.

2°. Son petit bateau de 4 pieds de largeur sur 20 pieds
de longueur, avec un fond plat, ayant des bords verticaux, les deux extrémités coupées carrément et prenant

2 pieds 6 pouces de profondeur d'eau, ne me pàroît avoir aucune stabilité. Il devroit sans doute être conduit le long des canaux avec le secours d'hommes ou de chevaux, suivant un chemin de halage; mais cette direction oblique le porteroit sans cesse vers le rivage, si l'on n'avoit l'attention de placer sur ce bateau un homme avec un bâton ferré, qui, par son travail continuel, le forceroit de s'écarter de la rive pour le maintenir suivant le principal fil de l'eau.

3°. Le canal projeté de 20 pieds de largeur à la surface de l'eau ne peut conserver des talus dont la pente seroit réglée à 45 degrés. Il faut que la base de ces talus, qui sont lavés par les eaux, soit au moins à leur hauteur comme trois est à deux; et ce canal devant avoir 5 pieds de profondeur en eau, il ne doit lui rester dans ce cas que 5 pieds de largeur dans le fond : d'où il suit que pour peu que les bateaux, qui doivent prendre deux pieds six pouces d'eau lorsqu'ils sont chargés, vinssent à s'écarter de la ligne du milieu du canal, le fond de ces bateaux doit heurter souvent contre les talus; et vu le peu de stabilité desdits bateaux, qui sont manifestement trop étroits, ils doivent être exposés à chavirer très-fréquemment.

4°. Il est difficile de se procurer une profondeur d'eau de 5 pieds par-tout, sur-tout si ces bateaux étoient destinés à voguer alternativement dans des portions de nouveaux canaux et sur de petites rivières, suivant les circonstances.

5°. Le grand avantage que l'auteur prétend tirer de

ses puits, par le moyen desquels il emploie pour moteur une grande cuve remplie avec les eaux du canal supérieur, présente un cas infiniment rare. Les rivières, même au pied des montagnes, ne font pas ordinairement des sauts de 15 à 20 mètres de hauteur ; et lorsque les eaux descendent des sommets des montagnes en forme de cascade, comme elles ne sont point encore réunies en masse de rivières, ni rassemblées dans un lit quelconque, elles ne sont propres, à aucune espèce de navigation : enfin, quand elles commencent à couler dans une vallée, elles y coulent en formant une infinité de petits ressauts et de détours au milieu des prairies formées par quelques portions de terres végétales mêlées avec les dépôts, qui sont des *detritus* des montagnes voisines.

6°. Je ne suis nullement séduit en voyant Robert Fulton établir à grands frais, entre deux montagnes escarpées, un pont en fer très-étroit, dont le dessus présente une rampe très-rapide propre à y faire marcher son petit bateau auquel il sacrifie tout, sans songer que lorsqu'on fait la dépense d'une construction de ponts aussi considérables, placés entre deux précipices de 80 à 100 mètres de profondeur sur 100 ou 200 mètres de longueur, il paroît convenable de mettre ces ponts en état de servir de passage pour toutes sortes de voitures. Je pense que c'est une imperfection de ne rendre ces passages praticables que pour un traîneau qu'il faut faire monter, comme il le propose, à l'aide de machines : et lors même que les deux côtés qui bordent une profonde vallée seroient de hauteur inégale, il est néanmoins presque toujours facile, après avoir établi un pont de niveau sur la gorge, de contourner celle des deux montagnes qui est la plus élevée, pour faire arriver un chemin commode à la hauteur de l'entrée du nouveau pont.

Telles sont les observations concernant les inconvéniens dont j'ai cru le projet de Robert Fulton susceptibles. Je ne dissimulerai cependant pas que je suis de son avis sur quelques points essentiels, et particulièrement sur l'avantage d'établir par des moyens simples et faciles une navigation du second ordre sur de petites rivières ou canaux.

Parmi les petites rivières, le plus grand nombre ont un lit encaissé, plus ou moins profond, et plus ou moins direct et contourné. Les eaux qui coulent dans ces lits y conservent plus ou moins des profondeurs inégales. On y rencontre assez souvent des portions de 8 à 900 mètres de longueur presque stagnantes, sur des profondeurs de 60, 80, 100 et 150 centimètres, qui coulent constamment, et qui sont suivies de parties rapides qui ont environ un mètre de pente sur 150 mètres de longueur; dans ces portions rapides les eaux coulantes n'ont pas le plus souvent 10 à 12 centimètres de profondeur : il s'y trouve des parties rapides quelquefois tapissées de rochers, ou d'autres obstacles qui s'opposent à l'approfondissement du lit et à l'adoucissement des pentes. Enfin, les circonstances que je viens de décrire, et qui conviennent à plusieurs rivières, reçoivent des changemens successifs, selon les localités.

Il résulte de la description précédente qu'il se trouve

dans beaucoup de ces petites rivières de grandes portions où les eaux n'ont qu'une vitesse très-modérée,
et une profondeur suffisante pour une navigation avec
de médiocres bateaux de 2 à 3 mètres de largeur sur
8 à 10 mètres de longueur, parce que ces lits de rivière
ont communément depuis 6 jusqu'à 10 mètres de largeur ; et lorsqu'il se trouve dans le lit de ces portions
de rivière susceptibles de navigation, quelques angles
trop aigus, on peut, en adoucissant ces angles, leur
procurer à peu de frais un développement proportionné à ce qu'exige l'étendue des bateaux qui doivent y
passer.

A l'égard des portions de rivière qui offrent trop
d'obstacles à la navigation, il est souvent moins dispendieux d'ouvrir un nouveau lit de rivière, ou canal
de navigation, conduit parallèlement au cours ordinaire ;
mais il doit être formé de parties de niveau, avec des
écluses pour racheter les pentes lorsqu'il est nécessaire.

Pour faire usage de mes principes, je vais indiquer
des détails d'exécution qui feront connoître le développement de mon projet. En conséquence, je donnerois aux
canaux destinés pour cette petite navigation 8 mètres
de largeur à la surface de l'eau et au moins un mètre
de profondeur en eau, avec un talus réglé à raison de
trois de base sur deux de hauteur ; ce qui donneroit
5 mètres de largeur au fond de ce canal. La hauteur du
rivage seroit de 60 centimètres au-dessus de la surface de
l'eau : j'emploierois le produit de la fouille dudit canal
à former une levée de défense contre le débordement

de la rivière voisine, afin d'empêcher, en certains cas, l'encombrement du nouveau canal; ou, dans quelques circonstances, j'emploierois des écluses submersibles, mais très-économiques, et simples dans leur construction.

Quant aux bateaux, je leur donnerois 15 mètres de longueur, compris un mètre pour la proue disposée en pointe et un peu relevée, sur 2 mètres 60 centimètres de largeur par le haut, réduits dans le fond à 2 mètres 20 centimètres, avec une hauteur de bord de 90 centimètres, pour, étant chargés, prendre 70 centimètres d'eau, et qu'il puisse rester 20 centimètres de bord. D'après ces dimensions, ces bateaux porteront une charge d'au moins 40 milliers ou 2000 myriagrammes; ce qui équivaut à la charge de douze voitures dans les pays de montagnes ou de six dans la plaine.

On pourra aussi observer que les bateaux que l'on propose ont de la stabilité, et sont disposés, d'après leur construction, pour passer dans le lit des petites rivières.

Je vais faire des applications des données précédentes aux circonstances qui se présentent le plus souvent: en conséquence, je vais, dans les trois figures de la planche 8, examiner les cas les plus fréquens de cette petite navigation. 1°. La figure première AB C D G suppose que la navigation se faisant à cours libre sur des portions de rivière qui ont une profondeur suffisante pour la charge des bateaux, il se trouve dans le lit de cette rivière, sur une étendue B C, des roches qu'il n'est pas possible de détruire. Pour y remédier, on a formé un canal BMNO à côté du lit de rivière sur un terrain où l'on s'est assuré

qu'il n'y a point de roches : on forme sur cette portion
de canal, tracé d'après les dimensions précédentes, un
sas proportionné à la longueur et à la largeur des bateaux,
en donnant seulement 3 mètres de largeur aux portes
et 16 mètres de longueur aux sas; et, par économie, les
bords des sas sont faits en terre, avec des talus réglés
comme ceux du canal.

Les bajoyers en maçonnerie destinés à soutenir les
portes, ne doivent point avoir plus de quatre mètres de
longueur chacun. Les portes, qui n'ont que trois mètres
de largeur, forment un châssis divisé en quatre pan-
neaux portant quatre ventilles à coulisse très-aisées à
lever et à baisser pour faire remplir ou vider le sas;
de manière qu'un seul homme peut suffire pour toutes
les manœuvres, et que les bateaux peuvent monter et
descendre sans secousse sur les eaux tranquilles du sas.

La figure 2 représente un lit de rivière E G H I, sur
lequel il se trouve dans le principal cours une masse de
rochers qui le barre totalement en H, en formant une
retenue ou chute d'environ 30 centimètres; de sorte que
les eaux coulantes ne surmontent ce rocher que de 12 à
15 centimètres. Pour faire franchir cet obstacle aux
bateaux, il suffit de placer à la distance d'environ
18 mètres au-dessous desdits rochers au point I une
portière m n, de façon que l'intervalle depuis H jusqu'à I
tient lieu de sas.

Lorsqu'on désire dans cette circonstance faire monter
un bateau, on commence à lui faire passer la portière
à la tenue des eaux du lit inférieur : aussitôt elle est

fermée ; et les ventilles étant baissées, l'eau s'élève et est
soutenue jusqu'à 95 à 100 centimètres de hauteur :
ce qui suffit au bateau pour pouvoir passer par-dessus
le rocher sans le toucher. Les bateaux du lit supérieur peuvent profiter de la même manœuvre pour descendre ; ce qui s'exécute en levant successivement les
ventillières pour faire baisser l'eau jusqu'au niveau du
lit inférieur : les portes s'ouvrent alors sans obstacle, et
le bateau descendant passe. On voit que la plus grande
charge de cette portière est de 100 centimètres de hauteur d'eau d'après les données précédentes.

La figure 3 désigne un cours de rivière P Q V T Y Z,
sur-lequel il se trouve un moulin en V.

On a pratiqué, pour la navigation de cette partie,
un canal Q R S T. La partie R S représente un sas en
charpente qui peut être préféré dans les pays de montagnes où le bois est très-commun ; c'est une espèce de
caisson de 18 mètres de longueur sur 3 de largeur et
3 mètres de hauteur pour la partie inférieure.

J'observerai que ces trois constructions différentes
doivent se modifier diversement suivant les circonstances ; c'est-à-dire que suivant la facilité qu'on trouve
dans le lit des rivières, on y conserve la navigation sur
une étendue plus ou moins grande, et réciproquement :
si le lit de rivière présente trop d'obstacles et trop de
travail, on préfère la construction d'un canal latéral
qui se prolonge plus ou moins. En comparant les dépenses de ces deux moyens, on adopte le moins dispendieux ; mais, à dépense égale, je préférerois un

nouveau canal, parce qu'alors la rivière reste libre pour l'évacuation des débordemens.

Il peut cependant se trouver des cas qui présentent également des obstacles, soit pour pratiquer un canal de dérivation, soit pour rendre quelques portions de rivière accessibles aux bateaux, et les mettre en état de franchir une chute d'un ou de deux mètres, telles que sont les chutes ordinaires des moulins. Dans ces circonstances, on pourroit prendre le parti de les faire passer à sec du lit inférieur dans le lit supérieur.

Pour remplir ce but, au lieu de proposer mes idées, qui ne seroient que des rectifications de ce qui a été imaginé ou pratiqué avant moi, je vais me borner à indiquer les divers moyens qui m'ont paru praticables ou mériter l'accueil du public, dans la vue de faire sur-monter aux bateaux les hauteurs des chutes des moulins ou déversoirs, par tout autre moyen que par celui des écluses ou portières en usage.

Machine de la Feintelle. On connoît dans ce genre la machine de la Feintelle, qui est placée dans le département de la Lys, à la jonc-tion du canal de l'Yser avec le canal Loo : elle pré-sente un plan incliné, disposé pour faire monter à sec ou descendre les bateaux d'une chute de 5 pieds 9 pouces de hauteur. Ce plan incliné a une base égale à quatre fois la hauteur : la construction de cet établissement est en charpente et en maçonnerie, et le plan incliné que les bateaux doivent parcourir a 10 pieds 6 pouces de largeur et est recouvert en madriers.

Les bateaux de ce canal ont 16 pieds de longueur;

mais, pour exécuter leur ascension, ils sont tirés à bras à l'aide de deux roues verticales fixées aux extrémités d'un treuil, autour duquel s'enveloppe la corde qui sert à les tirer.

On voit que cette machine n'est destinée et ne peut servir que pour une très-petite navigation, pour laquelle on n'emploie que des bateaux qui ont de petites dimensions, et qui d'ailleurs doivent être assez forts de bois pour n'avoir point à souffrir au passage des deux plans en les montant ou en les descendant.

Le citoyen Brulée, connu pour avoir présenté beaucoup de projets d'architecture hydraulique et de navigation, a imaginé un moyen ingénieux pour faire à sec surmonter aux bateaux des hauteurs de chute qu'on peut supposer pareilles à celles des écluses ordinaires, c'est-à-dire de 2 mètres 5 décimètres à 3 mètres, sans exposer les bateaux à se rompre ou à souffrir comme ceux qu'on entreprend de traîner sur divers plans inclinés, en leur faisant prendre successivement des situations inclinées ou horizontales.

Ecluse du citoyen Brulée.

Pour y parvenir suivant le moyen qu'il a projeté,

Il faut, 1°. comme dans la machine précédente, avoir une force capable de tirer un bateau chargé, d'une grandeur et d'une capacité connues, suivant un plan incliné. Si la hauteur de la chute étoit, par exemple, de 24 décimètres, et que la base de l'inclinaison fût de quatre fois la hauteur, cette base auroit alors 96 décimètres : si on suppose encore 10 à 12 décimètres de tirant d'eau au bateau, et que l'inclinaison du plan se prolonge au fond

46

du canal inférieur, la hauteur totale de l'ascension sera de 36 décimètres.

2°. On suppose encore, comme dans toutes les écluses, que la largeur entre les bajoyers est au moins égale à la largeur des bateaux pour qu'ils puissent y passer avec facilité.

3°. Il faut que l'écluse ait des bajoyers en maçonnerie de pierre de taille dont les paremens soient verticaux, et un mur de chute dont le dessus affleure le niveau de l'eau du canal supérieur.

4°. Pour la manœuvre, on fait usage d'un petit chariot à quatre roues, porté sur deux essieux terminés à chaque bout par des roulettes en fer ou en cuivre. La longueur des essieux est égale à la largeur entre les bajoyers, plus à la saillie excédente desdites roulettes. On peut supposer le chariot composé de trois longuerines et de trois traverses en bois ; qu'il est placé au fond du lit du canal inférieur, et que le bateau qu'il s'agit de faire monter vient se placer au-dessus, et y est ensuite fortement attaché. L'extrémité des essieux de ce petit chariot est encastrée de l'épaisseur des roulettes dans des rainures ou coulisses pratiquées dans les paremens des bajoyers ; et ces rainures, dont la direction est inclinée à l'horizon, sont parallèles entre elles. On voit aisément que ces coulisses rampantes remplissent les fonctions d'un plan incliné que le bateau doit parcourir en montant ; ensuite, lorsque la puissance de traction est appliquée audit bateau, on jugera qu'à la faveur du parallélisme des coulisses, le bateau doit conserver pendant son ascension sa situation horizontale jusqu'au sommet de la chute, et que, cheminant ensuite dans des coulisses horizontales, il entre sans secousse dans le lit supérieur, où il peut être mis à flot par des coulisses rampantes disposées en sens contraire.

On voit par la figure N de la planche 8, que le bateau AB, après avoir parcouru les coulisses rampantes AC et BD, prend la situation CD; ce qui doit s'exécuter sans que le bateau soit tourmenté dans son assemblage.

Si l'on avoit des bateaux plus longs à faire monter, il faudroit alors employer un chariot plus long, qui pourroit avoir trois essieux et six roues; ce qui exigeroit alors trois coulisses de chaque côté dans les bajoyers.

On ne doit pas être étonné de la précision et de la facilité avec lesquelles le citoyen Brulée fait monter son bateau dans son petit modèle; on pense que le succès seroit le même en grand : mais on jugera que ce moyen exige la construction d'une grande longueur de bajoyers.

On peut citer encore avec éloge un moyen imaginé par le citoyen Solages, par lequel il emploie des effets physiques connus, mais dont la combinaison lui appartient.

Sas mobile du citoyen Solages.

En résultat, il fait usage d'un sas mobile construit en charpente; mais ordinairement le sas est fixe, et le bateau seul est élevé du lit inférieur dans le canal supérieur. Ici, au contraire, le sas étant fixé momentanément au niveau du biez inférieur, après y avoir fait entrer le bateau avec sa charge, avoir fermé les portes d'amont et d'aval

de ce sas, et levé les arrêts, le sas s'élève et monte verticalement par le moyen d'une puissance que l'auteur a
nommée le *flotteur*; il est porté ainsi jusqu'au niveau du
canal supérieur, où il est de nouveau fixé par un arrêt.

Il faut cependant observer qu'alors le niveau de l'eau
du sas mobile se trouve être de deux pouces plus bas
que l'eau du canal supérieur, et que le sas s'applique
aussi exactement qu'il est possible contre les portes du
canal supérieur pour établir avec lui sa communication:
ensuite, après avoir fait ouvrir les portes tant du canal
que du sas, ce dernier reçoit du canal une augmentation d'eau de deux pouces de hauteur pour se mettre de
niveau avec ledit canal.

Le bateau sort ensuite du sas pour passer sans obstacle dans le canal supérieur. Après le passage du bateau,
et même après avoir été remplacé par un autre qu'on
desire faire descendre, on ferme les portes du canal et
celles du sas, et on lève les arrêts. Dans ce moment, le
sas se trouvant surchargé par l'excédent de hauteur d'eau
qu'il a reçu du canal supérieur, a acquis une augmentation de poids suffisante pour lui faire surmonter l'effort
opposé du flotteur, et pour le faire descendre avec sa
charge jusqu'au niveau du canal inférieur, où il est
de nouveau fixé. Après avoir fait ouvrir la porte d'aval
du sas et celle du canal inférieur, les deux pouces de
hauteur d'eau excédente que le sas avoit reçus du canal
supérieur s'écoulent dans le canal inférieur; ce qui allège
de nouveau le sas : le bateau sort ensuite pour entrer dans
le canal.

Telle est la manœuvre de cette invention.

Pour en concevoir les principes, il faut être instruit qu'il se trouve sous le sas mobile une fosse revêtue en mur de maçonnerie; que cette fosse a la forme du sas, et qu'elle le contient lorsqu'il est descendu; que dans cette fosse remplie d'eau il se trouve au - dessous un corps cylindrique assez volumineux qui y est plongé, et qui étant vide intérieurement, fait, pour remonter, un effort égal à la différence du volume d'eau qu'il déplace sur son poids, et que ce corps, nommé *flotteur* parce qu'il tend à se mettre à flot, étant lié avec le sas mobile et posé au-dessous, doit tendre à le soulever et à le faire remonter. Cette puissance a été tellement combinée, qu'elle n'a que la force nécessaire pour faire monter le sas rempli d'eau avec son bateau, et vaincre les frottemens : lorsqu'il a ensuite reçu l'augmentation d'eau du canal supérieur, que l'auteur évalue, je crois, à une trentième partie du poids total, le sas se trouvant alors surchargé surpasse l'effort du flotteur; ce qui l'oblige à redescendre.

Il est très-certain que le modèle en petit du cit. Solages est fait avec soin, et qu'il exécute ses mouvemens avec précision et d'une manière satisfaisante.

Cependant un examen plus attentif laisse apercevoir de graves inconvéniens pour son exécution en grand.

1°. Si la différence de niveau entre les eaux du canal supérieur et celles du canal inférieur est, par exemple, de 4 mètres, il faut alors que la fosse où se trouve le plongeur ait au moins 6 à 8 mètres de profondeur pour qu'il puisse encore y rester plongé pendant toute la durée du mouvement et s'abaisser ensuite de toute cette hauteur; ce qui exige pour sa construction l'établissement de murs très-difficiles à fonder sous les eaux en bien des cas, et toujours dispendieux à cause de l'épaisseur qui leur est nécessaire pour résister à la poussée des terres.

2°. Il y a nécessairement des pertes d'eau à la jonction du sas avec le canal supérieur et avec le canal inférieur, parce que le mouvement des portes laisse des intervalles à leurs points de jonction, par où les eaux fuient et paroissent s'échapper sans destination.

3°. Pour diriger le mouvement vertical du sas en montant, on l'assujettit dans des coulisses pratiquées à quatre montans posés aux épaulemens du sas. On parvient aisément à contenir et à gouverner un petit modèle dans ces coulisses : mais il est manifeste qu'un sas de grandeur naturelle, construit en forte charpente et chargé d'eau, ne se meut pas avec la même facilité sur des montans isolés portant coulisses. Enfin toutes ces constructions paroissent plus imposantes qu'économiques, et d'un succès peu assuré. C'est pourquoi l'auteur ayant sans doute reconnu lui-même la plupart de ces inconvéniens, a, depuis, proposé de supprimer son flotteur, et de soulever verticalement son sas mobile par le moyen de quatre poids, dont la masse ensemble équivaudroit à l'effort du flotteur ; ce qui feroit éviter la grande profondeur de la fosse qui doit renfermer le sas, et produiroit une économie sur la dépense de sa construction. Mais ce dernier moyen, quoique plus simple, semble détruire la magie de l'inventeur, qui paroissoit faire monter et descendre son sas par un moyen qui se déroboit à la vue ; et d'ailleurs ce dernier parti donne lieu à l'objection suivante.

Si vous reconnoissez qu'il est préférable d'employer simplement des poids pour soulever votre sas mobile rempli d'eau, ne seroit-il pas encore plus simple et plus économique de n'enlever que le bateau seul du canal inférieur pour le transporter dans le canal supérieur ? car il faudroit alors un moindre poids que celui qui est nécessaire pour enlever un sas rempli d'eau.

Enfin, il faudroit encore employer moins de force, si, ayant deux bateaux égaux, l'un placé dans le canal supérieur et l'autre au bas dans le canal inférieur, on se bornoit, à l'aide d'une grue, à enlever les marchandises d'un bateau pour les déposer dans l'autre sans déplacer.

On présente ici une partie des inconvéniens qu'on a cru apercevoir d'après un léger examen de cette invention ; il est vraisemblable que son application en grand en feroit naître d'autres.

Quoi qu'il en soit, c'est aux ingénieurs chargés des projets ou de la construction des canaux, à combiner les moyens qui conviennent le mieux aux diverses localités.

OBSERVATIONS.

Dans l'examen que je viens de faire de plusieurs ouvrages imprimés, tant sur les rivières que sur la navigation, ayant été contraint de suivre en bien des cas le plan de leurs auteurs plutôt que le mien, et les diverses questions que j'ai traitées m'ayant conduit à y insérer mes expériences ou mes observations personnelles, il en est résulté nécessairement une incohérence apparente entre les diverses parties de ce travail; c'est pourquoi j'ai cru utile de rappeler ci-après, dans un résumé général, les diverses matières que j'ai traitées, les principes dont j'ai fait usage, et les conséquences principales qui en sont résultées.

RÉSUMÉ GÉNÉRAL

DU

TRAVAIL PRÉCÉDENT.

UNE des choses principales qui frappent en observant les rivières , ce sont les changemens qu'elles éprouvent par l'effet des différentes crues ; et ces effets sont quelquefois si désastreux qu'ils laissent de longs souvenirs.

On a dû aussi s'occuper promptement de la cause qui fait grossir les rivières et sur-tout les grands fleuves. Mais on s'est assuré par de nombreuses observations que la fonte des neiges accumulées dans les montagnes, et les longues pluies qui y règnent, contribuoient quelquefois ensemble ou séparément à produire des crues successives dans les rivières qui en tirent leur source.

J'ai eu occasion de constater que des pluies de longue durée, lorsqu'elles règnent dans la montagne , suffisoient seules pour produire dans les rivières les plus grands débordemens. On peut considérer les eaux des rivières comme coulantes sur une suite de plans inclinés dont la pente change sans cesse et va en diminuant depuis leur source jusqu'à leur embouchure. Si la dégradation de ces pentes se faisoit régulièrement, si la lar-

47

geur de leur lit étoit uniforme, et si aucun obstacle n'en
troubloit le cours, il est évident que la vitesse des eaux
coulantes s'accéléreroit suivant les mêmes principes que
suivent les corps durs, roulant ou glissant le long d'un
plan incliné : mais toutes les observations prouvent que,
pendant le long cours d'une rivière, les accélérations qui
proviendroient de la pente du lit sont mille fois détruites
ou modifiées par des obstacles supérieurs, et souvent re-
produites par des changemens de direction, par des ressauts dans le fond du lit, et par des îles ; de façon que les
vitesses diminuent successivement, au lieu de s'augmenter, en s'éloignant de la source des rivières.

Nous avons observé que la plupart des rivières roulent
des sables, des graviers ou des cailloux ; que ces matières
proviennent en partie des montagnes où elles prennent
leur source et de celles qui longent leur cours ; que les
cailloux ou galets ne sont pas arrondis et polis pour avoir
coulé long-temps dans des rivières, comme quelques auteurs l'ont cru : vu qu'il s'en trouve en grande masse
sur les chaînes des montagnes élevées, dans des points
de la terre où aucune rivière n'a coulé, et qui cependant
sont arrondis ou polis.

Il est notoire que les hautes montagnes arrêtent les
nuages dans leur course, et que ces sommets, couverts
en grande partie de forêts, attirent et fixent les nuages.

L'expérience prouve qu'à superficie égale, il tombe
beaucoup plus d'eau dans la montagne que dans la plaine ;
que d'ailleurs, par suite de la contexture des montagnes
et des grandes commotions qu'elles ont éprouvées, elles

renferment des cavités formant des réservoirs d'eau ; et que ces causes réunies produisent la grande quantité de sources qui percent de toutes parts sur la pente de ces montagnes et à tous leurs aspects. Il s'ensuit qu'en détruisant les bois sur les sommets des montagnes et en défrichant les côtes, les terres en culture doivent couler vers le fond des vallées, les sommets doivent s'abaisser, le sol se dessécher, le grand nombre de sources diminuer, et la cause des grands débordemens s'affoiblir.

Les fleuves, comme les rivières, depuis leur source jusqu'à leur embouchure, charrient plus ou moins de matières, et particulièrement dans le temps des crues. Les torrens, ayant plus de vitesse, ont la force d'entraîner dans leur cours des matières plus grosses ; et à mesure que la pente et la vitesse des rivières diminuent, les eaux laissent en route les matières les plus grosses, et les graviers et les sables diminuent communément de grosseur en s'éloignant de la source des rivières. Il faut néanmoins admettre des exceptions, parce qu'on rencontre des rivières qui, entre leur source et leur embouchure, sont souvent bordées par des côtes sujettes à des éboulemens, et qui contiennent de forts galets entraînés par les eaux.

On a souvent demandé si le fond du lit des rivières s'exhaussoit avec le temps ou s'approfondissoit. En faisant cette question, on n'a point entendu parler du temps de la première formation de leur lit, et l'on a supposé les vallées formées à peu près telles qu'elles sont aujourd'hui. Cependant, en méditant sur ces questions, on est forcé de considérer l'existence du globe terrestre sous trois époques différentes.

La première, c'est lorsque le globe terrestre sortoit des mains de la nature, et que la terre, séparée des eaux, a montré distinctement de vastes mers et des terres habitées ou habitables. Ce premier état est constaté par les dépôts fréquens de corps marins que l'on trouve non seulement dans l'intérieur des terres habitées, mais sur la plupart des hautes montagnes.

La seconde époque a montré les premiers effets de la retraite d'une grande partie des eaux qui couvroient le globe. Quelle qu'en ait été la cause, que cela soit arrivé par un changement dans la position de l'axe de la terre, lequel changement auroit forcé la mer à couvrir de nouvelles terres pour abandonner les anciennes ; ou bien qu'à la suite de grands incendies sur plusieurs parties du globe, il y ait eu de violentes déflagrations qui auroient occasionné des secousses, le renversement des couches supérieures, des soulèvemens de plusieurs parties, et fait ouvrir dans d'autres des abîmes souterrains qui auroient ensuite englouti une partie des eaux qui couvroient une grande partie de la terre, occasionné ainsi leur retraite, et amené la formation de la mer actuelle : il est difficile aujourd'hui de s'assurer laquelle de ces deux causes a produit ces effets, et si chacune d'elles y a concouru plus ou moins puissamment.

Mais ces secousses, ces déflagrations, quelles qu'en aient été les causes, n'ont pu arriver sans occasionner beaucoup d'aspérités sur les terres les plus élevées ; et

c'est ce qui forme les sommets des montagnes actuelles.
De plus, les eaux n'ont pu se retirer vers la mer actuelle
sans laisser subsister entre les gorges des montagnes une
suite de lacs dont le niveau se seroit soutenu à différens
étages pendant plus ou moins de temps, depuis l'origine
des vallées jusqu'à la mer.

Or la plupart de ces lacs, qui avoient de grandes profondeurs, tendoient à rompre leurs digues de retenue et à
s'ouvrir de nouvelles issues à travers les couches terreuses,
pierreuses ou schisteuses, qui contenoient leurs eaux :
mais la rupture de quelques - unes de ces digues n'a pu
se faire sans des déchirures et sans des bouleversemens
considérables. Souvent, à la suite de ces irruptions, l'é-
panchement des eaux d'un lac supérieur a produit le
même effet sur le lac inférieur, qui, surchargé par de nouvelles eaux affluentes, a pareillement rompu ses digues.
C'est par ces causes puissantes que les vallées ont pu et
dû se creuser à des profondeurs proportionnées à la masse
des eaux qui s'y écouloit; ensuite l'éboulement des côtes
voisines aura contribué à combler les vallées, et le séjour
de ces eaux pendant un certain temps, à des hauteurs fixes,
les aura nivelées sur des largeurs plus ou moins étendues :
enfin les mêmes effets ont pu se répéter, avec le temps,
depuis la source des rivières jusqu'à la mer ; et l'on ne
peut disconvenir qu'il reste sur la terre beaucoup de témoignages qui attestent cet ancien état des choses.

Sans sortir de l'Europe, si l'on jette les yeux sur la
carte de l'Autriche, on y remarquera beaucoup de rivières courir du midi au nord, et ne se rendre au

Danube qu'après avoir traversé successivement un,
deux, trois et jusqu'à six lacs, depuis leur source jusqu'à leur embouchure. On verra d'autre part, dans la
France, le Rhône traverser le lac Léman, se perdre sous
terre à travers des rochers pour reparoître plus loin; la rivière du Doux traverser le lac de Saint-Pont : on verra
de même le Rhin produit par plusieurs branches, qui,
après avoir coulé dans de profondes vallées, se réunissent
pour traverser le lac de Constance, en sortir, et, après avoir
formé plusieurs cascades, couler aujourd'hui tranquillement dans les vallées des Haut et Bas-Rhin, du Palatinat,
etc. On pourra voir en Helvétie la Reuss traverser le lac
de Lucerne avant de tomber dans l'Aar au-dessous de
Bruck, l'Orbe traverser les lacs de Neufchâtel et de
Bienne pour tomber ensuite dans l'Aar; on observera
pareillement que l'Aar, depuis sa source, traverse les
lacs de Brienz et de Thun, et qu'enfin la Limath ne se
jette dans l'Aar qu'après avoir traversé le lac de Zurich.

On peut faire encore les mêmes observations sur les
rivières d'Italie. L'Adda, qui prend sa source dans le comté
de Bormio, traverse le lac de Côme ; le Tésin, après avoir
pris sa source au mont Saint-Gothard, traverse le lac
Majeur; enfin, la Tosa, après avoir passé à Domio, tombe
aussi dans le lac Majeur : le Mincio n'arrive à Man-
toue qu'après avoir traversé le lac de Garda. On voit, d'a-
près tous ces faits subsistans, que tout concourt à prouver qu'il a dû exister dans les grandes vallées une suite
de lacs entre la mer et la source des rivières; ces faits
sont encore confirmés par les traces des déchirures sub-

sistant encore dans certaines gorges étroites , lesquelles
présentent en même temps au-dessus du fond de ces vallées des portions de terrains qui paroissent avoir été nivelées par les eaux , et dont le fond paroît formé de matières fluviatiles régulièrement disposées par couches horizontales : dans d'autres parties on reconnoît des traces
d'énormes éboulemens qui paroissent manifestement causés par de grandes irruptions d'eau. Cette suite de témoignages me paroît démontrer évidemment l'existence de
a deuxième époque.

La troisième époque date du moment où les vallées
qui règnent entre deux coteaux se sont trouvées nivelées
telles qu'elles sont aujourd'hui. On voit dans chacune de
ces vallées couler des fleuves , des rivières ou des ruisseaux qui ont pour limites des côtes plus ou moins élevées
qui bordent les vallons.

Il est vraisemblable que ce dernier état du globe terrestre
subsistoit déja à des dates fort antérieures à l'histoire
écrite, à quelques légers changemens près. Ainsi, tel fleuve
qui circule dans une vallée qu'il suit pendant un long cours,
se jette tantôt vers le coteau à droite, et tantôt l'aban-
donne pour se porter à gauche ; tantôt ses eaux sont réunies dans un seul lit, ou quelquefois elles se divisent en
plusieurs bras. Les crues, les débordemens plus ou moins
fréquens , la mobilité du sol , l'inégalité de sa résistance,
les diverses directions de son lit , toutes ces circonstances
concourent à produire des changemens , et toutes ces
causes diversement combinées en modifient les effets. La
plupart des rivières sont donc plus ou moins vagabondes,

à moins qu'elles ne soient contenues par des coteaux ou
par des digues artificielles. Ce qui confirme incontesta-
blement que les rivières ont erré à différentes époques
dans ces vallées, c'est qu'on y rencontre dans toutes les
parties où l'on pratique des fouilles les mêmes matières
fluviatiles sur une profondeur plus ou moins grande.
D'ailleurs beaucoup d'observations comparées, faites à
diverses époques le long du cours de plusieurs rivières,
prouvent que pendant un long espace de temps, le fond
de leur lit reste à peu près le même dans beaucoup de
cantons. Il est cependant constant que la plupart des grandes rivières charrient des pierres, des sables, des graviers
ou des cailloux, et qu'elles en transportent sans cesse vers
leur embouchure : mais si le long de leur cours elles en
rapportent autant qu'elles en emportent, il est évident
que le niveau du fond de leur lit ne doit pas changer.
Cependant, quoique en général le fond dulit des grandes
rivières ne change pas sensiblement (j'en excepte celui
des torrens), il s'y trouve néanmoins des portions sur
l'étendue desquelles le fond du lit paroît quelquefois
s'exhausser pendant plusieurs années, et dans d'autres
s'approfondir par des causes particulières ; quelquefois aussi une crue extraordinaire enlève ce qui a été
déposé, ou comble ce qui avoit été approfondi.

Cependant on a observé que les rivières vaseuses, en
coulant tranquillement dans une vallée dont elles couvrent
à chaque crue les terrains environnans, y laissent ordinairement des dépôts limoneux qui en exhaussent le sol
chaque année. Tous ces faits, dont nous avons précédem-

ment cité plusieurs exemples, sont généralement confirmés par l'expérience.

On a encore observé que les rivières à fond de sable et de gravier ont un cours généralement plus direct que celles à fond de vase, et que ces dernières semblent tellement affecter des détours et contourner leur lit en différens sens, qu'il arrive souvent qu'elles abandonnent des portions droites pour adopter des sinuosités dans leur cours. Cela tient, comme on l'a expliqué, à la ténacité des matières compactes dont le fond et les rives sont composés, et à l'inégalité de leur résistance contre le choc des eaux.

Les rivières à fond de sable et de gravier produisent pendant leur cours des changemens très-fréquens sur leur lit: il s'y forme des îles, des bancs de sable ou de gravier; le cours de ces rivières se divise en plusieurs bras, ou se réunit en un seul ; les profondeurs d'eau varient sans cesse suivant les localités ; et tous ces changemens s'opèrent plus ou moins rapidement suivant que les rivières sont importantes, que leurs eaux ont de vitesse, et que les matières du fond opposent plus ou moins de résistance.

Quoique la masse des eaux qui forme les rivières présente un corps composé de molécules mobiles et faciles à diviser, néanmoins, lorsqu'elles sont mises en mouvement par une cause quelconque, elles produisent des chocs contre les surfaces qui sont opposées à la direction de leur mouvement, et il en résulte une action proportionnée à leur vitesse et à la masse de ces molécules;

48

ensuite, après le choc, elles se réfléchissent en changeant de direction : c'est pourquoi, suivant que la surface opposée à leur vitesse est plane ou courbe, perpendiculaire ou oblique, verticale ou inclinée, les eaux prennent une direction différente. C'est par une suite de ces causes que les eaux s'élèvent au-dessus de leur niveau par l'effet de leur choc contre la pointe des avant-becs des ponts, et que ce choc est modifié par la courbure de leur surface : par la même cause, les chocs directs ou obliques produisent des remoux ou des tournoiemens. Nous avons encore observé ci-dessus, que le choc des eaux contre les surfaces verticales des ponts et des murs de quai, en se réfléchissant vers le fond des rivières, creusoit des affouillemens au pied de ces édifices; et après avoir cité un grand nombre d'accidens provenant des affouillemens creusés au pied des piles de pont ou des murs de quai, et en avoir expliqué les effets, nous avons démontré qu'ils étoient la cause principale de la destruction de ces édifices.

On a fait voir comment la vitesse des eaux des rivières travailloit nuit et jour à enlever en détail par petites parties les graviers ou autres matières qui se trouvent sous les fondations, et comment, lorsque par cette cause il s'est formé un vide sous quelques portions de fondation, le poids seul de la maçonnerie cause des ruptures verticales, des déchirures et des renversemens de plusieurs parties de ces maçonneries, parce que dans les grandes masses de maçonnerie, telles que celles dont il s'agit, le poids de ces masses est le plus souvent supérieur à la force d'adhésion qui lie ces parties ensemble.

Nous avons déja remarqué que la pente du lit des rivières éprouvoit pendant leur cours de fréquens changemens ; qu'en général les pentes s'adoucissoient à mesure que les rivières s'avançoient vers leur embouchure ; que cependant ces variations ne suivent point en diminuant une marche régulière, et que ces pentes éprouvent quelquefois des ressauts ou des changemens imprévus. Mais nous avons de plus observé qu'il ne faut pas juger rigoureusement de la pente du fond du lit des rivières par celle qu'ont les eaux coulantes à leur superficie ; et, pour le démontrer, nous avons produit des profils de plusieurs portions de rivières, pris en différens lieux sur la longueur de leur lit, et nous avons fait remarquer que tandis que la superficie des eaux couloit avec peu de vitesse et une très-petite pente sur de grandes longueurs, le fond du lit, après s'être approfondi graduellement et constamment sur une longue pente, se relevoit ensuite rapidement par une contre-pente, jusqu'au point où tout-à-coup, par un nouveau changement, la pente du fond s'augmentoit assez promptement, ainsi que la vitesse des eaux.

On a aussi observé que toutes ces variations avoient assez ordinairement pour cause le resserrement graduel du lit d'une rivière, ou son élargissement subit.

On auroit desiré que ces mêmes expériences eussent été plus multipliées et faites comparativement sur un plus grand nombre de rivières, et sur des rivières plus ou moins importantes, en observant avec attention d'indiquer les largeurs communes et variables du lit de ces vières, prises dans les temps des hautes, moyennes et basses eaux ; et l'on est convaincu que ces expériences procureroient des connoissances utiles sur l'action des rivières, sur le fond de leur lit, et qu'elles seroient en bien des cas avantageuses à la navigation comme aux travaux hydrauliques.

Les débordemens et les crues des rivières sont les événemens qui y produisent les plus grands changemens ; trop souvent les accidens qu'ils occasionnent font époque pour les habitations qui les bordent : la hauteur plus ou moins grande des crues et les circonstances des temps où elles arrivent les rendent plus ou moins désastreuses. Il survient des débordemens extraordinaires qui, après avoir fait sortir les eaux de leur lit, rompent les digues, détruisent les récoltes, ensablent les prairies, s'ouvrent de nouveaux lits, ravagent les campagnes, et renversent les habitations.

Les chantiers de bois qui bordent les ports sont de toutes les marchandises celles qui sont le plus exposées à être emportées par les crues ; mais ces crues marchent avec plus ou moins de célérité, suivant la pente des rivières. Dans celles qui ont beaucoup de pente, les eaux parcourent plus d'espace en moins de temps, et leur durée est moins grande. Il y a des rivières où les crues moyennes ne font pas 12 lieues en 24 heures, et d'autres où elles font plus de 24 lieues en 12 heures ; de plus, les hautes crues dans la même rivière marchent plus rapidement que les crues moyennes. Quant à leur durée, on voit d'assez fortes crues dans le Rhône qui sont passées en 36 heures ; tandis que dans d'autres rivières les mêmes hauteurs de crues mettent au moins 10, 12 et jusqu'à 15 jours pour s'écouler entièrement. Je ne parle que des crues produites par une seule cause ; car si les pluies ou les fontes de neiges qui produisent une crue de rivière viennent à se renouveler avant que la première crue soit totalement écoulée, il survient alors de nouvelles crues, qui prolongent la durée de l'écoulement de la première.

J'ai précédemment observé que, dans le plus grand nombre des rivières, la vitesse des crues ne marche pas à beaucoup près aussi vite que la poste, et que si l'on connoissoit pour chaque rivière navigable le temps que les crues mettent à parcourir l'étendue de leur cours, on pourroit donner des avis utiles dans les villes de commerce pour mettre les marchandises à couvert des avaries ; et j'ai indiqué qu'il seroit nécessaire de faire, à cette occasion, des expériences sur les crues des rivières importantes en différens points de leur cours : j'en ai même désigné plusieurs. Si on adoptoit ce parti, on acquerroit ainsi de nouvelles lumières, par la comparaison de la vitesse des crues pour chaque rivière, et pour les différens points de la même. Alors le Gouvernement, en faisant publier ces résultats, procureroit un bien réel à la navigation et au commerce.

Toutes les observations confirment que les rivières à fond de sable et de gravier sont celles dont le fond du lit est le plus sujet à éprouver des changemens, sur-tout celles qui sont peu encaissées et dont le lit est aplati. J'ai cité pour exemple tout ce qui concerne la Loire dans toute l'étendue de son cours, et j'ai indiqué tous les changemens dont son lit est susceptible. La connoissance de cette rivière et de la navigation qui s'y pratique m'a déterminé à en donner une description, à parler des obstacles qu'elle éprouve et des moyens dont on fait usage pour les vaincre : je me suis d'autant plus étendu sur les manœuvres qu'on y emploie, que plusieurs d'elles sont particulières à cette rivière.

Il étoit nécéssaire d'observer l'effet des rivières à leur confluent, au point où elles se jettent dans une rivière plus considérable, ainsi que les embouchures des fleuves dans la mer, et de remarquer l'effet des crues diverses à la rencontre de ces rivières, les atterrissemens qui en résultent, et sur-tout la formation des îles dans la Méditerranée par ces causes, et dans l'Océan celles des barres composées d'alluvions. Tous ces effets influent sur la navigation, et leur connoissance est nécessaire pour bien diriger les constructions à établir dans ces parages.

Les propriétaires riverains des rivières ayant eu en tout temps à se défendre contre les effets pernicieux des débordemens, les plus vigilans ont construit des travaux ou formé des levées d'enceinte au-devant de leurs propriétés ; mais on a bientôt senti que des travaux particuliers, isolés, n'opposoient que de trop foibles obstacles contre l'impétuosité des eaux. En conséquence, on a entrepris de contenir et fixer par des digues le lit des rivières ; et bientôt convaincus que ces travaux doivent être des soins publics, les gouvernemens ont entrepris de contenir par des levées les rivières vagabondes, dans la vue de préserver de la submersion les terrains en valeur qui s'y trouvoient exposés.

La construction et l'entretien des digues ou levées étant devenus un soin très-important dans l'État, une compagnie savante proposa, en 1762, de déterminer l'épaisseur qu'il convenoit de donner aux digues qui bordent les rivières. Cette question a été répondue par un mémoire alors couronné, qui contient des observations pratiques et des problèmes résolus par l'analyse. Ce mémoire a ensuite été imprimé en 1764. Mais en applaudissant aux formules ingénieuses que le géomètre a insérées dans ce mémoire, nous n'avons pas cru devoir dissimuler que les hypothèses qui font la base de ses problèmes ne nous ont pas semblé conformes aux faits physiques, et que, par cette raison, les résultats présentés ne nous ont paru nullement utiles ni applicables dans la pratique; et j'ai fait en sorte de développer les motifs de mon opinion. Au reste, les observations que j'ai faites à ce sujet pourroient encore être appliquées aux travaux de plusieurs autres géomètres plus curieux de résoudre élégamment des problèmes avec la science du calcul, que de rechercher si leurs suppositions sont parfaitement conformes à la manière dont la nature opère.

Il étoit donc nécessaire d'avoir recours à l'expérience pour connoître la force qu'il convient de donner aux digues des rivières, et pour décider de la meilleure construction qu'il convenoit d'adopter; mais on ne pouvoit y parvenir qu'en examinant pendant de longues années un grand nombre de rivières pendant la durée de leurs crues, en les observant sur-tout au moment des grands débordemens, en examinant les désastres qu'ils occasionnent, et en comparant les digues résistantes avec celles qui sont ruinées par les eaux, en tâchant de bien distinguer les causes et les effets de la destruction de ces digues, en observant soigneusement la manière dont les eaux agissent en différens cas contre les digues en maçonnerie, contre celles en terre ou en gravier, contre les talus revêtus de gazon, de saules, de clayonnages ou de perrés; enfin en suivant attentivement l'origine des dégradations, leurs progrès et leurs résultats.

C'est d'après un grand nombre de ces observations et de faits qu'on parvient à établir des principes et à régler des moyens d'exécution. C'est aussi d'après ces bases que nous avons fait remarquer les inconvéniens et les vices de quelques constructions proposées dans plusieurs des ouvrages que j'ai eu occasion de citer.

Enfin, pour guider les jeunes ingénieurs dans les constructions, j'ai proposé divers modèles applicables en différentes circonstances, en indiquant les changemens dont ils peuvent être susceptibles suivant les cas.

Dans cette intention, j'ai proposé, d'après les meilleures pratiques usitées, des modèles de construction tant pour la Loire que pour le Rhône, et j'en ai motivé les divers usages et indiqué des applications pour deux fleuves qui ont chacun un cours très-étendu, et dont la rapidité et la profondeur sont fort différentes entre elles: par cette raison, il sera plus aisé d'en faire des applications pour d'autres rivières, qui, placées entre ces deux extrêmes, se rapprocheront plus ou moins de l'un des deux. Au surplus, au lieu d'employer de longs raisonnemens pour faire valoir les moyens que je propose, j'ai fait en sorte de remplir le même but en faisant des observations critiques sur plusieurs constructions mises en œuvre par divers auteurs, dont j'ai tâché de remarquer les inconvéniens ou les vices.

Les recherches sur la meilleure construction des digues m'ont conduit à examiner l'avantage qu'on pouvoit tirer en certains cas de la construction des épis pour rompre dans les rivières le fil de l'eau et en faire changer la direction, et à juger des circonstances où l'on peut faire usage des épis construits en moellon, en pierre de roche, ou en fascinage. Après s'être occupé des digues qui bordent les rivières, et qui sont destinées à les contenir dans leurs limites, et à les empêcher, en s'extravasant, d'envahir les propriétés riveraines, on a bientôt senti le besoin qu'on avoit, pour tirer plus d'avantage des rivières, d'en soutenir les eaux assez hautes par des barrages, soit pour alimenter les moulins ou autres usines, soit pour faciliter la navigation de ces rivières en leur procurant plus de profondeur en eau.

Il y a très-peu de rivières qui soient navigables à cours libre en toute saison; la plupart même des grands fleuves n'ont pas assez d'eau dans les temps de sécheresse, et pendant la durée des débordemens ils ont un cours trop incertain pour pouvoir être suivi et pratiqué; de sorte

que le plus grand nombre des rivières ne sont navigables dans leur lit qu'à l'aide des retenues que l'on pratique
de distance en distance par des digues de barrage. D'après
cet état des choses , il est nécessaire, pour tirer un parti
avantageux des rivières au profit de la navigation,
de mettre la plus grande économie dans la dépense
des eaux qui se fait soit par les pertuis des moulins ,
soit par les portières des écluses, sur-tout dans la saison
des basses eaux; cependant il n'est pas moins indispensable de ménager aux eaux un débouché facile et suffisant
pour le temps des crues ou des débordemens des rivières :
c'est pourquoi on jugera, d'après ces conditions, qu'il est
très-essentiel de faire une sage disposition dans les
établissemens hydrauliques, de façon à tirer en été le
plus grand parti d'une médiocre quantité d'eau , et pour
maintenir avec solidité les ouvrages d'eau contre l'effort
des crues, sans nuire au débouché des eaux lors des
débordemens, et en faisant le moins de tort possible aux
propriétés riveraines. Cela ne suffit point encore; il faut,
de plus , faire en sorte de remplir ces conditions en employant des moyens simples qui concilient la solidité avec
l'économie.

D'après ces vues, j'ai cru utile d'examiner quelle étoit
la meilleure direction à donner aux digues de barrage
destinées à soutenir les eaux, et quelle forme il convenoit de donner aux déversoirs construits pour verser le
superflu des eaux des canaux supérieurs dans les canaux
inférieurs. Cet examen m'a fourni l'occasion de comparer
ensemble divers modes de construction ; et j'aurai écrit

utilement si je suis parvenu à indiquer des formes de
digues qui puissent remplir leur but de la manière la plus
avantageuse, et dont les constructions puissent être
établies et dirigées d'après des principes physiques qui
concilient les moyens les plus solides et les moins
dispendieux.

Cependant on doit juger que la sage combinaison
recherchée, applicable aux circonstances locales, a eu
jusqu'à ce jour très-rarement son effet; car dans le cours
des rivières où il se trouve des barrages ou des retenues
pour des établissemens de moulins ou autres usines,
des portières et une navigation subsistante, une expérience journalière confirme qu'il s'élève des plaintes très-
fréquentes contre des abus de tout genre. Les navigateurs
se plaignent de ce que la plupart des usines entravent
journellement toute espèce de navigation ; les fermiers ou
propriétaires d'usines se plaignent de ce que la navigation consomme une grande quantité d'eau dont le défaut
porte un préjudice conséquent à leurs établissemens ; et les
propriétaires des territoires voisins se plaignent de ce que
toutes les retenues d'eau établies sur le prétexte de navigation ou de roulement d'usines embarrassant les rivières
font refluer les eaux à la moindre crue sur leurs propriétés
et s'opposent manifestement à l'évacuation des débordemens : de sorte qu'il paroît très-nécessaire de combiner
les circonstances locales pour, après examen, décider sur
ces trois intérêts opposés celui qu'il convient de préférer,
et celui qui doit céder une portion de sa jouissance pour
le plus grand bien. Mais j'ai fait en sorte, dans mon

ouvrage *sur la navigation*, imprimé en l'an 3, de résoudre ces questions en indiquant un moyen applicable aux rivières qui ne permettent pas une navigation à cours libre : il consiste à former pour la navigation un canal séparé qui soit dirigé à peu près parallèlement au cours principal de chaque rivière.

Mais, 1°. ce canal, qui doit être bordé de levées, doit aussi avoir ses eaux à environ deux mètres d'élévation au-dessus du cours ordinaire de la rivière joignante ; ce qui formeroit la hauteur de la chute de chaque écluse. 2°. Le lit principal doit rester par ce moyen entièrement libre pour l'évacuation des débordemens ; et si l'on y faisoit des curemens, ils ne seroient point exposés à être comblés par des barrages inférieurs. 3°. On doit brancher sur le principal canal de navigation un petit canal de jonction placé à côté de chaque écluse, pour servir à l'établissement d'un moulin ou autre usine, qui profite de la même chute pour son service. Par cette disposition le fermier du moulin peut servir d'éclusier. 4°. Au lieu de faire usage de simples portières pour la navigation, qui font perdre dans la pratique une énorme quantité d'eau, et forcent les moulins de suspendre leur service, on doit employer le secours des sas avec doubles portes busquées, parce qu'elles consomment dix fois moins d'eau.

Moyennant ces diverses dispositions qu'on vient d'indiquer, on concilie le roulement des usines avec la navigation ; le nouveau canal, défendu par des levées, n'a point à souffrir des désastres par l'effet des inondations, et les débordemens s'écoulant en liberté par le lit principal nuisent le moins qu'il est possible aux propriétés voisines : d'ailleurs, au moyen de ce que le nouveau canal a constamment environ deux mètres d'élévation au-dessus du cours de la rivière, cela facilite l'exécution des aquéducs qu'il pourroit être nécessaire de faire passer sous ledit canal pour l'évacuation des eaux folles qui arriveroient entre le canal et les côtes voisines. Je renvoie au surplus, pour les autres détails, aux figures et aux explications plus détaillées du susdit mémoire.

Les diverses rivières ont chacune dans leur cours des vitesses fort différentes. On sait généralement que la rivière de Loire a plus de vitesse que celle de Seine, que le Rhin en a plus que la Loire, et le Rhône plus que le Rhin ; on sait encore que chaque rivière a des vitesses différentes dans les diverses parties de son cours ; enfin, on sait que les rivières ont plus de vitesse pendant la durée des hautes eaux que pendant celle des basses eaux : mais on manque de données comparatives suffisamment constatées. Cependant il seroit très-avantageux pour la navigation, pour l'établissement des usines et pour l'exécution de tous les projets hydrauliques, de pouvoir connoître à l'avance ces vitesses : il seroit utile d'avoir pour les principales rivières de la France des expériences locales susceptibles d'être comparées ensemble, et d'avoir même le résultat certain d'un cours d'expériences qui auroient été dirigées d'après des principes théoriques, dont on pourroit au besoin faire d'utiles applications. C'est ce qui m'a déterminé à proposer un certain nombre de ces expériences que j'ai cru les plus propres à remplir l'objet desiré. Je les ai variées, par mon projet, d'après les conditions qui m'ont paru les plus utiles ; et ce sera au Gouvernement à juger du moment de les réaliser.

Le trop plein du lit des rivières et la submersion causée sur les terrains environnant par l'effet des grandes eaux ont fait imaginer d'ouvrir des canaux de dérivation par lesquels une partie de l'eau des rivières pourroit s'écouler pour soulager le bras principal. Ces canaux de dérivation n'ont pas toujours eu le succès qu'on s'en étoit promis ; mais, pour en pouvoir tirer avantage, plusieurs conditions sont nécessaires. 1°. Il faut que la largeur et la profondeur du canal de dérivation soient dans une proportion sensible avec la section de la rivière que l'on se propose d'affoiblir.

2°. Si ce nouveau canal doit rentrer dans la même rivière, il est nécessaire que cette jonction ne se fasse que dans un point assez bas pour que les eaux ne puissent refluer de la partie supérieure, et que le lit soit assez large au point de réunion pour que les eaux qui affluent par le canal de dérivation n'y puissent causer d'engorgement ; sans cela, en soulageant un point de la rivière, on engorgeroit l'autre, et le mal ne seroit que déplacé.

On a quelquefois imaginé de faire déboucher les canaux de dérivation sur d'autres rivières voisines ; mais ce parti ne peut avoir de succès qu'autant que les rivières récipientes n'éprouveront pas dans le même moment des débordemens qui s'opposeroient à l'évacuation projetée. Cet incident est à redouter, parce que les causes qui font grossir une rivière font en même temps grossir la plupart des rivières voisines.

Au reste, pour dissiper quelques préjugés qui ont été publiés sur l'effet de ces canaux de dérivation, on a proposé des expériences que l'on a cru propres à fixer les idées sur ces projets.

Après avoir considéré les rivières sous le rapport de leurs hautes ou de leurs basses eaux, observé les effets qu'elles produisent le long de leur cours sur les rivages, leur division en plusieurs bras, la formation des îles, des barres, l'effet des éboulemens comme des atterrissemens, les bienfaits des eaux comme leurs dévastations, enfin les avantages qu'on retire des eaux pour le roulement des usines et pour la navigation ; nous avons cru devoir jeter un coup-d'œil de comparaison sur les manœuvres dont on fait usage pour cette navigation dans plusieurs des principales rivières de la France, telles que la Loire, le Rhin, la Moselle, la Seine, la Saone, le Rhône, etc., et y joindre quelques observations utiles sur ces diverses pratiques ; nous avons indiqué une grande partie des obstacles locaux concernant la navigation de chaque rivière, et la plupart des moyens dont on fait usage pour les surmonter : dans cette vue, nous avons considéré successivement la navigation à la voile, celle par halage, ou l'emploi des deux moyens combinés, et nous avons reconnu la nécessité de rendre les chemins de halage praticables.

Il est incontestable que le flottage sur les rivières produit de grands avantages, et que telle rivière ou ruis-

seau qui ne paroît susceptible d'aucune navigation par
bateau est employé très-utilement pour le transport des
bois par flottage, à l'aide des canaux de secours qui sont
souvent poussés fort avant dans les forêts, ou qui, en
pénétrant dans les gorges des montagnes, facilitent infiniment l'extraction des bois, dont la principale valeur,
sans ce moyen, seroit absorbée par les difficultés et les
frais de transport; mais l'établissement et la direction de
ces canaux exigent préliminairement des reconnoissances
exactes des localités, et des opérations conduites avec
intelligence.

Après les observations générales sur les torrens, rivières ou ruisseaux, et sur les avantages des navigations en
activité, on a énoncé des vues générales sur les diverses
rivières que l'on projette de rendre navigables, ou sur les
nouveaux canaux à ouvrir dans l'intérieur de la France pour
sa prospérité; nous avons fait apercevoir qu'il étoit important, dans ce genre, de ne point se bercer d'illusions,
et nécessaire de calculer avec soin la possibilité des nouvelles communications hydrauliques que l'on voudroit
établir pour le bien de l'État. Ensuite nous avons distingué deux espèces de navigation; savoir, une navigation du premier ordre, celle qui se fait avec de grands
bateaux du port de 5, 10, ou 15,000 myriagrammes,
sur des rivières à cours libre, ou par des canaux régu-
liers avec écluses ou sas à doubles portes solidement
établis, et une navigation du second ordre qui peut se
faire avec de médiocres bateaux sur de petites rivières.
Cette distinction, dont je m'étois déja occupé dans mon

mémoire déja cité, m'a fourni l'occasion de faire des observations sur un ouvrage traduit de l'anglais d'après Robert Fulton. Cet auteur paroît donner une préférence très-décidée à cette petite navigation sur la grande, par la raison que pour son établissement ou son entretien elle est moins dispendieuse dans l'exécution : mais il a sur-tout pour système de ne point employer d'écluses pour racheter la pente des rivières ou des ruisseaux, et de faire monter tous ses bateaux à sec ; et, pour remplir cet objet, tantôt il les hisse avec une grue, comme on élève les fardeaux, ou bien il les fait monter et descendre, suivant des plans inclinés, avec le secours de diverses mécaniques. En examinant les moyens dont il fait usage, les bateaux qu'il emploie ou les canaux qu'il projette, il m'a paru que ses bateaux étoient trop petits, que ses canaux exigeoient des corrections dans leurs dimensions et constructions, et que plusieurs de ses écluses sèches étoient rarement applicables aux circonstances ordinaires : c'est pourquoi, convaincu, comme cet auteur, des avantages réels de cette navigation du second ordre, j'ai proposé des corrections à faire pour en assurer le succès, non seulement dans les dimensions des bateaux ainsi que des canaux, mais j'ai indiqué de nouvelles constructions applicables aux cas les plus ordinaires de cette espèce de navigation. J'ai cru aussi devoir faire mention des moyens ingénieux qui ont été proposés par les citoyens Solages et Brulei pour suppléer les écluses ordinaires.

Tels sont les élémens de mon travail. En m'occupant

de tous les divers objets qu'il comprend, j'ai embrassé
une assez grande tâche qui réunit beaucoup de matières
différentes, dont plusieurs auteurs se sont occupés avant
moi, et sur lesquelles j'ai hasardé d'émettre mon opinion:
ces matières intéressent essentiellement le commerce, la
navigation, les constructions hydrauliques, et se trouvent liées avec le progrès des sciences et des arts. En
proposant, dans le cours de cet ouvrage, de nouvelles
expériences à faire, j'ai laissé concevoir combien elles
seroient utiles à la perfection de ce travail; j'ajouterai
qu'en parcourant tous les objets que j'ai traités, j'ai laissé
beaucoup de pierres d'attente pour mes successeurs. Je
desire, par ce motif, que ceux de mes camarades qui se
sont distingués par leurs lumières et leurs expériences,
veuillent bien ouvrir leur portefeuille pour ajouter leurs
vues à mon travail, afin de le rendre aussi utile au
public que je le desire. Ce sont mes vœux les plus
sincères.

F I N.

TABLE

DES MATIÈRES

CONTENUES

DANS CE VOLUME.

~~~~~~~~~~

Explication des causes des plus grands débordemens par l'effet des pluies,   page 1

Les pluies d'orage sont très-fortes, et ont moins de durée,   12

Changemens successifs qu'éprouvent les sommets des montagnes,   17

Examen de la question Si les cailloux ou galets étoient dans l'origine des corps anguleux dont les angles ont été brisés par le frottement, et qui ont été arrondis en roulant dans les fleuves, ou bien s'ils sont formés tels qu'on les voit, sans le concours des fleuves,   20

Examen de la question Si le fond du lit des rivières tend, avec le temps, à s'élever ou à s'abaisser,   22

Premières observations sur les pentes du fond du lit des rivières,   37

En entreprenant de faire des coupures pour raccourcir une portion du lit d'une rivière, on court les risques, en augmentant la vitesse des eaux, d'en diminuer

*la profondeur, et de rendre la navigation plus diffi-
cile ,*   38

*Observation essentielle sur la manière dont l'eau
agit contre les digues de retenue, et tend à les
détruire ,*   39

*Premières observations sur les effets résultans de la
jonction de deux rivières à leur confluent ,*   40

*Explication des effets des sables mouvans dans les
rivières à fond de sable ,*   44

*Mesures à prendre pour déterminer la largeur qu'on
doit donner au lit d'une rivière ,*   48

*Observations sur les rivières et ruisseaux qui ont des
lits sinueux , et sur les causes de la courbure de leur
lit ,*   51

*Explication sur les causes de l'affouillement des piles
de pont et des murs de quai ,*   59

*Historique de la chute de plusieurs ponts , et expli-
cation de ces effets ,*   63

*Expériences proposées pour des pierres de diverses
duretés , sur la force d'adhésion entre elles , de
leurs parties intégrantes ,*   70

*Utilité pour le commerce de connoître la vitesse des
grandes crues dans les rivières navigables. Expériences proposées à ce sujet ,*   80

*Opérations pour lever le profil du fond d'une rivière
en descendant suivant le fil de l'eau pratiqué par
les bateaux , et observations résultantes de ce travail ,*   85

Description de la rivière de Loire ,   95

Notice sur les ponts qu'on y a construits, 97

Observations sur la nécessité de fonder les ponts très-bas, et d'assurer la solidité de leur fondation, 99

Détail sur les grands débordemens de la Loire, 101

Explication de l'effet des filtrations sur le fond et dans le voisinage des rivières, 101

Détail sur la navigation de la Loire au temps des moyennes et basses eaux. 114

Observations résultantes de l'inégalité de la section des diverses rivières lors des crues, 127

Secondes observations sur les effets résultant de la jonction de deux rivières à leur confluent, 135

Explication sur les effets des pluies dans les montagnes ou dans les plaines, comparés entre eux, 139

Observations sur la division des rivières en plusieurs bras, et sur les effets résultant des diverses circonstances de l'accroissement de leur lit, 145

Formation des torrens dans la montagne, 160

Problèmes sur la poussée de l'eau contre les digues, anciennement résolus par l'analyse, et qui n'offrent aucune application utile, 172

Les levées qui bordent les rivières doivent avoir plus ou moins d'épaisseur, suivant que la terre ou le gravier dont elles sont formées est plus ou moins compacte, 187

Notions générales sur la construction des perrés faits en maçonnerie de moellon à pierre sèche pour le revêtissement des levées, 192

Les jetées en moellon à pierre perdue pour la garantie

du pied des talus des levées sont exposées à être dé-
truites en détail avec le temps,   · 203

Détails sur la construction des levées qui bordent les
grandes rivières, d'après l'expérience,   216

Explication sur la destruction des levées par l'effet des
filtrations,   219

Élémens de la formation des digues le long des rivières,
déterminés d'après des causes physiques,   233

Observations sur la fixation de la largeur à donner
au lit des rivières dans les différens points de leur
cours, fondées sur l'expérience d'après la série de
leurs grands débordemens,   241

Barrage des rivières : examen de la meilleure direction
qu'il convient de donner aux digues de barrage, 251

Examen sur la forme et la meilleure construction des
déversoirs,   260

Projet utile d'expériences à faire sur la vitesse des
principales rivières de France, au temps des hautes,
moyennes ou basses eaux ,   271

Projet d'une série de nouvelles expériences sur la
vitesse des eaux courantes par le moyen d'une rivière
factice,   275

Observations importantes sur l'effet des dérivations
pratiquées sur le cours principal des rivières,   284

Observations sur les usages pratiqués pour la naviga-
tion des rivières de la Saone et du Rhône, comparés
à ceux de plusieurs autres rivières,   293

État actuel de la navigation de plusieurs des princi-
pales rivières de France,   314

Jonction des rivières, 324

Observations et détails sur la navigation du Rhin et autres rivières affluentes, 328

Observations particulières sur les débordemens du Rhin, 334

Observations sur la débâcle des glaces dans les grandes rivières, 338

Navigation dans les rivières à cours libre, 348

Navigation dans les lits de rivière à l'aide de barrages, 350

Navigation suivant un canal de dérivation parallèle au cours des rivières, 352

Observations sur un ouvrage de Robert Fulton, 353

Application d'un projet de petite navigation dont on peut faire usage en plusieurs circonstances, 364

Machines diverses pour suppléer les écluses ordinaires, 368

Résumé général de tout l'ouvrage, 377

Fin de la Table des matières.

BAUDOUIN, Imprimeur de l'INSTITUT NATIONAL, rue de Grenelle-Saint-Germain, n° 1131.

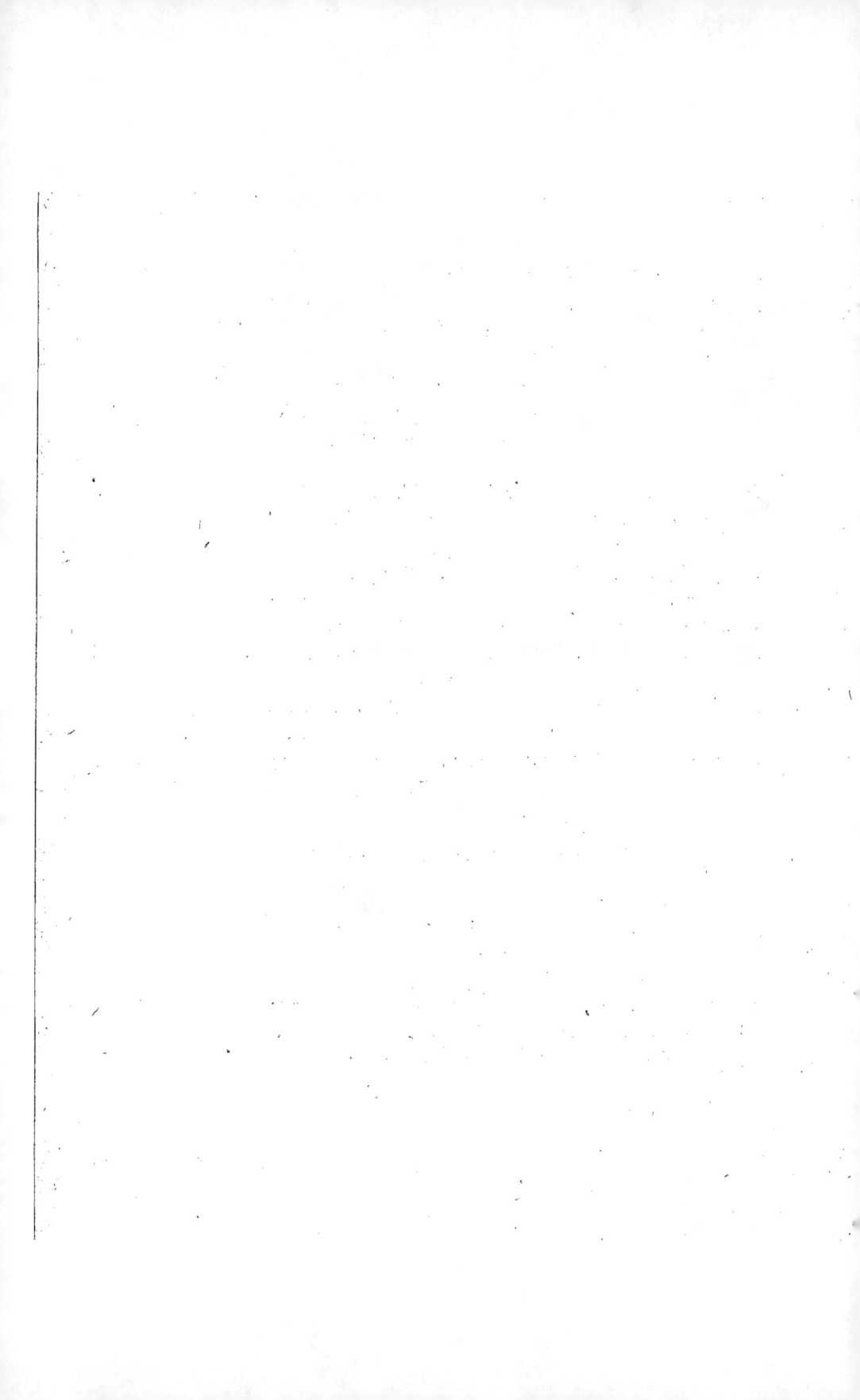

ERRATA.

~~~~~~~~~~~

Page 67, ligne 16. *Lisez* la ville de Tours, *au lieu de* la ville de Toul.

116 ——— 27. *Lisez* diminuent le temps de l'étiage, *au lieu de* dans le temps de l'étiage.

219 ——— 14. *Lisez* tranche, *au lieu de* tranchée.

244 ——— 18. *Lisez* Planche V, *au lieu de* Planche VII.

278 ——— 22. *Lisez* jusqu'à quel, *au lieu de* jusqu'à que.

286 ——— 6. *Lisez* 1754, *au lieu de* 1 54.

292 ——— 18. *Lisez* c'est une autre cause, *au lieu de* c'est autre cause.

383 ——— 10. *Lisez* la dernière époque, *au lieu de* a dernière époque.

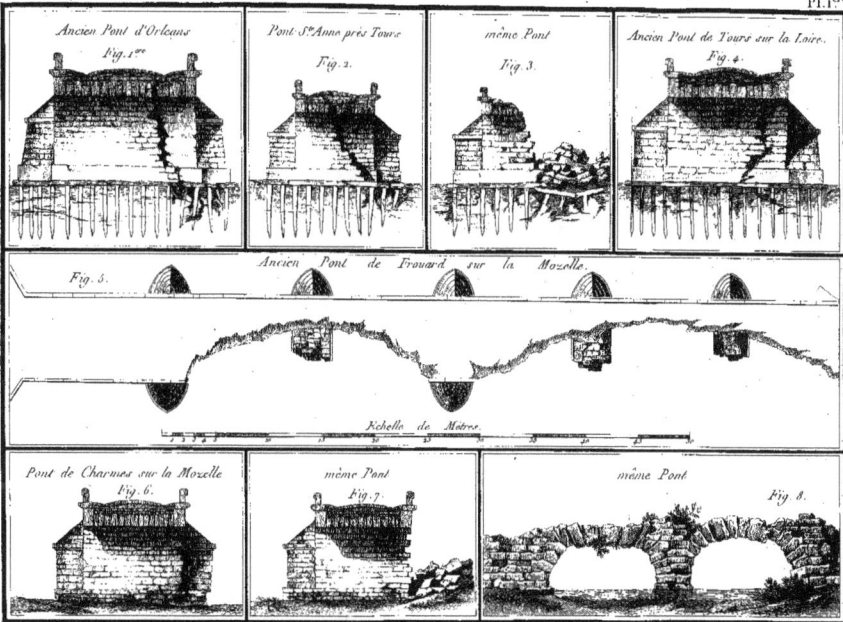

Ancien Pont d'Orleans
Fig.1ᵉʳ

Pont S.ᵗᵉ Anne près Tours
Fig.2.

même Pont
Fig.3.

Ancien Pont de Tours sur la Loire.
Fig.4.

Ancien Pont de Frouard sur la Mozelle.

Fig.5.

Echelle de Mètres.

Pont de Charmes sur la Mozelle
Fig.6.

même Pont
Fig.7.

même Pont
Fig.8.

Gravé par H. Collin.

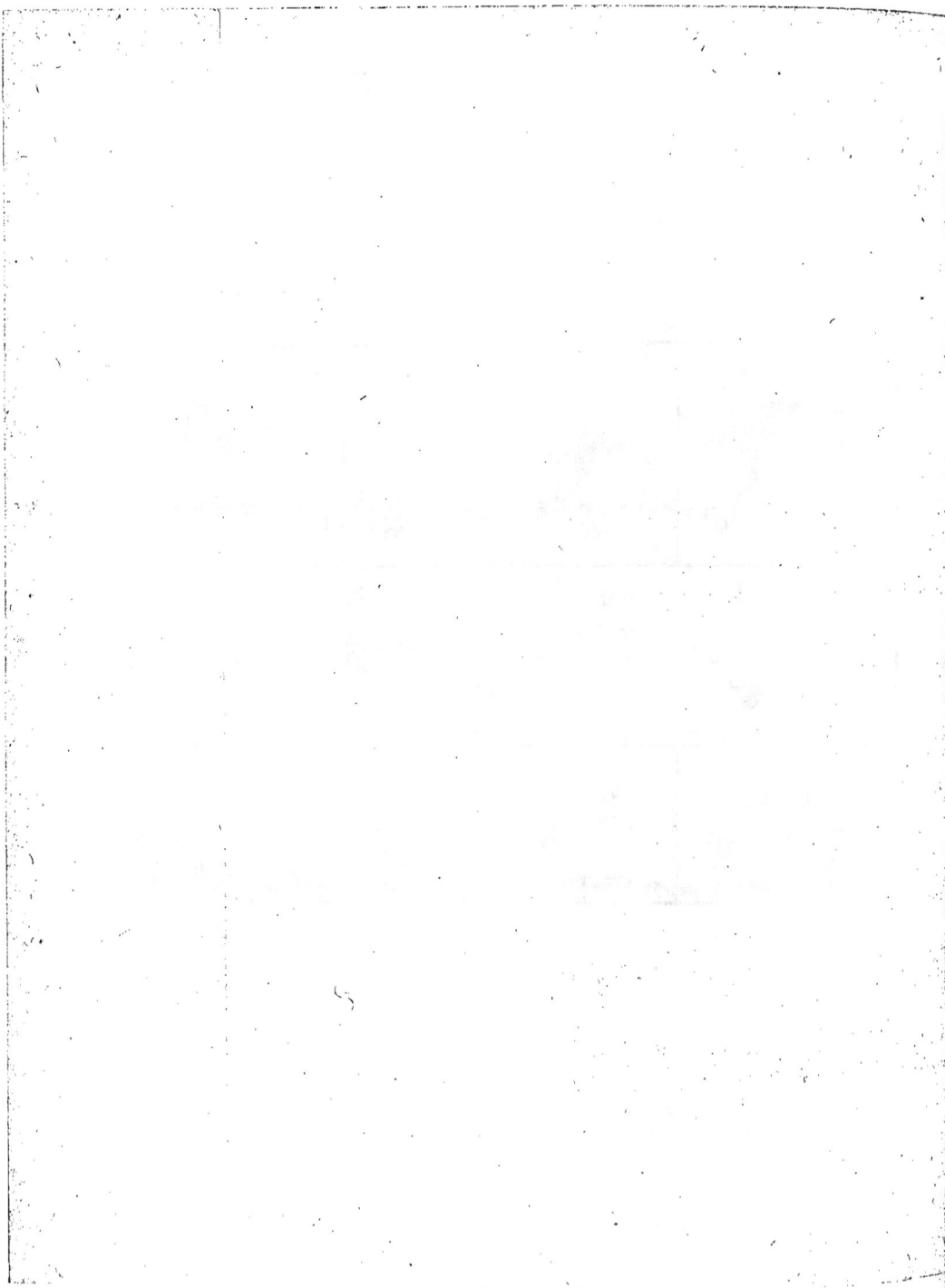

Pl. II.

Plan d'une Rivière.

Profil correspondant du Fond de la Rivière ci-dessus suivant son cours.

Suite du Plan de la même Rivière.

Profil correspondant du Fond de la Rivière.

Echelle des hauteurs.

Echelle des Longueurs.

Gravé par E. Collin.

Pl. III.

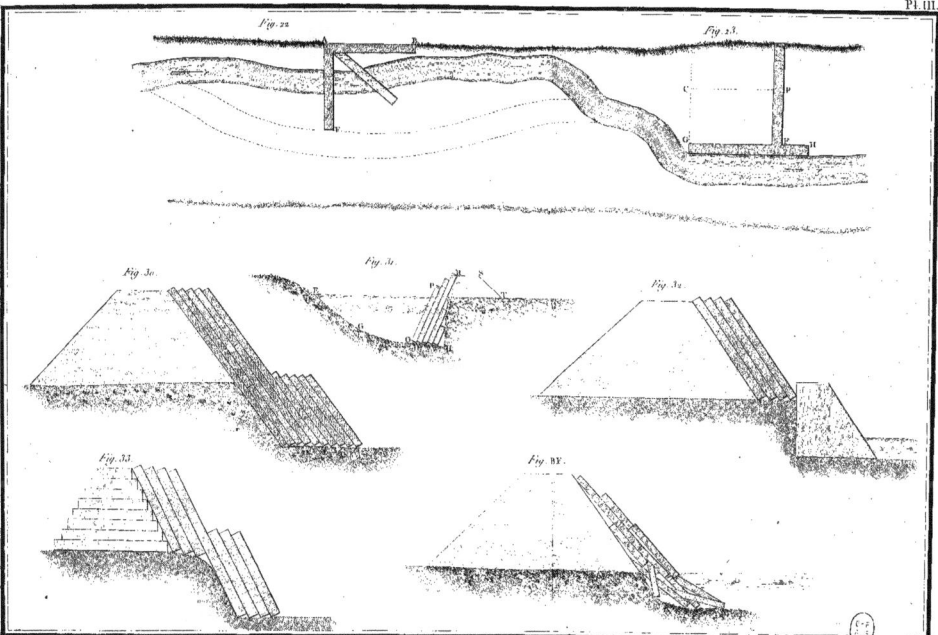

Fig. 22.

Fig. 23.

Fig. 30.

Fig. 31.

Fig. 32.

Fig. 33.

Fig. 34.

Pl. IV.

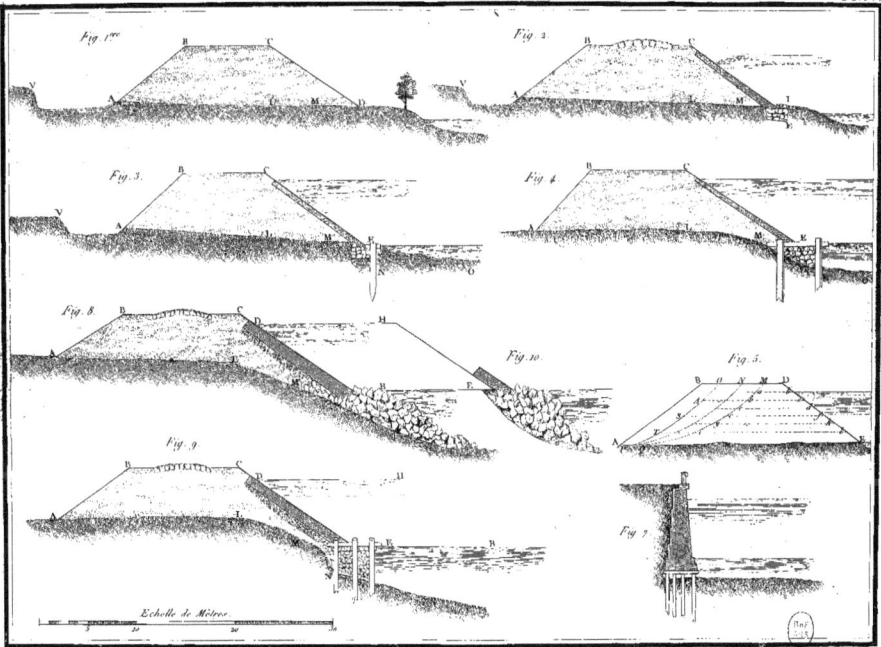

Fig. 1ᵉʳ.
Fig. 2.
Fig. 3.
Fig. 4.
Fig. 8.
Fig. 10.
Fig. 5.
Fig. 9.
Fig. 7.

Echelle de Mètres.

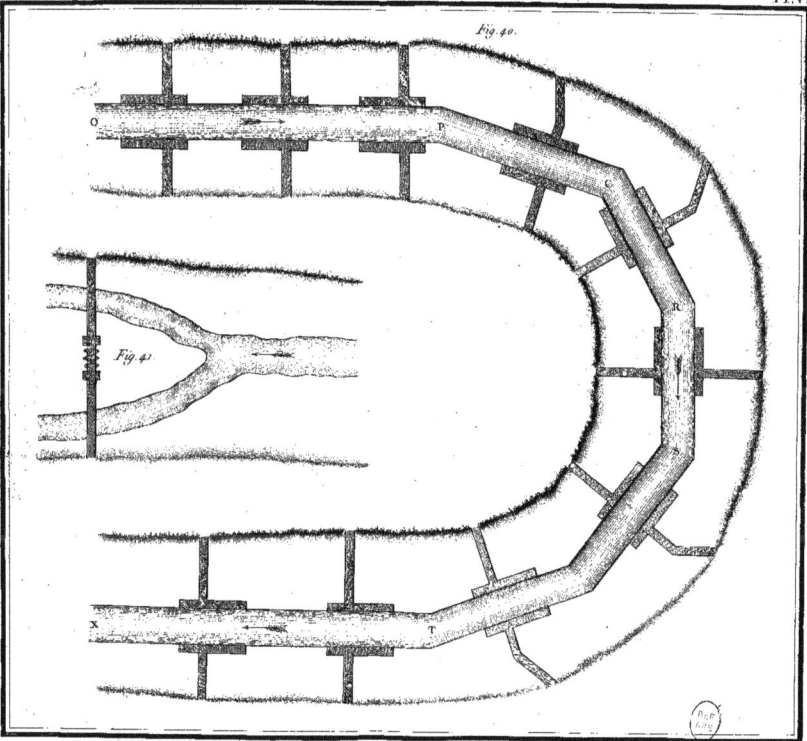

Fig.40.

O

P

Q

R

Fig.41.

X

T

Gravé par E. Collin.

Pl. VI.

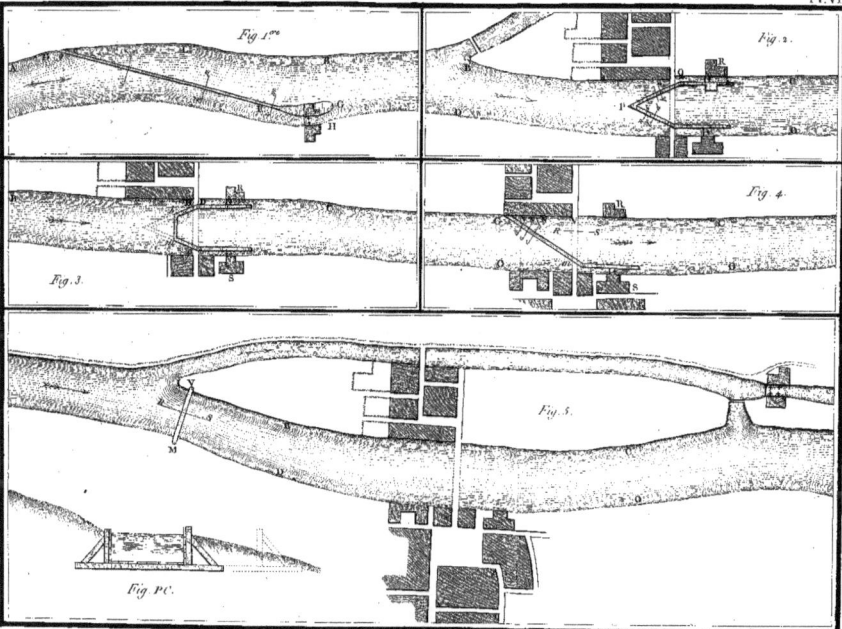

Fig 1.ère

Fig. 2.

Fig. 3.

Fig. 4.

Fig. 5.

Fig PC.

Pl. VII.

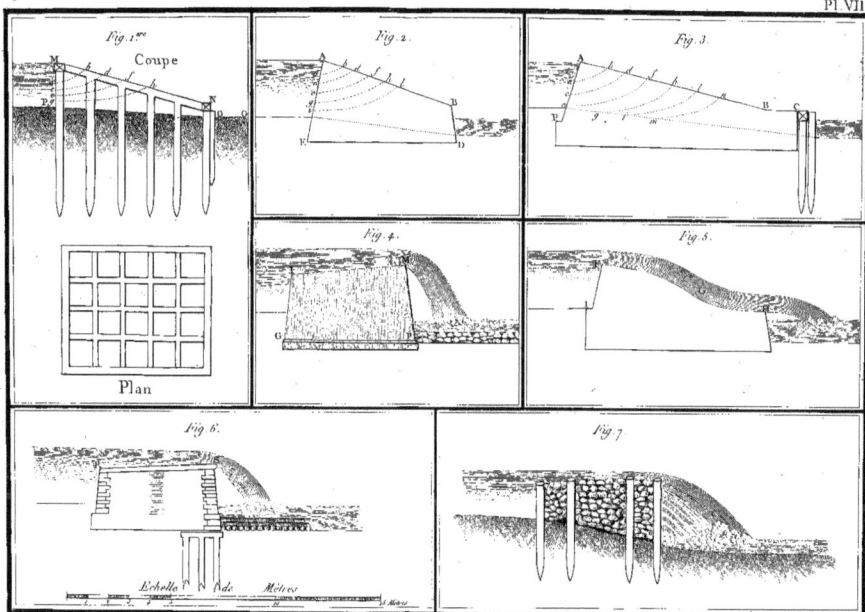

Fig. 1.ere
Coupe

Plan

Fig. 2.

Fig. 3.

Fig. 4.

Fig. 5.

Fig. 6.

Fig. 7.

Échelle de Mètres

Gravé par E. Collin.

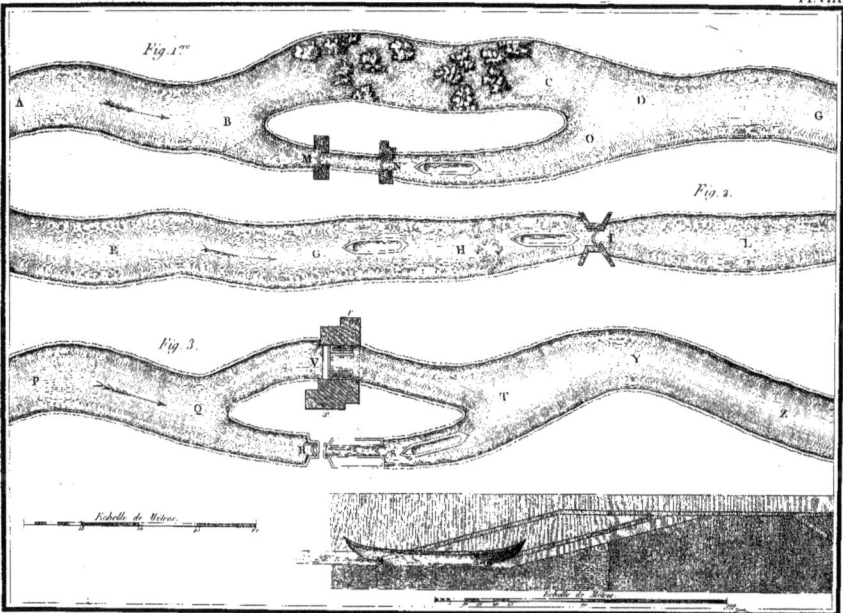

Pl. VIII

Fig. 1.ᵉ

A   B   C   D   O   G

M

Fig. 2.

E   G   H   I   L

Fig. 3.

P   Q   V   T   Y   Z

Echelle de Mètres.

Echelle de Mètres.

Gravé par E. Collin.

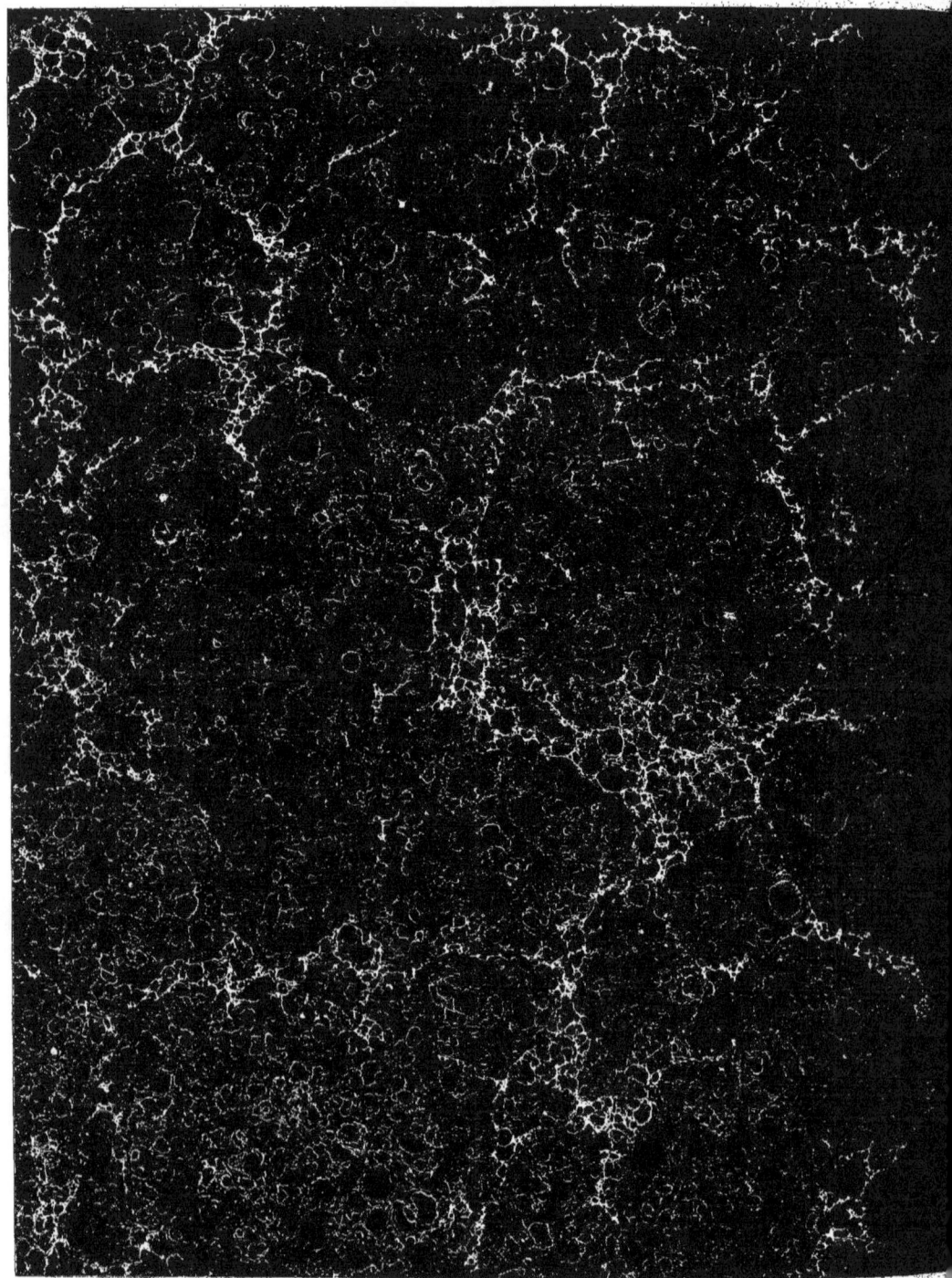

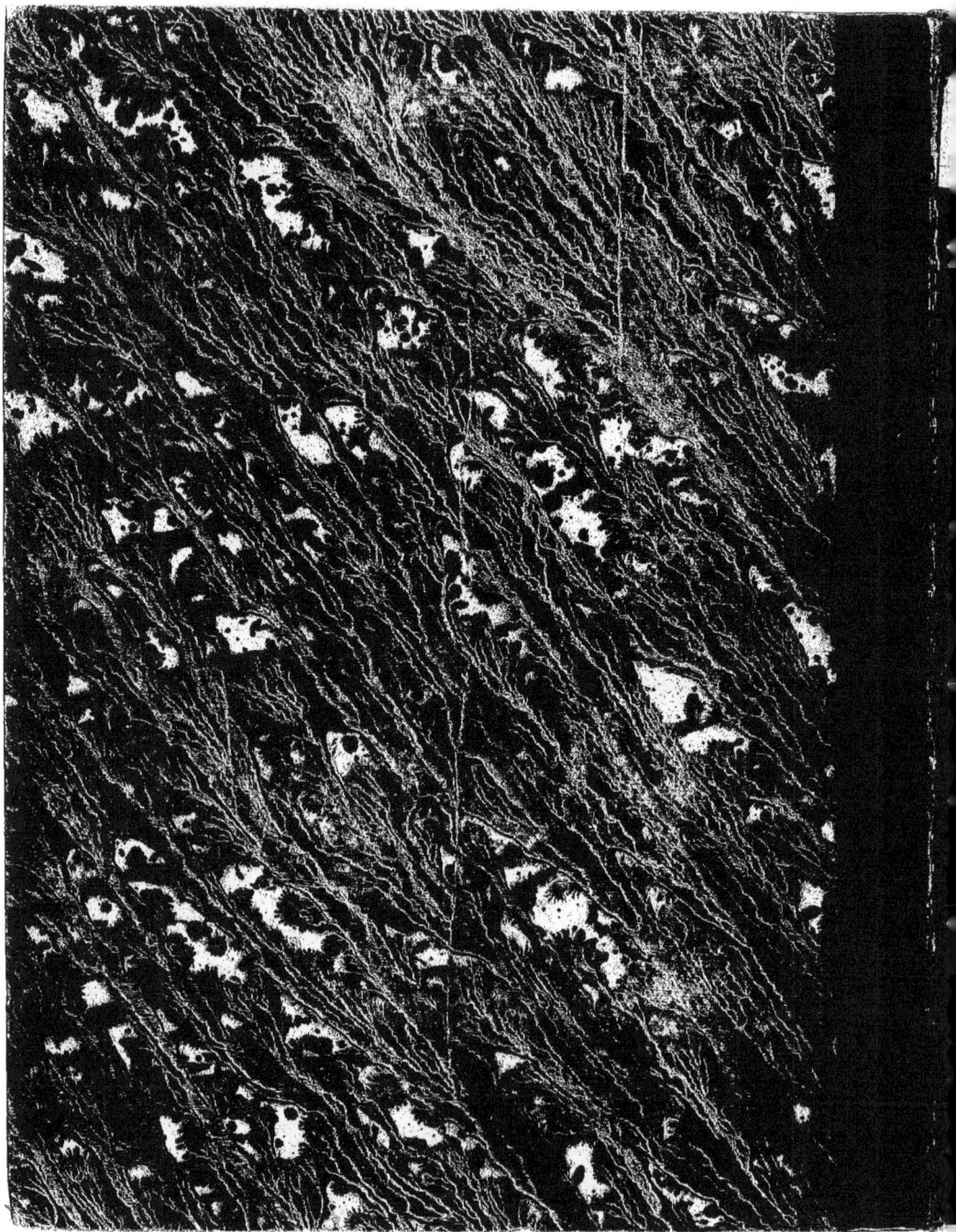

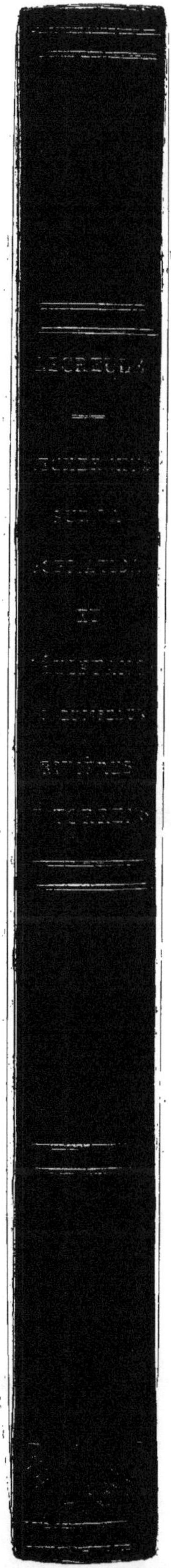
LECREULX
SUR LA
ET

www.ingramcontent.com/pod-product-compliance
Lightning Source LLC
Chambersburg PA
CBHW060538220326
41599CB00022B/3537